普通高等教育"十五"国家级规划教材

过程装备密封技术

第二版

蔡仁良　顾伯勤　宋鹏云　编著

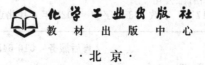

化学工业出版社

教材出版中心

·北京·

本书系统全面地介绍过程工业装置中流体静、动密封的主要内容和最新进展。本书共分 5 章，重点阐述密封的基本概念、流体密封理论，泄漏检测技术，以及过程设备和管道的垫片密封、胶密封，过程机械的填料密封、往复密封、机械密封、间隙密封、气液膜密封、迷宫密封、离心密封、螺旋密封、磁流体密封、全封闭密封等的密封机理、结构型式、密封特性、材料和选用等。此外，书末给出了常用国内密封标准目录、中英文术语对照等附录。

　　本书可用作高等院校高年级学生、研究生的教材，也可供从事密封设计、维护和管理工作的技术人员参考。

图书在版编目（CIP）数据

　　过程装备密封技术/蔡仁良，顾伯勤，宋鹏云编著．
2 版．—北京：化学工业出版社，2006.5（2023.8 重印）
　　普通高等教育"十五"国家级规划教材
　　ISBN 978-7-5025-8725-3

　　Ⅰ．过…　Ⅱ．①蔡…②顾…③宋…　Ⅲ．化工过程-化工设备-密封-技术-高等学校-教材　Ⅳ．TQ051

　　中国版本图书馆 CIP 数据核字（2006）第 053037 号

责任编辑：程树珍　　　　　　　　　　装帧设计：潘　峰
责任校对：吴　静

出版发行：化学工业出版社　教材出版中心（北京市东城区青年湖南街 13 号　邮政编码 100011）
印　　装：涿州市般润文化传播有限公司
787mm×960mm　1/16　印张 17¼　字数 373 千字　2023 年 8 月北京第 2 版第 15 次印刷

购书咨询：010-64518888　　　　　　　售后服务：010-64518899
网　　址：http://www.cip.com.cn
凡购买本书，如有缺损质量问题，本社销售中心负责调换。

定　　价：49.00 元　　　　　　　　　　　　　　　　　版权所有　违者必究

过程装备与控制工程学科的研究方向、趋势和前沿

——代序

　　人类的主要特点是能制造工具，富兰克林曾把人定义为制造工具的动物。通过制造和使用工具，人把自然物变成他的活动器官，从而延伸了他的肢体和感官。人们制造和使用工具，有目的、有计划地改造自然、变革自然，才有了名副其实的生产劳动。

　　现代人越来越依赖高度机械化、自动化和智能化的产业来创造财富，因此必然要创造出现代化的工业装备和控制系统来满足生产的需要。流程工业是加工制造流程性材料产品的现代国民经济支柱产业之一，必然要求越来越高度机械化、自动化和智能化的过程装备与控制工程。如果说制造工具是原始人与动物区别的最主要标志，那么就可以说，现代过程装备与控制系统是现代人类文明的最主要标志。

　　工程是人类将现有状态改造成所需状态的实践活动，而工程科学是关于工程实践的科学基础。现代工程科学是自然科学和工程技术的桥梁。工程科学具有宽广的研究领域和学科分支，如机械工程科学、化学工程科学、材料工程科学、信息工程科学、控制工程科学、能源工程科学、冶金工程科学、建筑与土木工程科学、水利工程科学、采矿工程科学和电子/电气工程科学等。

　　现代过程装备与控制工程是工程科学的一个分支，严格地讲它并不能完全归属于上述任何一个研究领域或学科。它是机械、化学、电、能源、信息、材料工程乃至医学、系统学等学科的交叉学科，是在多个大学科发展的基础上交叉、融合而出现的新兴学科分支，也是生产需求牵引、工程科技发展的必然产物。显而易见，过程装备与控制工程学科具有强大的生命力和广阔的发展前景。

　　学科交叉、融合和用信息化改造传统的"化工设备与机械"学科产生了过程装备与控制工程学科。化工设备与机械专业是在建国初期向苏联学习在我国几所高校首先设立后发展起来的，半个世纪以来，毕业生几乎一直供不应求，为我国社会主义建设输送了大批优秀工程科技人才。1998年3月教育部应上届教学指导委员会建议正式批准建立了"过程装备与控制工程"学科。这一学科在美欧等国家本科和研究生专业目录上是没有的，在我国已有60多所高校开设这一专业，是适合我国国情，具有中国特色的一门新兴交叉学科。其主要特点如下。

　　（1）过程装备：与生产工艺即加工流程性材料紧密结合，有其独特的过程单元设备和工程技术，如混合工程、反应工程、分离工程及其设备等，与一般机械设备完全不同，有其独特之处。

　　（2）控制工程：对过程装备及其系统的状态和工况进行监测、控制，以确保生产工艺有序稳定运行，提高过程装备的可靠度和功能可利用度。

（3）过程装备与控制工程：是指机、电、仪一体化连续的复杂系统，它需要长周期稳定运行；并且系统中的各组成部分（机泵、过程单元设备、管道、阀、监测仪表、计算机系统等）均互相关联、互相作用和互相制约，任何一点发生故障都会影响整个系统；又由于加工的过程材料有些易燃易爆、有毒或是加工要在高温、高压下进行，系统的安全可靠性十分重要。

过程装备与控制工程的上述特点就决定了其学科研究的领域十分宽广，一是要以机电工程为主干，与工艺过程密切结合，创新单元工艺装备；二是与信息技术和知识工程密切结合，实现智能监控和机电一体化；三是不仅研究单一的设备和机器，而且更主要的是要研究与过程生产融为一体的机、电、仪连续复杂系统，在工程上就是要设计建造过程工业大型成套装备。因此，要密切关注其他学科的新的发展动向、博采众长、集成创新，把诸多学科最新研究成果之他山之石为我所用；同时要以现代系统论（Systemics）和耗散结构理论为指导，研究本学科过程装备与控制工程复杂系统独特的工程理论，不断创新和发展过程装备与控制工程学科是我们的重要研究方向。

我国科技部和国家自然科学基金委员会在本世纪初发表了《中国基础学科发展报告》，其中分析了世界工程科学研究的发展趋势和前沿，这也为过程装备与控制工程学科的发展指明了方向，值得借鉴和参考。

（1）全生命周期的设计/制造正成为研究的重要发展趋势。由过去单纯考虑正常使用的设计，前后延伸到考虑建造、生产、使用、维修、废弃、回收和再利用在内的全生命周期的综合决策。

过程装备的监测与诊断工程、绿色再制造工程和装备的全寿命周期费用分析、安全和风险评估等正在流程工业开始得到应用。工程科技界已开始移植和借鉴现代医学与疾病作斗争的理论和方法，去研究过程装备故障自愈调控（Fault Self-recovering Regulation），探讨装备医工程（Plant Medical Engineering）理论。

（2）工程科学的研究尺度向两极延伸。过程装备的大型化是多年发展方向，近年来又有向小型化集成化的趋势。

（3）广泛的学科交叉、融合，推动了工程科学不断深入、不断精细化，同时也提出了更高的前沿科学问题，尤其是计算机科学和信息技术的发展冲击着每个工程科学领域，影响着学科的基础格局。过程装备与控制工程学科的发展也必须依靠学科交叉和信息化，改变传统的生产观念和生产模式，过程装备复杂系统的监控一体化和数字化是发展的必然趋势。

（4）产品的个性化、多样化和标准化已经成为工程领域竞争力的标志，要求产品更精细、灵巧并满足特殊的功能要求。产品创新和功能扩展/强化是工程科学研究的首要目标，柔性制造和快速重组技术在大流程工业中也得到了重视。

（5）先进工艺技术得到前所未有的广泛重视，如精密、高效、短流程、敏捷制造、虚拟制造等先进制造技术对机械、冶金、化工、石油等制造工业产生了重要影响。

（6）可持续发展的战略思想渗透到工程科学的多个方面，表现了人类社会与自然相协调的发展趋势。制造工业和大型工程建设都面临着有限资源和破坏环境等迫切需要解决的难题，从源头控制污染的绿色设计和制造系统为今后发展的主要趋势之一。

众所周知，过程工业是国民经济的支柱产业；是发展经济提高我国国际竞争力的不可缺少的基础；过程工业是提高人民生活水平的基础；过程工业是保障国家安全、打赢现代战争的重要支撑，没有过程工业就没有强大的国防；过程工业是实现经济、社会发展与自然相协调从而实现可持续发展的重要基础和手段。因而，过程装备与控制工程在发展国民经济的重要地位是显而易见的。

新中国成立以来，特别是改革开放以来，中国的制造业得到蓬勃发展。中国的制造业和装备制造业的工业增加值已居世界第四位，仅次于美国、日本和德国。但中国制造业的劳动生产率远低于发达国家，约为美国的 5.76%、日本的 5.35%、德国的 7.32%。其中最主要原因是技术创新能力十分薄弱，基本上停留在仿制，实现国产化的低层次阶段。从 20 世纪 70 年代末，中国大规模、全方位地引进国外技术和进口国外设备，但没做好引进技术装备的消化、吸收和创新，没有同时加快装备制造业的发展，因此，步入引进—落后—再引进的怪圈。以石油化工设备为例，20 年来，化肥生产企业先后共引进 31 套合成氨装置、26 套尿素装置、47 套磷复肥装置，总计耗资 48 亿美元；乙烯生产企业先后引进 18 套乙烯装置，总计耗资 200 亿美元。因此，要振兴我国的装备制造业，必须变"国际引进型"为"自主集成创新型"，这是历史赋予我们过程装备与控制工程教育和科技工作者的历史重任。过程装备与控制工程学科的发展不仅仅要发表 EI、SCI 文章，而且要十分重视发明专利和标准，也要重视工程实践，实现产、学、研相结合。这样才能为结束我国过程装备"出不去，挡不住"的局面做出应有的贡献。

过程装备与控制工程是应用科学和工程技术，这一学科的发展会立竿见影，直接促进国民经济的发展。过程装备的现代化也会促进机械工程、材料工程、热能动力工程、化学工程、电子/电气工程、信息工程等工程技术的发展。我们不能只看到过程装备与控制工程是一个新兴的学科，是博采诸多自然科学学科的成果而综合集成的一项工程科学技术，而忽略了反过来的一面，一个反馈作用，也就是过程装备与控制工程学科也应对自然科学的发展做出应有的贡献。

实际上，早在 18 世纪末期，自然科学的研究就超出了自然界，从而包括了整个世界，即自然界和人工自然物。过程装备与控制工程属人工自然物，它也理所当然是自然科学研究的对象之一。工程科学能把过程装备与控制工程在工程实践中的宝贵经验和初步理论精练成具有普遍意义的规律，这些工程科学的规律就可能含有自然科学里现在没有的东西。所以对工程科学研究的成果即工程理论加以分析，再加以提高就可能成为自然科学的一部分。钱学森先生曾提出："工程控制论的内容就是完全从实际自动控制技术总结出来的，没有设计和运用控制系统的经验，决不会有工程控制论。也可以说工程控制论在自然科学中是没有它的祖先的。"因此对现代过程装备与工程的研究也有可能创造出新的工程理论，为自然科学的发展做出贡献。

过程装备与控制工程学科的发展历史地落在我们这一代人的肩上，任重道远。我们深信，经过一代又一代人的努力奋斗，过程装备与控制工程这一新兴学科一定会兴旺发达，不但会为国民经济的发展建功立业，而且会为自然科学的发展做出应有的贡献。

高质量的精品教材是培养高素质人才的重要基础，因此编写面向 21 世纪的迫切需要的过程装备与控制工程"十五"规划教材，是学科建设的重要内容。遵照教育部《关于"十五"期间普通高等教育教材建设与改革的意见》，以邓小平理论为指导，全面贯彻国家的教育方针和科教兴国战略，面向现代化、面向世界、面向未来，充分发挥高等学校在教材建设中的主体作用，在有关教师和教学指导委员会委员的共同努力下，过程装备与控制工程的"十五"规划教材陆续与广大师生和工程科技界读者见面了。这套教材力求反映近年来教学改革成果，适应多样化的教学需要；在选择教材内容和编写体系时注意体现素质教育和创新能力及实践能力的培养，为学生知识、能力、素质协调发展创造条件。在此向所有为这些教材问世付出辛勤劳动的人们表示诚挚的敬意。

教材的建设往往滞后于教学改革的实践，教材的内容很难包含最新的科研成果，这套教材还要在教学和教改实践中不断丰富和完善；由于对教学改革研究深度和认识水平都有限，在这套书中有不妥之处在所难免。为此，恳请广大读者予以批评指正。

教育部高等学校机械学科教学指导委员会副主任委员
过程装备与控制工程专业教学指导分委员会主任委员
北京化工大学 教授
中国工程院 院士

高金吉

2003 年 5 月 于北京

第二版前言

由于近年来随着人们保护环境意识的增强，以及对过程装置安全性要求的提高，特别是有效降低工艺介质的泄漏量和控制易发挥有机化合物的逸散水平，使得密封技术在各个工程领域显得越发重要，并在新材料、新结构、新工艺、新方法等方面有了长足的进步。自本书第一版发行以来，受到不少读者和同行的支持和鼓励，并提供了宝贵意见。因此，在本书作为国家级"十五"规划教材再版时，对本书进行了修订和增补。

编写第二版时仍保留第一版基础性、系统性、现代性和工程性的特色，即结合过程工业特点，系统地阐述常用的各种密封型式、结构特点、基本原理、设计方法和工程应用，以满足本科生、研究生拓宽专业知识领域、加强基本技能训练，培养创新综合能力的教学参考需要。作者在编写本版时，努力反映新的密封技术进展，如对近年来备受青睐的欧洲标准化组织新的法兰设计方法，以及随计算机技术迅速发展起来的有限元数值方法作了简要的介绍；根据工程实际的需要，补充了法兰螺栓的选用及其转矩的计算、垫片的安装和密封失效，增加了超高压容器的组合式密封结构、活塞和活塞杆密封、O形圈密封、气膜（干气）密封的结构型式，长距离输送管道的泄漏检测与定位等内容，并对附录重新进行了修订，使本书内容更趋完整、新颖、系统和实用。因此，本书将更好地满足从事密封教学、设计、制造、维护和管理等各类人员的工作需要。

修订工作由初版的相关章节的编者分别负责，由蔡仁良教授统编。限于编者的学识和水平，仍不免存在欠缺和不足之处，恳请广大读者对本书提出宝贵意见。

编者

2005 年 8 月

第 一 版 序

按照国际标准化组织（ISO）的认定，社会经济过程中的全部产品通常分为四类，即硬件产品（hardware）、软件产品（software）和流程性材料产品（processed material）以及服务产品（service）。在 21 世纪初，我国和世界上各主要发达国家都已经把"先进制造技术"列为自己国家优先发展的战略性高技术之一。通常，先进制造技术主要是指硬件产品的先进制造技术和流程性材料产品的先进制造技术。所谓"流程性材料"则是指以流体（气、液、粉粒体等）形态为主的材料。

过程工业是加工制造流程性材料产品的现代国民经济的支柱产业之一。成套过程装置则是组成过程工业的工作母机群，它通常是由一系列的过程机器和过程设备，按一定的流程方式用管道、阀门等连接起来的一个独立的密闭连续系统，再配以必要的控制仪表和设备，即能平稳连续地把以流体为主的各种流程性材料，让其在装置内部经历必要的物理化学过程，制造出人们需要的新的流程性材料产品。单元过程设备（如塔、换热器、反应器与贮罐等）与单元过程机器（如压缩机、泵与分离机等）二者的统称为过程装备。为此，有关涉及流程性材料产品先进制造技术的主要研究发展领域应该包括以下几个方面：①过程原理与技术的创新；②成套装置流程技术的创新；③过程设备与过程机器——过程装备技术的创新；④过程控制技术的创新。持续推进这些技术的创新，就有可能把过程工业需要实现的最佳技术经济指标，即高效、节能、清洁和安全不断推向新的技术水平，以确保该产业在国际上的竞争实力。

过程装备技术的创新，其关键首先应着重于装备内件技术的创新，而其内件技术的创新又与过程原理和技术的创新以及成套装置工艺流程技术的创新密不可分，它们互为依托，相辅相成。这一切也是流程性产品先进制造技术与一般硬件产品的先进制造技术的重大区别所在。另外，这两类不同的先进制造技术的理论基础也有着重大的区别，前者的理论基础主要是化学、固体力学、流体力学、热力学、机械学、化学工程与工艺学、电工电子学和信息技术科学等，而后者则主要侧重于固体力学、材料与加工学、机械机构学、电工电子学和信息技术科学等。

"过程装备与控制工程"本科专业在新世纪的根本任务是为国民经济培养大批优秀的能够掌握流程性材料产品先进制造技术的高级专业人才。

四年多来，教学指导委员会以邓小平同志提出的"教育要面向现代化，面向世界，面向未来"的思想为指针，在广泛调查研讨的基础上，分析了国内外化工类与机械类高等教育的现状、存在问题和未来的发展，向教育部提出了把原"化工设备与机械"本科专业改造建设为"过程装备与控制工程"本科专业的总体设想和专业发展规划建议书，于 1998 年 3 月获得教育部的正式批准，建立了"过程装备与控制工程"本科专业。以此为契机，教学指导委员会制订了"高等教育面向21世纪'过程装备与控制工程'本科专业建设与人才培养的总体思路"，要求各院校从转变传统教育思想出发，拓宽专业范围，以培养学生素质、知识与能力为目标，以发展先进制造技术作为本专业改革发展的出发点，重组课程体系，在加强通用基础理论与实践环节教学的同时，强化专业技术基础理论的教学，削减专业课程的分量，淡化专业技术教学，从而较大幅度地减少总的授课时数，以加强学生自学、自由探讨和发展的空间，并有利于逐步树立本科学生勇于思考与创新的精神。

高质量的教材是培养高素质人才的重要基础，因此组织编写面向21世纪的迫切需要的核心课程教材，是专业建设的重要内容。同时，为了进一步拓宽高年级本科学生和研究生的专业知识面，进一步加强理论与实际的联系，进而增强解决工程实际问题能力，我们又组织编写了这套"过程装备与控制工程"的专业丛书，以帮助学生能有机会更深入地了解专业技术领域的理论研究与技术发展的现状和趋势，力求使高校的课堂教学与社会工程实践能够更好地衔接起来。

这套丛书，既可作为选修课教材，也可作为毕业设计环节的教学参考书，还可供广大工程技术人员作为工程设计理论分析与实践的有力助手。

"过程装备与控制工程"本科专业的建设将是一项长期的任务，以上所列工作只是一个开端。尽管我们在这套丛书中，力求在内容和体系上能够体现创新，注重拓宽基础，强调能力培养。但是，由于我们目前对于教学改革的研究深度和认识水平都很有限，在这套丛书中必然会有许多不妥之处。为此，恳请广大读者予以批评和指正。

全国高等学校化工类及相关专业教学指导委员会

副主任委员兼化工装备教学指导组组长

大连理工大学　博士生导师

丁信伟　教授

2001年10月于大连

第一版前言

在石油、化工、医药、食品、冶金、能源等工业部门的过程装备中，密封占据重要的地位。由于工艺过程复杂、机械设备运行条件苛刻，生产系统或单元装置的安全性、可靠性和经济性，很大程度上取决于密封的有效性。各种泄漏诱发的事故，直接关系到保护人类生态环境，保障人身安全健康，故密封技术作为一门新的学科，已应用到各个领域，越来越为人们所重视。

尽管随着现代工业的发展，密封技术得到长足的进步，密封种类繁多，应用范围广泛，但就其基本原理而言，可分成两大类，即接触式密封和非接触式密封。绝大部分静密封属于接触式密封，动密封既有接触又有非接触形式。对密封的最基本要求是将泄漏控制在允许的限度内，同时要求工作可靠、使用寿命长、制造维护容易、适应性广、经济性好。总之，优良的密封具有卓越的性能价格比。

密封技术不仅因其产品性能的好坏直接影响过程设备或机器的正常运行，而将其视为综合性工程学范畴，对提高生产过程或装置的整体密封水平有其特殊、重要意义。从学科角度，密封本身是一门涉及固体和流体力学、传热学、化学、材料学、摩擦学等多门科学的交叉学科，而从工程角度，它又涉及材料、设计、制造、检验、运行和管理等多个工程技术门类。因此，本书立足这一认识，针对过程装备的特点和结合工艺过程的应用，较精炼、系统论述各种流体密封装置的原理、结构特点、设计方法和选用原则，注重讲清其基础理论和设计原理，以及介绍密封控制的新技术。

全书由华东理工大学蔡仁良教授主编，并编写了第1章、第3章中3.1.1和3.1.2、第4章中4.1.1；第2章、第3章中3.1.3和3.2、第5章由南京化工大学顾伯勤教授执笔；第4章中4.1.2、4.1.3、4.1.4、4.2、4.3由昆明理工大学宋鹏云教授执笔，华东理工大学吴东棣教授主审。

因限于作者水平和时间，书中谬误之处在所难免，恳请读者予以批评指正。

作　者
2002 年 1 月

目　　录

1 概　　论

1.1　过程装备的密封问题

如在化学工业或石油化工中，从原料到成品，往往需要经过许多道加工手续（工序），这些加工手续或工序，称之为过程，所以这些工业也被称为过程工业。过程工业不仅指化学、炼油和石化等工业，医药工业、食品工业、动力工业、冶金工业等也在其范畴内。过程装备泛指实现这些过程工业的机器和设备，是进行生产过程的工具，是为过程工业服务的。在过程工业中，有的过程属于化学变化过程，有的过程是将物料进行物理处理的过程，其中绝大多数过程是在液相或气相中并在一定的压力和温度条件下进行的，因此大多数机器和设备本身以及它们之间的连接系统都存在一个流体（气体、液体或粉体）的密闭（封）性问题。设备或机器的工作流体可由内部向外界泄漏，或者与此相反，外界如空气等进入负压设备或机器内部，这就是过程装备经常遇到的密封（Sealing）问题。显然，除过程工业外，其他工业的机械设备中，也存在同样的流体密封问题。凡是在设备或机器中起密封作用的机件称为密封件（Seals），也简称密封，而较复杂的密封，如带各种辅助系统的，称为密封装置。密封或密封装置是过程装备中最广泛使用的零部件。机器设备若不能保证密封，因工作介质跑、冒、滴、漏引起物质流失和能量损耗，造成污染环境，生产不能正常运行，增加非计划维修和停工，甚至危及人体健康与生命安全。因此，密封装置的工作性能是评价机械产品品质的重要指标，也是决定工厂安全、经济生产的重要因素。

虽然任何工业都有密封问题，但化学和石油化学工业中的密封问题比其他工业更加突出，其表现出以下两大特征。

① 广泛性。化工厂以设备、机器复杂和管道庞大而著称，据统计一个大型石油化工厂中年产 30 万吨乙烯的五套主要装置、六套配套装置和七个辅助车间的静密封点达 123 万多个。图 1-1 示意一般化工厂各类设备与机器的密封部位。因此，化工厂发生的各种事故中，泄漏是主要原因。据日本对汇集到的 1965～1975 年间化工厂发生的 624 件事故，其中化工装置为 210 件，占 34.4％，炼油装置为 79 件，占 12.7％；而 210 件化工装置中表现为泄漏形式的事故为 115 件，占了 55％；炼油装置中的 79 件事故中，泄漏事故 54 件，占了 68％。

② 危害性。由于化工厂处理的很多流体是易燃、易爆、有毒或腐蚀性的，而且通常有压力和温度，一旦发生泄漏，其后果比单纯经济损失严重得多。如上述的化工装置 210 件事故中，其中发展为火灾、爆炸、中毒事故的 58 件，占 23％；而造成大气、水质污染的 31 件，占 15％。就发生的事故而言，如 1984 年 12 月 3 日印度博帕尔市农药厂异氰甲酸酯储罐发

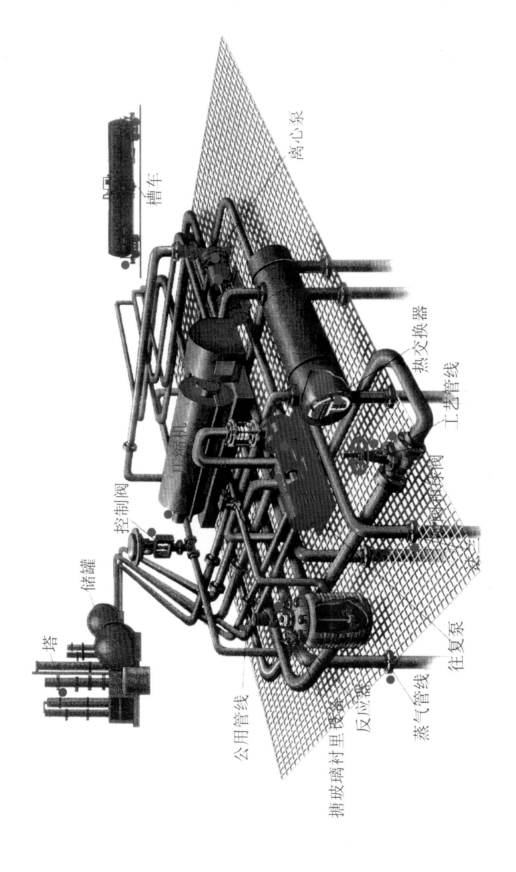

离心泵

槽车

热交换器

工艺管线

压缩机

控制阀

储罐

塔

搪玻璃衬里反应釜

反应器

公用管线

蒸气管线

往复泵

生泄漏，造成2500人死亡，12.5万人中毒，其中眼睛伤残5万人，至今世人记忆犹存；又如举世震惊的1986年1月28日美国航天飞机"挑战者"号升空一分钟因左侧火箭助推器密封环失效坠毁，机上七名宇航员无一生还；同年4月26日子夜，前苏联切尔诺贝利核电站4号核反应堆发生核泄漏事故，死31人，伤300人，使20多个欧洲国家，4亿多人受放射性污染，核辐射的后患迄今未绝。在经济方面的影响也可援引一例，据统计，全世界轴承的年销售额为90亿美元，其中90%的轴承未达到设计寿命，每年花在替换和维修上的费用达80亿美元，而在轴承提早失效的原因中，75%是轴承的油封失效，故仅此一项就花掉了60亿美元。

通常将脆性断裂、延性断裂等机械失效视为过程装置的主要失效模式，而国际标准化组织第11技术委员会（ISO/TC11），在2004年公布了一个标准ISO/CD 161528-1：2002"锅炉压力容器-规范和标准取得国际承认的注册-第一篇：性能要求"。在该标准的第六章中，规定在设计时应考虑14种可能的失效模式，而在建立设计准则和设计方法时至少应计及其中5种最重要的失效模式，即脆性断裂、延性断裂、接头泄漏、弹塑性失稳和蠕变断裂。可见，"接头泄漏"与脆性断裂等同视为压力容器等的最重要的失效模式。

过程装置发生泄漏的原因主要表现在以下几方面。

设计方面——如设备或机器的连接部位包括密封件、连接件和辅助装置等的型式、结构或材料选择不当等引起泄漏失效。

制造安装方面——如设备或机器制造过程中存在渗漏性缺陷，特别是化工生产中的大部分设备是用焊接制造的，焊接过程中形成的各种裂纹、气孔等缺陷。

使用方面——化学介质对密封的腐蚀、摩擦副端面的磨损，辅助密封件的损坏、工作温度和压力的波动，机械振动或冲击，密封材料的高温退化或蠕变疲劳，以及错误操作等引起泄漏。

过程装备密封应满足的基本要求是密封性能好、使用寿命长、工作可靠性高，此外要求密封结构紧凑、辅助系统简单、制造维修方便、生产成本低廉。总之，追求性能价格比高。

正是由于密封的普遍性和重要性，近一个世纪来，密封技术已形成一门研究密封规律、密封装置设计和使用科学原理的新学科，称为"密封学"。由于它还涉及众多的其他学科，如流体力学、传热学、固体力学、材料学、摩擦学等，所以它既是独立的学科分支，又是交叉的边缘科学。

1.2 泄漏与逸出

如图1-2所示，两个隔离的区域1和区域2分别包含同种或不同种的流体1和流体2，但它们具有共同的边界，这些边界可以是圆柱形的，例如往复机械或旋转机械中的轴、活塞或阀杆等，也可以是环形平端面，如法兰密封面即是。若两个区域存在压力差、浓度差、温度差、速度差等，流体就会通过这一界面而泄漏。"密封"意味控制这两个区域之间流体的相互交换，使界面处"没有泄漏"现象。由于结构、设计或机械加工的原因，在机械设备上无论相对静止或运动的接合面之间往往都存在一定的间隙（即上述的界面），泄漏通常是工作流体由机器设备的内部通过这一间隙向外部流出；但是在某些情况下，周围环境的流体却

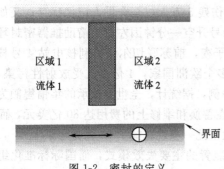

区域1
流体1

区域2
流体2

界面

图1-2 密封的定义

通过该间隙流向机器设备的内部，如负压、真空设备等。

不言而喻，上述的"没有泄漏"只是一种定性的概念，从定量的意义上，就不能简单归结为"不漏"或"漏"，必须定义一个评价密封装置的能力，即多大的泄漏是合适的？显然，它与被密封的介质、环境保护的要求和检测泄漏的手段等有关。因此，当出现泄漏时，用"密封度（Tightness）"这一概念比较和评价密封装置是否有效地达到设计规定的泄漏标准。密封度用被密封流体在单位时间内通过接（配）合面的体积或质量的泄漏量（也还有考虑单位密封周边或直径的），即泄漏率（Leak rate）来表示，其单位为 mL(mg)/s 或 mL(mg)/(s·mm)。因此，往往将泄漏量为零，说成为"零泄漏（Zero Leakage）"。虽然理论上静密封可能做到零泄漏，实际上要做到零泄漏不仅技术上特别困难，而且出于经济考虑，只是对非常昂贵、有毒、腐蚀或易燃易爆的流体才要求将泄漏量降低到最低限度。事实上，泄漏定量为"零"只是相对某种测量泄漏仪器的极限灵敏度而言，不同的测量方法和仪器的灵敏度范围不同。"零"泄漏只是超越了仪器可分辨的最低泄漏量，即难以觉察出来的很微量的泄漏。因此密封度是一个相对的概念，保证机器设备"没有泄漏"应指密封或密封装置能有效地满足设计或生产所允许（规定）的泄漏率，称"允许泄漏率"。允许泄漏率应根据具体情况决定，没有统一的规则可循，例如国内对机械密封的允许液体泄漏率按 JB/T 4127.1—1999《机械密封技术条件》规定为：当轴径大于 50mm 时，泄漏率不大于 5mL/h，相当于 0.1mL/(h·mm)；当轴径小于 50mm 时，泄漏率不大于 3mL/h，相当于 0.06mL/(h·mm)。又如泵用填料密封的允许液体泄漏率规定为：轴径为 25mm，泄漏率不大于 8mL/min；轴径为 40mm，泄漏率不大于 10mL/min；轴径为 50mm，泄漏率不大于 16mL/min；轴径为 60mm，泄漏率不大于 20mL/min（轴转速 3600r/min，压力 0.1~0.5MPa）。有时出于按泄漏率大小对密封件进行质量评定的需要，例如对于法兰连接用的垫片密封，采用目测的分级准则如表 1-1 所示，它基本是定性的方法；而美国压力容器研究委员会（PVRC）则按质量泄漏率分为五个密封度级别，即 $T1 \leqslant 2 \times 10^{-1}$ mg/(s·mm)，$T2 \leqslant 2 \times 10^{-3}$ mg/(s·mm)，$T3 \leqslant 2 \times 10^{-5}$ mg/(s·mm)，$T4 \leqslant 2 \times 10^{-7}$ mg/(s·mm)，$T5 \leqslant 2 \times 10^{-9}$ mg/(s·mm)，如以 150mm 外径的垫片为例，$T1$ 相当于氮气的体积泄漏率为 24cm³/s。

表 1-1 泄漏的分级与定义[23]

泄漏级别	定　义	泄漏级别	定　义
0	无泄漏迹象	4	形成滴珠且沿垫片周边以 5min 或更长时间滴漏 1 滴
1	可目视或手感湿气（冒汗），但没有形成滴珠	5	以 5min 或更短时间滴漏 1 滴
2	局部有滴珠形成	6	形成流线状漏
3	沿整个垫片周边有滴珠形成		

注：1 滴液体的体积约为 0.05cm³，即形成 1cm³ 大约需要 20 滴液体。

在化工厂中，还存在大量只凭听、看直觉不能发现的易挥发有机化合物（Volatile Organic Compounds，VOC's）从接头处"逸出（Emission）"。因其泄漏量非常小，通常要用敏感的气体检漏仪，如有机蒸气分析仪测量逸出气体的体积浓度，以百万分率，即'ppm（V）'❶ 表示（可转换为上述的气体质量泄漏率[10]）。例如一个典型的有机合成化工厂，有超过 3500 连接部件因含有或接触 5% 的挥发性有害空气污染物而成为逸出点。从这些点逸出的 VOC's 大量是有毒性或爆炸危险性的，有些与空气中的氧化氮反应生成臭氧，以致污染环境，危害公众健康。

随着现代工业装置的大型化和国家或地区对环境保护要求更趋严格，一些工业发达国家已把控制"逸出"问题提到日程上。如美国在 1965 年为了保护公众健康通过了"净化空气法"（Clean Air Act），1970 年为了进一步保护公众健康，通过"净化空气法"的修正法案制定了大气质量国家标准。该标准限制臭氧、二氧化氮、二氧化硫、烃、一氧化碳、铅、汞、铍、氯乙烯、石棉等。1977 年对"净化空气法"又进行了修改，以保证高空气质量要求的实施。1990 年 11 月 15 日"净化空气法"再度修订，提出了四个主要目标：①2000 年前 189 种化学品减少 90% 的逸出；②消除市区烟雾；③减少酸雨；④保护同温层的臭氧消耗。189 种化学品中包含 149 种有机合成化工厂的典型反应中间物或产物的挥发性有机化学品。1991 年 3 月 6 日环境保护署（EPA）颁布了"净化空气法"新的修正条款通告，它要求对工业装置进行逸出控制，且用于气体、蒸气和轻液体的连接件的逸出量必须在 500ppm（V）❶以下，对重液体，500ppm（V）❶ 的逸出量限制立即达到。如超过这些限制，则必须在五天内改正。2002 年 7 月德国颁布了净化空气法规（TA-Luft），也对有毒介质和易挥发有害物的允许逸出量做出了规定。例如对垫片的密封性能，规定第一时间试验的允许泄漏率为 10^{-4} mbar❷·L/(s·m)（试验条件：氦气，垫片应力为 30MPa，压力为 10^5Pa）。因此，与定义"零泄漏"一样，提出了"零逸出（Zero Emission）"的新概念。例如目前美国炼油厂把 10000ppm（V）❶作为零逸出水平，而化工厂则对阀门和法兰规定为 500ppm（V）❶，回转设备（如泵、压缩机）为 1000ppm（V）❶；在美国某些地方新的规定将阀门、法兰、抽样系统和压力释放阀的逸出限制在 100ppm（V）❶，对泵和压缩机为 500ppm（V）❶。

最后，需要指出的：过分追求低泄漏，结果适得其反。一方面低泄漏率会对密封结构、材料和制造增加复杂性，不利于经济性；另一方面对接触式动密封而言，从摩擦磨损角度来看，密封面应处于良好的润滑状态，故允许一定量的泄漏，以保证密封装置达到期望的寿命。

1.3 密封方式与分类

如上节所述，密封的本质在于控制密封空间与周围环境之间的质量交换，因此决定流体密封度的基本要素是流体流动的推动力和连接件接合面的间隙，显然密封的关键在于降低推

---

❶ ppm（V）=10^{-6}（体积分数）。

❷ 1bar=100kPa。

动力和阻断流动间隙（增大流动阻力）。因此，基于这一原理的主要几种密封方法如下：①接合表面的精密配合，这种方法在于通过精细机械加工最大限度地减小接合表面的微观粗糙度，达到接合表面轮廓的密切吻合而实现密封，如无垫密封、接触式机械密封等；②接合的两表面中，若一侧表面材料较软，或在两接合表面之间加入一容易变形的弹性或塑性元件，则在一定的压紧应力下实现接合表面微观粗糙度轮廓之间或其分别与外加元件之间的紧密吻合，如垫片密封、填料密封等；③利用流体动压或静压力或磁场等作用，在接合间隙处形成阻碍流体泄漏的阻力，使泄漏量减少，如非接触式机械密封、浮环密封、迷宫密封、螺旋密封、磁流体密封等。此外，利用各种方法的特点，设计出组合式密封结构，如填料-机械密封、浮环-机械密封，迷宫-机械密封等。

密封有静密封和动密封之分，没有相对运动或相对静止的接合面间的密封称为静密封，如各种容器、设备和管道法兰接合面间的密封，阀门的阀座、阀体以及各种机器的机壳接合面间的密封等，而彼此有相对运动的接合面间的密封则称为动密封，如阀门的阀杆与填料函，泵、压缩机等的螺旋杆、旋转轴或往复杆与机体之间的密封等。密封可以用各种方法加以分类，如按照密封元件的加载方式、作用原理、结构型式、材料和应用场合等。静密封主要有无垫（直接接触）密封、垫片密封和胶密封三大类，其中垫片密封根据结构材料不同分为非金属垫片密封、半金属垫片密封和金属垫片密封。根据工作压力静密封又可分为中低压密封和高压密封，如用于中低压容器、设备或管道的静密封通常使用非金属垫片或半金属垫片，而高压容器或设备的静密封一般用金属垫片。胶密封是用具有粘接和密封功能的材料（密封胶黏剂，简称密封胶）进行的密封。它又可分为弹性体密封胶、液态密封胶（液体垫片）和密封腻子等。动密封根据运动件相对机体的运动方式分为往复密封和旋转密封两种基本类型。根据密封面有否间隙分为接触型和非接触型密封两大类。一般说来，接触型密封的泄漏量小，但摩擦磨损较大，适用于密封面线速度较低的场合；与此相反，非接触型密封的密封件不直接接触，无摩擦和磨损，使用寿命长，但泄漏量较大、结构较复杂，用在高参数

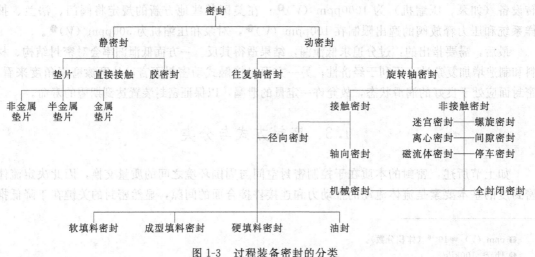

图 1-3 过程装备密封的分类

的场合或用作多级密封的前置密封。接触型密封包括软填料密封、硬填料密封、成型填料密封、油封和接触式机械密封等。非接触型密封包括非接触式机械密封、迷宫密封、螺旋密封、间隙密封、磁流体密封等。因此，过程装备常用密封的分类见图1-3。

1.4　摩擦、磨损和密封

在动密封中，两个相对运动的接触表面，由于机械加工的结果，必然存在各种几何形状和尺寸的误差，因此两表面的接触是不连续的，而且是不均匀的，实际接触面积只是表面宏观接触面积（名义面积）的很小的一部分。当存在压差时，密封介质就会通过其间隙产生泄漏。一旦两表面作相对运动时，必然伴随着摩擦，而摩擦会导致摩擦副零件的生热和磨损，这是引起泄漏和密封件损坏的主要原因。对动密封而言，允许一定量的泄漏，往往是移走摩擦热，改善密封面润滑，减少摩擦副磨损所必需的。由此可见，动密封的使用过程是摩擦副的摩擦、磨损与密封之间的动态平衡过程，决定了机器的使用寿命。显然，摩擦、磨损和密封中的一切问题都与固体的表面性质和密封摩擦面相对运动时的摩擦状态有关。与滑动轴承类似，任何摩擦状况与摩擦副的润滑状况有关，而后者往往决定密封特性。因此，动密封更关注的是摩擦副的表面润滑状态。按摩擦副之间流体膜厚度，润滑分为无润滑（固体摩擦）、边界润滑、薄膜润滑和流体润滑状态，它们分别对应干摩擦、边界摩擦、混合摩擦和流体摩擦状态。如果在某种程度上允许流体介质泄漏，就可以使密封处于功率消耗低，磨损极其轻微的流体润滑状态。这种状态的密封泄漏量与流体膜厚度有关，膜厚越厚，泄漏越多。为了减少泄漏，边界润滑就成为获得极薄流体膜的最佳选择，但是边界润滑对载荷、温度、速度变化等特别敏感，这些因素的变化往往会使边界润滑变成或有剧烈磨损的固体摩擦或有过量泄漏的流体润滑状态。密封处在何种润滑状况，与具体的工况有关。石渡秀男等人，根据轴承润滑理论和对机械密封进行实验后，得出如下的密封准数 G 与摩擦系数 f 的关系[13]

$$f = \psi G^m = \psi (\eta v b / W)^m \tag{1-1}$$

式中　ψ——密封特性数，由密封型式决定；

　　　η——密封流体的动力黏度；

　　　v——端面的平均线速度；

　　　b——端面宽度；

　　　W——端面的总载荷；

　　　m——指数，与动密封型式有关，如旋转端面密封 $m=1/2$。

图1-4为机械密封 f-G 特性，如图所示，密封准数 G 的大小区别了密封的润滑状态，G 值越大，表示越容易形成液膜，如图中的 $G \geqslant 1 \times 10^{-6}$ 时有较厚的液膜，因此存在临界值，超过这一临界值，即进入流体润滑状态，反之形成非流体润滑状态。对于一定的结构、尺寸和材料组合，ψ 有一个临界值 ψ_c，当 $\psi > \psi_c$ 时，处于密封状态；当 $\psi < \psi_c$，则泄漏发生。因此，通过考察 f-G 特性可决定密封与泄漏的临界值。

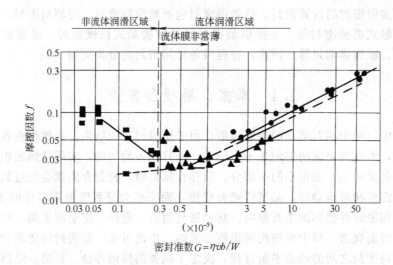

图 1-4　机械密封 f-G 特性
●—机油；▲—锭子油；■—水

　　一般来说，有摩擦就会引起磨损，磨损必然降低了密封性能，缩短机器的使用寿命。由于磨损受很多因素的影响，例如摩擦副的材料、变形，表面粗糙度以及温度、压力和润滑条件等，所以其过程及现象十分复杂。磨损是一个多阶段的过程，是时间的函数，故磨损与密封寿命有直接关系。当密封摩擦面处在磨合阶段，在此期间内摩擦、磨损和摩擦热都变化较大，然后较快进入稳定的磨损阶段，这时磨损速度最小并几乎保持不变，也即是密封的正常工作阶段，最后是剧烈磨损阶段，由于表面受到损坏，表面温度升高，加上材料力学性能的变化使磨损量急剧增大，最终导致泄漏量超过了允许值。对于不同的密封结构和运行条件，密封摩擦副的磨损规律也不是一样的，因此磨损影响密封的过程也不尽相同。磨损形式有多种，包括粘着磨损、磨料磨损、腐蚀磨损、疲劳磨损和微动磨损等，较严重的磨损形式是磨料磨损，即由外来的硬固体颗粒进入密封表面使材料产生切削或划伤，或者由于流体带走固体颗粒的冲刷作用，从而导致正常泄漏状态遭到破坏。此外，摩擦材料与周围介质发生化学或电化学反应的腐蚀磨损也是密封中常见的磨损形式。

　　因此，为了延长密封的使用寿命，减少动力和材料的消耗，降低维修费用，需要采取各种有效的减摩和抗磨措施，例如应用减摩与耐磨材料，采用表面耐磨处理技术改善材料的表面性能，如提高密封摩擦副材料的硬度等，采取冷却、润滑、冲洗等辅助系统，以及采用设计合理的非接触密封等。

2 流体在密封间隙中的流动

2.1 引　　言

在流体密封中，许多性能都取决于流体流过密封（面）间隙的流动状态和流动阻力，而这些间隙通常又很小，例如浮动套密封的间隙约 $10\mu m$；机械密封端面间存在的液体膜层小于 $1\mu m$。因此，在研究和解决流体密封问题时，需要具备在这些很小密封间隙中流动流体的流体力学方面的一些知识，这也是本章的目的所在。

流体在狭窄间隙中的流动主要表现为分子流和黏性流，对气体介质来说，其流动特征可以用克努森数 Kn 来描述，即

$$Kn = \frac{\lambda}{r} \tag{2-1}$$

式中　r——泄漏通道当量半径，$r = 2A/H$，m；

　　　λ——气体分子的平均自由程，m；

　　　A——流道的截面积，m^2；

　　　H——包围流道截面积 A 的周界，m。

当 $Kn < 0.01$ 时，气体分子的平均自由程远小于泄漏通道的特征尺寸，气体分子间的相互碰撞远远多于气体分子与流道壁面之间的碰撞，因而气体分子间的相互碰撞决定了流动的性质。此时，在平均自由程范围内，气体的温度、密度、流速等性质并不会发生明显改变，因而可以把气体看成是连续介质，即黏性流体，而相应的流动称之为黏性流动，它可以用流体动力学的基本理论加以描述和分析。

当 $Kn > 1$ 时，气体分子的平均自由程大于泄漏通道的特征尺寸，流动阻力主要来自气体分子与流道壁面之间的相互碰撞。此时的流动分析主要是确定流道壁面对分子自由运动的限制效应这样一个几何问题。由于分子间的碰撞很少，各分子的运动可以认为是相互独立的。这种克努森数较大时的流动称之为自由分子流或简称分子流。

当 $0.01 < Kn < 1$ 时，气体分子的平均自由程与泄漏通道的特征尺寸具有相同的数量级，其流动特性与气体分子间的相互碰撞以及气体分子与流道壁面之间的碰撞均有关，气体传递处于过渡流区域，此时对流动的分析为半经验的。本章对该流动状态不进行详细讨论，读者可参阅文献 [1~3]。

黏性流动又可区分为不可压缩流体的黏性流动和可压缩流体的黏性流动两类。通常气体的可压缩性要大于液体，但在流动分析中要判别流体是否可压缩，不能仅仅看流

体是气体或是液体，而必须根据流体流动过程中密度变化的大小来决定。通常当流体密度的相对变化（相对于初始密度）的绝对值小于5％时，无论该流体是气体或是液体，都可把它作为不可压缩流体来处理。所以，当气体的流速不超过其声速的0.3倍时，可以把它看成是不可压缩流体。对密封间隙中不可压缩流体的黏性流动可用雷诺方程描述，而对可压缩流体的黏性流动则可依据雷诺方程并结合气体动力学的一般理论加以分析。

2.2 分 子 流

2.2.1 长泄漏通道中的分子流

克努森提出了解决分子流流动问题的基本理论并用实验作了验证。对于长度为L、流道横截面积为A、流道横截面周界为H的任意横截面形状的泄漏通道，当其长度与横截面当量半径之比$L/r \geqslant 100$时，流过该流道的pV流率Q_{pV}为

$$Q_{pV} = \frac{4}{3} \frac{v_a}{\int_0^L \frac{H}{A^2} \mathrm{d}L} (p_1 - p_2) \tag{2-2}$$

式中　L——泄漏通道长度，m；

　p_1，p_2——流道入口和出口处的压力，Pa；

　Q_{pV}——pV流率，Pa·m³/s；

　v_a——气体分子的平均速度，m/s。

v_a可由下式计算

$$v_a = \sqrt{\frac{8RT}{\pi M}} \tag{2-3}$$

式中　R——通用气体常数，J/(kmol·K)；

　T——气体温度，K；

　M——气体分子质量，kg/kmol。

将式（2-3）代入式（2-2）得到

$$Q_{pV} = \frac{4}{3} \frac{1}{\int_0^L \frac{H}{A^2} \mathrm{d}L} \sqrt{\frac{8RT}{\pi M}} (p_1 - p_2) \tag{2-4}$$

对于一个半径为r的均匀横截面的长管

$$\int_0^L \frac{H}{A^2} \mathrm{d}L = \int_0^L \frac{2\pi r}{(\pi r^2)^2} \mathrm{d}L = \frac{2L}{\pi r^3} \tag{2-5}$$

将式（2-5）代入式（2-4）则可得到气体流过均匀圆形横截面长管的分子流流率为

$$Q_{pV} = \frac{4}{3} \frac{r^3}{L} \sqrt{\frac{2\pi RT}{M}} (p_1 - p_2) \tag{2-6}$$

对于一个边长分别为 a 和 b 的均匀矩形横截面的长管

$$\int_0^L \frac{H}{A^2} \mathrm{d}L = \int_0^L \frac{2(a+b)}{a^2 b^2} \mathrm{d}L = \frac{2(a+b)}{a^2 b^2} L \qquad (2-7)$$

将式（2-7）代入式（2-4）则可得到气体流过均匀矩形横截面长管的分子流流率为

$$Q_{pV} = \frac{4}{3} \frac{a^2 b^2}{(a+b) L} \sqrt{\frac{2\pi RT}{M}} (p_1 - p_2) \qquad (2-8)$$

对于一个长、短半轴分别为 a 和 b 的均匀椭圆形横截面的长管

$$\int_0^L \frac{H}{A^2} \mathrm{d}L = \int_0^L \frac{2\pi \sqrt{(a^2+b^2)/2}}{(\pi ab)^2} \mathrm{d}L = \frac{2\sqrt{(a^2+b^2)/2}}{\pi a^2 b^2} L \qquad (2-9)$$

将式（2-9）代入式（2-4）则可得到气体流过均匀椭圆形横截面长管的分子流流率为

$$Q_{pV} = \frac{8}{3} \frac{a^2 b^2}{\sqrt{(a^2+b^2)} L} \sqrt{\frac{\pi RT}{M}} (p_1 - p_2) \qquad (2-10)$$

【例 2-1】 20℃的氮气流过一根长为 1m、半径为 0.1mm 的毛细管，管子一端的压力为 30Pa，管子另一端与一真空容器相连，求流过该毛细管的流率。

解： 由于管子一端与真空容器相连接，故可认为 $p_2 \approx 0$。对于 20℃的氮气，其平均自由程可按下式估算

$$\lambda \times p_2 = 5.9 \times 10^{-3} \mathrm{m} \cdot \mathrm{Pa}$$

$$\lambda = \frac{5.9 \times 10^{-3}}{30} \approx 1.97 \times 10^{-4} \mathrm{m}$$

由式（2-1）

$$Kn = \frac{\lambda}{r} = \frac{1.97 \times 10^{-4}}{1 \times 10^{-4}} = 1.97 > 1$$

故该流动属于分子流，其流率可按式（2-6）计算

$$Q_{pV} = \frac{4}{3} \frac{r^3}{L} \sqrt{\frac{2\pi RT}{M}} (p_1 - p_2)$$

$$= \frac{4}{3} \frac{(1 \times 10^{-4})^3}{1} \sqrt{\frac{2\pi \times 8.3144 \times 10^3 \times 293.15}{28}} \times 30 = 2.96 \times 10^{-8} \mathrm{Pa} \cdot \mathrm{m}^3/\mathrm{s}$$

2.2.2 小孔和短泄漏通道中的分子流

考虑一个等温容器，其中有压力为 p_1 的低压气体，容器器壁上有一穿透小孔，容器中的气体通过该小孔流入压力为 $p_2 (p_2 < p_1)$ 的一相邻容器中。由于分子流状态下的气体压力通常较低，故可作为理想气体看待，因而其流率可以用下式计算

$$Q_{pV} = \frac{1}{4} A v_a (p_1 - p_2) = \frac{1}{2} A \sqrt{\frac{2RT}{\pi M}} (p_1 - p_2) \qquad (2-11)$$

对于半径为 r 的圆孔，流道截面积 $A = \pi r^2$，则式（2-11）成为

$$Q_{pV} = \frac{1}{2} r^2 \sqrt{\frac{2\pi RT}{M}} (p_1 - p_2) \qquad (2-12)$$

比较式（2-6）和式（2-12）可以发现，流过圆孔和长圆管的流率之比为

$$\frac{\dfrac{1}{2}r^2\sqrt{\dfrac{2\pi RT}{M}}\,(p_1-p_2)}{\dfrac{4}{3}\dfrac{r^3}{L}\sqrt{\dfrac{2\pi RT}{M}}\,(p_1-p_2)}=\frac{3}{8}\frac{L}{r}$$

当 $L/r=100$ 时，流过圆孔的流率是流过圆管流率的 37.5 倍。由此可以得出这样得结论：对于短圆管，即 $L/r<100$，由长圆管流率计算式（2-6）得到的流率偏小，而由圆孔的流率计算式（2-12）得到的流率偏大，也就是说式（2-6）和式（2-12）是不适用于短圆管的流率计算的。短圆管的流率计算通常可以按照文献[2]推荐的近似式（2-13）进行

$$Q_{pV}=\frac{1}{2}\frac{r^2}{1+\dfrac{3}{8}\dfrac{L}{r}}\sqrt{\frac{2\pi RT}{M}}\,(p_1-p_2) \tag{2-13}$$

2.3 不可压缩流体的层流

密封接头的性能取决于密封间隙中流体的流动阻力，从工程意义上来说，这个密封间隙是非常小的。例如，浮环密封的间隙大约为 $10\mu m$；而橡胶件密封和机械密封中的液膜厚度通常小于 $1\mu m$。如本章引言中所述，这样微小的密封间隙里的流动主要表现为分子流和黏性流。黏性流动受流体内聚力以及流体和固体表面的黏附力所控制，此时，惯性力在流动过程中所起的作用是次要的。黏性力可以通过流体的动力黏度 η 来表征。当黏性力在流动中占主要地位时，相邻的流线互相平行，流动表现为层流。流体黏附在密封间隙的壁面上，间隙表面的局部不规则（如缺陷、粗糙度等）会影响靠近壁面微小区域中的流动，使局部产生与主流不平行的流动。但流动过程中只要黏性力占主要地位，这种局部的扰动就会立刻被消除，而整个流动仍然保持层流状态。但是，如果流速很大而流体的黏性很小，局部截面上与主流不平行的流动将不会减弱，并且会突然转变成紊流，造成主流流体微团强烈的不规则运动。

从层流转变到紊流的现象和判定准则以及层流计算的基本理论是雷诺（Osborne Reynolds）首先发现和提出来的。流动状态由雷诺数 Re 决定，而雷诺数 Re 中的各流动参数（几何尺寸、流体黏度、压力和流动速度）间的关系可以用雷诺方程加以描述。

2.3.1 雷诺数和雷诺方程

2.3.1.1 雷诺数和流动状态

密度为 ρ、动力黏度为 η 的流体以平均速度 $\bar{u}$ 流过一特征尺寸为 r 的流道，其雷诺数为

$$Re=\frac{\bar{u}2r\rho}{\eta}=\frac{\bar{u}2r}{\nu} \tag{2-14}$$

式中　Re——雷诺数；

　　　ρ——流体密度，kg/m^3；

η——流体动力黏度，Pa·s；

$\overline{u}$——流体的平均速度，m/s；

ν——流体的运动黏度，$\nu = \eta/\rho$，m²/s。

式（2-14）亦可写成 $Re = \rho\overline{u}^2/(\eta\overline{u}/2r)$。很明显，该式表示流体流动的惯性力和黏性力之比。$Re$ 小，表明流体中黏性力的作用较大，能够削弱与消除引起流体质点发生乱运动的扰动，使流体保持平静的层流状态；Re 大，表明流体中的黏性力相对惯性力较小，惯性力容易促使流体质点发生杂乱运动，而使流体呈现紊流状态。由层流转变为紊流时的临界雷诺数用 Re_c 表示。

流动从层流向紊流过渡除取决于雷诺数外，还取决于流动中存在的扰动。扰动小，则易被流体的黏性所削弱，流动易处于层流状态。扰动大，则不易被流体的黏性所削弱，反而促使流动更快地进入紊流状态。但当 $Re < Re_c$ 时，扰动总会被削弱。例如，从壁面光滑的容器接出一根光滑圆管，圆管的特征尺寸为管子的半径 r，其雷诺数 $Re = \overline{u}2r\rho/\eta$，如果管子入口处没有采取什么措施，从层流转变为紊流的临界雷诺数 Re_c 约为 2320；如果将管子入口处削尖，则从层流转变为紊流的临界雷诺数可提高到 2800 左右；如果进一步将管子入口处加于圆顺，并且保持容器内的流体很平静，则临界雷诺数可高达 4000。在这三种情况下，后者流体进入管子时流体内部和管口的扰动都是最小的，所以在很高的雷诺数下流体的黏性仍能使流动保持层流状态。但这是很不稳定的，这时只要有一个微小的扰动加在流体上，黏性力就无法克服这一扰动，流体就会立刻转变为紊流。至于紊流形成的机理和有关计算，这里不作深入介绍。

对于高度为 h 的密封间隙来说，其雷诺数可定义为

$$Re = \frac{\overline{u}2h\rho}{\eta} = \frac{\overline{u}2h}{\nu} \tag{2-15}$$

由经验可知，当 Re 超过临界值：$Re_c = 2000 \sim 4000$ 时，密封间隙中的流动将转变为紊流。如果密封面较为粗糙，特别当密封面开槽时，在雷诺数小于 $Re_c = 500 \sim 1000$ 时，流动也会很快转变成紊流。如果密封间隙很小，尤其当间隙小于 $10\mu\text{m}$ 时，通常工况下流动都将是层流。

2.3.1.2　压力梯度、速度分布和雷诺方程

从流体力学的角度研究密封，必须解决如下两个问题：

① 流体在密封间隙中的压力分布，由此可计算出液膜的承载能力；

② 流体流过密封间隙的流率，即泄漏率。

层流状态下，流体在密封间隙中的流动可以通过雷诺方程来描述。

图 2-1 表示一个高度为 h 的密封间隙，间隙上下固体表面分别以速度 $\{U_1, V_1, W_1\}$ 和 $\{U_2, V_2, W_2\}$ 运动。在流体中取一个微小的单元体，其局部速度为 $\{u, v, w\}$。间隙高度 $h(x, z)$ 沿着 y 方向是改变的，它和密封间隙在 x 和 z 方向上的尺寸相比小得多，假定整个流动过程中黏性 η 为常数。

考虑作用在 $(\text{d}x, \text{d}y, \text{d}z)$ 上的黏性力及其压力引起力的平衡。在 x 和 z 方向上的压

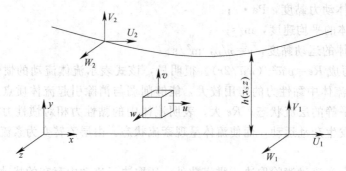

图 2-1 流体及其密封间隙边界的速度

力梯度分别为 $\partial p/\partial x$ 和 $\partial p/\partial z$，由黏性力产生的局部剪切力分别为 $\eta\partial u/\partial y$ 和 $\eta\partial w/\partial y$。

如图 2-2 所示，作用在微元体上的力在 x 方向上的平衡为

$$\frac{\partial}{\partial y}\left(\eta\frac{\partial u}{\partial y}\right)\mathrm{d}x\mathrm{d}y\mathrm{d}z-\frac{\partial p}{\partial x}\mathrm{d}x\mathrm{d}y\mathrm{d}z=0 \tag{2-16}$$

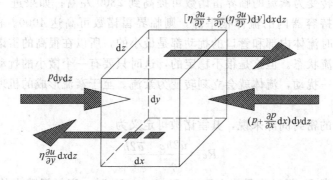

图 2-2 作用在微元体上的压力和剪力

由此得到 x 方向上局部压力梯度与剪切力的关系为

$$\frac{\partial p}{\partial x}=\frac{\partial}{\partial y}\left(\eta\frac{\partial u}{\partial y}\right) \tag{2-17}$$

同样，在 z 方向上有

$$\frac{\partial p}{\partial z}=\frac{\partial}{\partial y}\left(\eta\frac{\partial w}{\partial y}\right) \tag{2-18}$$

由于密封间隙在 y 方向上的尺寸很小，因此假设在间隙高度 h 上压力不变，故 $\partial p/\partial y=0$。对于黏性流体，由于其黏附作用，下列边界条件成立

$$y=0,\quad u=U_1\quad w=W_1$$
$$y=h,\quad u=U_2\quad w=W_2$$

在方程式（2-17）和式（2-18）中，分别对流动速度 u 和 w 进行积分，并运用上面的边界条件，则可得到密封间隙中流体流动的速度分布

$$u(y)=\left(1-\frac{y}{h}\right)U_1+\frac{U_2}{h}y-\frac{1}{2\eta}\frac{\partial p}{\partial x}y(h-y) \tag{2-19}$$

$$w(y)=\left(1-\frac{y}{h}\right)W_1+\frac{W_2}{h}y-\frac{1}{2\eta}\frac{\partial p}{\partial z}y(h-y) \tag{2-20}$$

式中　u，w——流体在 x 方向和 z 方向的流动速度，m/s；

　　　　h——间隙高度，m；

　　　　p——压力，Pa；

　U_1，W_1——下固体表面在 x 方向和 z 方向的运动速度，m/s；

　U_2，W_2——上固体表面在 x 方向和 z 方向的运动速度，m/s。

2.3.2　二维流动

不可压缩流体必须满足如下连续性条件，如图 2-3 所示。

$$\frac{\partial u}{\partial x}+\frac{\partial v}{\partial y}+\frac{\partial w}{\partial z}=0 \tag{2-21}$$

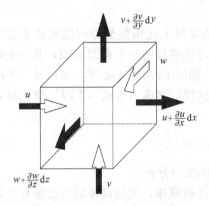

图 2-3　不可压缩流体的连续性

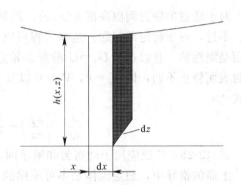

图 2-4　微元体 $h\mathrm{d}x\mathrm{d}z$

如图 2-4 所示，在密封间隙中取一个微元体 $h\mathrm{d}x\mathrm{d}z$，则式（2-21）可写成如下形式

$$\int_0^h\frac{\partial u}{\partial x}\mathrm{d}y+v\big|_0^h+\int_0^h\frac{\partial w}{\partial z}\mathrm{d}y=0 \tag{2-22}$$

运用下面的计算规则

$$\int_{\alpha(x)}^{\beta(x)}\frac{\partial f(x,y)}{\partial x}\mathrm{d}y=\frac{\mathrm{d}}{\mathrm{d}x}\int_{\alpha(x)}^{\beta(x)}f(x,y)\mathrm{d}y-f[x,\beta(x)]\frac{\mathrm{d}\beta(x)}{\mathrm{d}x}+f[x,\alpha(x)]\frac{\mathrm{d}\alpha(x)}{\mathrm{d}x}$$

当 $y=h$ 时，$\alpha=0$，$u=U_2$，$w=W_2$，方程式（2-22）中各项的积分为

$$\int_0^h\frac{\partial u}{\partial x}\mathrm{d}y=\frac{\mathrm{d}}{\mathrm{d}x}\int_0^hu\mathrm{d}y-U_2\frac{\mathrm{d}h}{\mathrm{d}x} \tag{2-23}$$

$$\int_0^h\frac{\partial w}{\partial z}\mathrm{d}y=\frac{\mathrm{d}}{\mathrm{d}z}\int_0^hw\mathrm{d}y-W_2\frac{\mathrm{d}h}{\mathrm{d}z} \tag{2-24}$$

利用方程式（2-19）和式（2-20），则方程式（2-23）和方程式（2-24）右边的第一项可写成

$$\int_0^h u \mathrm{d}y = \frac{U_1 + U_2}{2} h - \frac{1}{12\eta} \frac{\partial p}{\partial x} h^3 \tag{2-25}$$

$$\int_0^h w \mathrm{d}y = \frac{W_1 + W_2}{2} h - \frac{1}{12\eta} \frac{\partial p}{\partial z} h^3 \tag{2-26}$$

联立方程式(2-23)～式(2-26)，则可得到密封间隙中二维流动的雷诺方程

$$\frac{\partial}{\partial x}\left(\frac{U_1 + U_2}{2}h - \frac{h^3}{12\eta}\frac{\partial p}{\partial x}\right) - U_2\frac{\partial h}{\partial x} + (V_2 - V_1) + \frac{\partial}{\partial z}\left(\frac{W_1 + W_2}{2}h - \frac{h^3}{12\eta}\frac{\partial p}{\partial z}\right) - W_2\frac{\partial h}{\partial z} = 0$$

或可写成如下形式

$$\frac{\partial}{\partial x}\left(\frac{h^3}{12\eta}\frac{\partial p}{\partial x}\right) + \frac{\partial}{\partial z}\left(\frac{h^3}{12\eta}\frac{\partial p}{\partial z}\right) - \frac{\partial}{\partial x}\left(\frac{U_1 + U_2}{2}h\right) - \frac{\partial}{\partial z}\left(\frac{W_1 + W_2}{2}h\right) +$$

$$U_2\frac{\partial h}{\partial x} + W_2\frac{\partial h}{\partial z} - V_2 + V_1 = 0 \tag{2-27}$$

对于任意的密封间隙高度 $h(x,z)$，用解析的方法求解上述偏微分方程通常是十分困难的。不过，对于特定的问题，这些方程可以简化。如考虑这样的一个密封间隙，其一个密封表面是刚性的，且以速度 $U_1 = U$ 沿着 x 轴方向运动，此时 $V_1 = 0$ 以及 $W_1 = 0$；另一个刚性密封表面静止不动，即 $U_2 = 0$，$V_2 = 0$ 以及 $W_2 = 0$。这样，雷诺方程式（2-27）简化成如下形式

$$\frac{\partial}{\partial x}\left(\frac{h^3}{\eta}\frac{\partial p}{\partial x}\right) + \frac{\partial}{\partial z}\left(\frac{h^3}{\eta}\frac{\partial p}{\partial z}\right) = 6U\frac{\partial h}{\partial x} \tag{2-28}$$

式（2-28）广泛应用于动密封和轴承间隙中的流体流动分析。

上面的推导中，假定流体是不可压缩的。对于可压缩流体，可用同样的方法推导得雷诺方程，但由于方程的非线性，因而往往不易求解。可压缩流体的流动将在 2.4 节讨论。

2.3.3　一维轴对称流动

一维轴对称流动是工程上常见的流动形式，如流体通过圆形管道的流动、阀门阀杆与填料之间环形间隙中流体的流动、活塞式压缩机活塞环与气缸壁间隙中气体的流动、法兰和垫片间环形间隙中流体的流动等。

2.3.3.1　圆管中的流动

如图 2-5（a）所示，黏度为 η 的流体在一直径不变的水平圆管内沿 x 方向作稳定的层流流动，x 轴为圆管中心线，管道入口处的压力为 p_1、管道出口处的压力为 p_2，管道长度为 L、半径为 R，现在分析圆管中流体的速度分布并计算流过圆管的流率。

采用与 2.3.1.2 节同样的方法，考虑作用在微元体上的力在 x 方向上的平衡，如图 2-5（b）所示。取一个与圆管同轴线，半径为 r 的微圆环流体，x 方向上局部压力梯度与剪切力

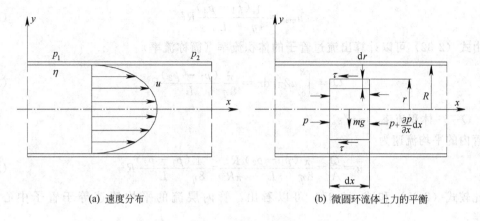

(a) 速度分布   (b) 微圆环流体上力的平衡

图 2-5 圆管中的流动

的关系为

$$-\eta\frac{\partial u}{\partial r}2\pi r\mathrm{d}x+\frac{\partial p}{\partial x}\pi r^2\,\mathrm{d}x=0$$

上式简化为

$$\frac{\partial p}{\partial x}=\frac{2\eta}{r}\frac{\partial u}{\partial r}$$

由于压力 p 只是 x 的函数，而流动关于 x 轴是对称的，故 u 仅仅是 r 的函数。因而，上式成为常微分方程

$$\frac{\mathrm{d}p}{\mathrm{d}x}=\frac{2\eta}{r}\frac{\mathrm{d}u}{\mathrm{d}r} \tag{2-29}$$

且等式两端都等于常数时才能成立。

将上式积分得到

$$u=\frac{1}{4\eta}\frac{\mathrm{d}p}{\mathrm{d}x}r^2+C \tag{2-30}$$

现由边界条件确定积分常数 C。当 $r=R$ 时，$u=0$，则 $C=-\dfrac{R^2}{4\eta}\dfrac{\mathrm{d}p}{\mathrm{d}x}$。代入上式得到

$$u=-\frac{1}{4\eta}\frac{\mathrm{d}p}{\mathrm{d}x}(R^2-r^2) \tag{2-31}$$

式中 $\mathrm{d}p/\mathrm{d}x$ 为沿单位管长的压力变化，$\mathrm{d}p/\mathrm{d}x=-(p_1-p_2)/L$ 将其代入式（2-31）则可得到管内层流的速度分布函数

$$u=\frac{1}{4\eta}\frac{(p_1-p_2)}{L}(R^2-r^2) \tag{2-32}$$

由上式可见，圆管内的速度沿半径方向按抛物线规律分布，其最大流速在管子轴心处，其值为

$$u_{\max} = \frac{1}{4\eta} \frac{(p_1 - p_2)}{L} R^2 \tag{2-33}$$

由式（2-32）可以计算出流过管子的体积流率（简称流率）

$$Q = \int_0^R u 2\pi r \mathrm{d}r = \frac{\pi}{8\eta} \frac{(p_1 - p_2)}{L} R^4 \tag{2-34}$$

式中　Q——体积流率，$\mathrm{m^3/s}$。

管内的平均流速为

$$\bar{u} = \frac{Q}{A} = \frac{\pi}{8\eta} \frac{(p_1 - p_2)}{L} \frac{R^4}{\pi R^2} = \frac{1}{8\eta} \frac{(p_1 - p_2)}{L} R^2 \tag{2-35}$$

比较式（2-33）和式（2-35）可以看出，管内层流的平均流速等于管子中心流速的一半。

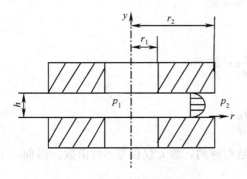

图 2-6　平行圆板中的流动模型

流体流过环状间隙的流率为

$$Q = \int_0^h u 2\pi r \mathrm{d}y$$

将式（2-36）代入上式，分离变量得到

$$Q \int_{r_1}^{r_2} \frac{\mathrm{d}r}{r} = -\frac{\pi}{\eta} \int_0^h y(h-y)\mathrm{d}y \int_{p_1}^{p_2} \mathrm{d}p$$

积分上式可得到流率的计算公式

$$Q = \frac{\pi}{6} \frac{h^3}{\eta \ln(r_2/r_1)} (p_1 - p_2) \tag{2-37}$$

2.3.3.3　圆环隙中的流动

作往复运动的轴与密封件之间的间隙可以看作轴对称的环形间隙，见图 2-7。因为环隙高度沿着整个圆周方向（z 方向）是固定不变的，则 $\frac{\partial h}{\partial z} = 0$，$\frac{\partial p}{\partial z} = 0$。因此，

2.3.3.2　平行圆板中的流动

两个静止的平行圆板之间有一个高度为 h 的环状间隙，由于压力差（$p_1 - p_2$）的作用，流体通过间隙由内半径 r_1 处流至外半径 r_2 处，如图 2-6 所示。流动为稳定的层流流动。由于上下表面是静止的，故 $U_1 = U_2 = 0$，由公式（2-19）可直接得到流速分布

$$u(y) = -\frac{1}{2\eta} \frac{\mathrm{d}p}{\mathrm{d}r} y(h-y) \tag{2-36}$$

可见流速沿间隙高度 h 呈抛物线分布。

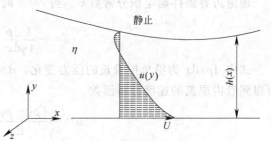

图 2-7　由于压力梯度和壁面运动
引起的环隙中的一维流动

方程式(2-28)中各变量仅与 x 有关

$$\frac{\mathrm{d}}{\mathrm{d}x}\left(\frac{h^3}{\eta}\frac{\mathrm{d}p}{\mathrm{d}x}\right)=6U\frac{\mathrm{d}h}{\mathrm{d}x} \qquad (2\text{-}38)$$

将上式积分，得到

$$\frac{h^3}{\eta}\frac{\mathrm{d}p}{\mathrm{d}x}=6Uh+C$$

假定 h^* 为 $\frac{\mathrm{d}p}{\mathrm{d}x}=0$ 处的环隙高度，则由上式可得到 $C=-6Uh^*$，这样就可得到关联局部压力梯度 $\mathrm{d}p/\mathrm{d}x$、环隙高度 $h=h(x)$、壁面运动速度 U，流体黏度 η 的一维雷诺方程

$$\frac{h^3}{\eta}\frac{\mathrm{d}p}{\mathrm{d}x}=6U(h-h^*) \qquad (2\text{-}39)$$

设 Q 为体积流率，b 为环隙的周向长度，则

$$\int_0^{h^*}U\mathrm{d}y=\frac{Uh^*}{2}=\frac{Q}{b} \quad 或 \quad h^*=\frac{2Q}{Ub}$$

代入式（2-39）得到

$$Q=b\left[\left(-\frac{h^3}{12\eta}\frac{\mathrm{d}p}{\mathrm{d}x}\right)+\frac{Uh}{2}\right] \qquad (2\text{-}40)$$

方程式（2-40）中的第一项为压力差对总流的贡献，可以称之为压力流；第二项是由于运动表面引起的剪切流对总流的贡献。由于压力引起的流动速度沿着环隙高度 h 呈抛物线分布；剪切流引起的流动速度呈线性分布，如图 2-7 所示。方程式（2-40）广泛应用于流体密封技术中。

现在讨论几种特定密封形式的泄漏率方程，假定密封面是刚性的。对于像橡胶一类软材料，在局部流体薄膜压力的作用下，其密封表面将会发生明显变形，这种具有弹性体边界的流体动力学问题将在以后讨论。

（1）同轴圆形环隙中的流动

图 2-8 表示一个同轴圆筒之间的环形间隙，间隙高度 h_0 在轴向和周向均保持不变。圆筒直径 D 和间隙 h_0 相比很大，所以圆筒内外径之间的差异可以忽略不计，间隙宽度 $b=\pi D$，间隙在流动方向上的长度为 L。间隙出口处压力为 p_2，进口处压力为 p_1，内圆筒的运动速度为 U。

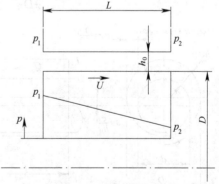

图 2-8　环隙中的压力降

在这个问题中，压力差 $\Delta p=p_1-p_2$ 和表面的运动速度 U 都对流率 Q 有贡献。压力梯度为

$$\frac{\mathrm{d}p}{\mathrm{d}x}=\frac{p_2-p_1}{L}=-\frac{\Delta p}{L} \qquad (2\text{-}41)$$

代入式(2-40)可求得体积流率为

$$Q = \pi D \left(\frac{\Delta p h_0^3}{12 \eta L} + \frac{U h_0}{2} \right) \qquad (2\text{-}42)$$

如果两个边界面都是静止的，则体积流率为

$$Q_0 = \frac{\pi D \Delta p h_0^3}{12 \eta L} \qquad (2\text{-}43)$$

式中　Q_0——边界面静止时同轴圆形环隙中的体积流率，m^3/s；

　　　b——间隙宽度，$b = \pi D$，m；

　　　h_0——间隙高度，m；

　　　D——圆筒直径，m；

　　　Δp——压力差，$\Delta p = p_1 - p_2$，Pa。

【例 2-2】　室温的水从一直径为 50mm、长度为 100mm、间隙为 $10\mu m$ 的轴封中漏出，测得两端的压力差为 0.3MPa，轴的运动速度很低，可忽略不计，判断流动状态，并求泄漏率。

解：室温下的水 $\rho = 10^3 \, kg/m^3$，$\eta = 10^{-3} Pa \cdot s$，由式（2-43）

$$Q_0 = \frac{\pi D \Delta p h_0^3}{12 \eta L} = \frac{\pi \times 0.05 \times 0.3 \times 10^6 \times (10 \times 10^{-6})^3}{12 \times 10^{-3} \times 0.1} = 3.93 \times 10^{-7} \, m^3/s$$

$$= 0.393 \, cm^3/s$$

由式（2-15），$Re = \bar{u} 2 h_0 \rho / \eta$。对于均匀的环状间隙，$Q = \bar{u} \pi D h_0$，代入式（2-43）得到

$$Re = \frac{2 Q \rho}{\pi D \eta} = \frac{2 \times 3.93 \times 10^{-7} \times 10^3}{\pi \times 0.05 \times 10^{-3}} = 5$$

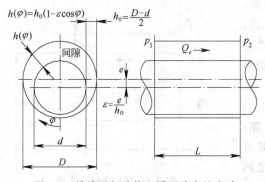

图 2-9　轴线平行的偏心圆环隙中的流动

这一雷诺数远远低于临界雷诺数 $Re_c = 2000$，因此流动为层流状态，可以应用式（2-43）计算泄漏率。值得注意的是，式（2-43）仅仅适用于孔和轴同心时的情况，而在实际情况下，当间隙仅为 $10\mu m$ 左右时，孔和轴是不可能完全同心的。

（2）轴线平行的不同轴圆形环隙中的流动

在这种情况下，间隙沿着轴线不变而圆周方向是不断改变的，如图 2-9 所示。

如果孔的轴线和轴的轴线的径向距离为 e，而平均间隙为 $h_0 = 0.5(D - d)$，则相对偏心率为 $\varepsilon = e/h_0$，相应的体积流率为

$$Q_e = Q_0 (1 + 1.5 \varepsilon^2) \qquad (2\text{-}44)$$

式中　Q_e——轴线平行的不同轴圆形环隙中的体积流率，m^3/s；

　　　ε——相对偏心率，$\varepsilon = e/h_0$。

式中的 Q_0 可由式（2-43）计算。对于最大偏心距，$\varepsilon=1$，则 Q_e 是 Q_0 的 2.5 倍。

2.3.4　轴线倾斜时圆环隙中的流动

在这种情况下流动是二维的（x 和 z 方向上的分量均存在），方程式（2-28）无法直接积分。实验表明，当轴的倾斜度增大时，体积流率 Q_t 减少。在倾斜度最大时，亦即轴和孔相对位移在 $x=0$ 和 $x=L$ 处达到最大时（图 2-10），其体积流率 Q_t 近似等于同轴圆形环隙中流率 Q_0 的一半。

$$Q_t \approx 0.5Q_0 \qquad (2\text{-}45)$$

式中　Q_t——轴线倾斜时圆环隙中的体积
　　　　　流率，$\mathrm{m^3/s}$。

从式（2-44）和式（2-45）可以看出，轴和孔的轴线是否平行对流动影响很

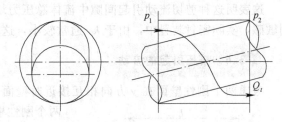

图 2-10　轴线倾斜时圆环隙中的流动

大，从轴线完全倾斜到完全偏心，其流率增加约 5 倍。这表明，在应用式（2-43）时要特别注意环形间隙是否同轴。

2.3.5　流道出口处有障碍时的剪切流动

有一个环状间隙 h_0，一端的压力为 p_1，另一端由一个接触式密封件密封，现在来研究该密封结构中的流动状况，如图 2-11 所示。假定环状间隙 h_0 为 $10\mu\mathrm{m}$ 数量级，而接触式密封的间隙为 $1\mu\mathrm{m}$ 数量级，轴以速度 U 向密封件方向作轴向运动。由于黏性流体的剪切流动效应，流体将被拖动而向密封件方向运动，但由于接触式密封件的阻碍，流体又无法通过密封部位，因而朝着开口端肯定有一个大小相等、方向相反的压力流。此时，流道中总的流量 $Q\approx0$。由式（2-40）可得到间隙中的压力梯度为

$$\frac{\mathrm{d}p}{\mathrm{d}x}=\frac{6\eta U}{h_0^2}$$

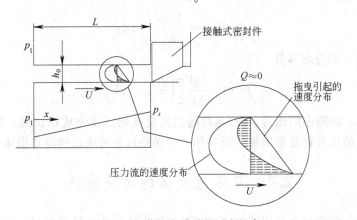

图 2-11　剪切流动引起压力长高

可见，压力沿着间隙呈线性增加，在密封件处达到最大值 p_s。在整个间隙长度 L 上对上式积分可得到 p_s 值

$$p_s - p_1 = \frac{6\eta UL}{h_0^2} \tag{2-46}$$

式中　p_s——拖曳压力，Pa。

这表明这种剪切流动引起间隙中流体总压力增加，而压力增加的幅度对间隙高度 h_0 特别敏感，实际密封装置中，由于 h_0 通常较小，这种拖曳压力 p_s 可能会达到很高的值。

2.3.6　挤压引起的流动

考虑两个刚性壁面在 y 方向相互接近时壁面间隙中流体的流动情况。如图 2-12 所示，

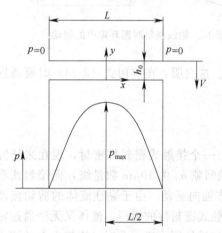

图 2-12　两平行平面间的挤压流动

两个刚性壁面以相对速度 V（y 方向）相互接近，壁面间隙不断减小，间隙中的流体就会在 $+x$ 和 $-x$ 方向上被挤压出来。此时，方程式（2-27）可以简化为

$$\frac{\partial}{\partial x}\left(\frac{h^3}{\eta}\frac{\partial p}{\partial x}\right) = -12V \tag{2-47}$$

显然，间隙中的压力 p 随着间隙 h 的减少而不断增加。对于两个平行的刚性平壁面 $\left(\frac{\mathrm{d}h}{\mathrm{d}x}=0\right)$，其相互接近速度保持恒定的简单情况，有

$$\frac{\mathrm{d}p}{\mathrm{d}x} = -\frac{12\eta V}{h^3}x + C \tag{2-48}$$

根据对称性，当 $x=0$ 时，$\frac{\mathrm{d}p}{\mathrm{d}x}=0$，因此，$C=0$。积分上式

$$\int_0^p \mathrm{d}p = -\frac{12\eta V}{h^3}\int_{\frac{L}{2}}^x x\mathrm{d}x$$

即可得到压力随 x 的分布函数

$$p(x) = \frac{6\eta V}{h^3}\left[\left(\frac{L}{2}\right)^2 - x^2\right] \tag{2-49}$$

由上式可见，间隙中的压力 $p(x)$ 是与间隙高度 h 的三次方成反比的，随着壁面的越来越靠近，间隙中的压力将急剧增加，但实际上要保持恒定的接近速度是很难的。

2.4　可压缩流体的薄膜流动

浮环密封和迷宫密封主要用于气体或蒸汽等可压缩流体的轴的密封。这些密封结构的密

封间隙通常都是很微小的。这一节主要介绍可压缩流体流动的一些基本理论和概念，以便计算可压缩流体流过微小、光滑的密封间隙的流率和压力降。气体或蒸汽的流动与不可压缩流体不同，这主要是由于气体的黏度比不可压缩流体的黏度要小得多，当压力下降时，气体的体积增大。对于相同的密封间隙和压力差来说，气体流动比液体流动快得多，从密封间隙的入口到出口处流动速度不断增加。因此，气体的流动更有可能变成紊流。但是，在微小的密封间隙中（通常为微米数量级），气体速度在达到音速之前，其流动仍能保持层流状态。此外，无论流动处于层流还是紊流状态，由于冲击波的阻滞效应，气体在间隙出口处的流速总是不会超过声速。因此，如果压力差足够大，流动可能在间隙中受到阻滞，这样出口处的压力就会高于周围环境压力。

可压缩流体的流动过程中存在压力能和热能的交换。这通常会引起流体温度的变化，从而改变压力的分布，进而导致流率改变。但当气体以亚声速流过一个狭窄的缝隙时，有时可以假定其温度是保持不变的，即认为流动是等温的。这样假定的主要理由是：①认为轴的材料是良好的导热体，密封间隙很小，气体流过整个密封间隙时有充分的热交换时间，故可认为气体的温度与轴的表面温度相同；②气体流动产生的摩擦热近似地补偿了由于气体膨胀造成的热量减少。

在密封热流体或易挥发流体介质时，密封间隙中的流体可能发生相变，因而会形成可压缩和不可压缩流体两个区域。在两相的交界面上，由于汽化潜热，能量变化很大。精确的求解需要用到能量方程和雷诺方程，该处不作详细介绍。

下面仅介绍无相变可压缩流体的一维流动，以计算微小密封间隙中的气体流率和压力降。

2.4.1 亚声速气体的流动

流体流过一个直径为 D、长度为 L、高度为 h 的环形间隙，当轴处于静止状态（$U=0$）时，根据式（2-40）可得到一维层流状态下流体的质量流率

$$Q_m = Q\rho = -\frac{\pi D h^3}{12\eta}\rho\frac{\mathrm{d}p}{\mathrm{d}x} \tag{2-50}$$

式中　Q_m——流体的质量流率，kg/s。

对于理想气体，有 $p/\rho = RT/M$，因此

$$Q_m = Q\rho = -\frac{\pi D h^3 M}{12\eta RT}p\frac{\mathrm{d}p}{\mathrm{d}x} \tag{2-51}$$

如果知道间隙中气体的温度分布 $T(x)$，积分上式就能够给出压力的分布 $p(x)$。

当温度不变时，由式（2-51）可得到流体的质量流率

$$Q_m = \frac{\pi D h^3 M}{12\eta RTL}\frac{p_1^2 - p_2^2}{2} \tag{2-52}$$

引入压力比 $\beta = p_2/p_1$ 和压差 $\Delta p = p_1 - p_2$，则

$$Q_m = \rho_1\frac{\pi D \Delta p h^3}{12\eta L}\frac{1+\beta}{2}$$

或者

$$Q_m = \rho_2 \frac{\pi D \Delta p h^3}{12 \eta L} \frac{1+\beta}{2\beta} \qquad (2-53)$$

式中　ρ_1，ρ_2——进口处和出口处的气体密度，kg/m^3。

此时气体的压力降为

$$p(x) = p_1 \sqrt{1 - (1-\beta^2)\frac{x}{L}} \qquad (2-54)$$

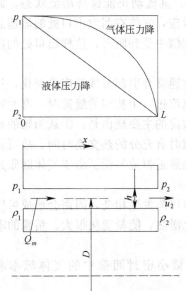

图 2-13　密封间隙中可压缩
流体的压力分布

图 2-13 为密封间隙中可压缩流体和不可压缩流体的压力分布示意图。可压缩流体的压力分布是根据式 (2-54) 作出的。流动过程中，可压缩流体的膨胀速度要比不可压缩流体大得多，同时，由于表面摩擦力较大，使局部压力梯度急剧增大。因此，密封间隙中可压缩气体的平均压力比不可压缩气体的平均压力高。

由前一节中的例 2-2，用质量流率表示的均匀环状间隙中的雷诺数为

$$Re = \frac{2Q\rho}{\pi D \eta} = \frac{2Q_m}{\pi D \eta} \qquad (2-55)$$

用式 (2-53) 计算出质量流率 Q_m，并把结果代入式 (2-55) 就可计算出雷诺数。依据准则 $Re \leqslant 2000 = Re_c$ 可以判定流体是否属于层流。如果计算得到的 Re 超过 2000，流动可能是紊流，以上计算质量流率的公式就不再适用。

对于流道出口处气体流速为亚声速的紊流流动，其质量流率可用下面的经验公式来估算

$$Q_m = 9.9 \rho_1 D \left[\frac{(\Delta p)^4 h^{12}(1+\beta)^4}{\rho_1^3 L^4 \eta} \right]^{1/7} \qquad (2-56)$$

2.4.2　声速气体的流动

如果压力 p_1 逐渐增加，当它达到临界压力比 $\beta_c = (p_2/p_1)_c$ 时，在出口处气体将达到声速 $u_s = \sqrt{\gamma R T}$，这里，$\gamma = c_p/c_V$ 为质量热容比，R 为气体常数。以空气为例，$\gamma = 1.4$。如果在出口处达到声速之后 p_1 进一步上升，那么质量流率将会继续增加，但气体仍会以声速流出密封间隙。此时，出口处的压力 p_e 将随着进口处的压力 p_1 的增大而增大，以保持 $\frac{p_e}{p_1} = \beta_c$ 为一恒定的值，而密封间隙外的气体将会膨胀，其压力由 p_e 降为 p_2。

临界压力比 β_c 的大小主要是由流体的摩擦特性决定的，间隙的流动阻力越大，β_c 越小，β_c 实际上是 γ 和雷诺数 Re 的函数。

层流时气体流过圆环形间隙的临界压力比可按下面介绍的方法计算。

如图 2-13，气体在圆环形间隙出口处的质量流率、流速和密度之间有如下关系式

$$\frac{Q_m}{\rho_2} = \pi D h u_2 \qquad (2-57)$$

把它和方程式（2-53）联立，则可得到气体在间隙出口处的速度为

$$u_2 = \frac{p_2 h^2}{12 \eta L} \frac{1 - \beta^2}{2 \beta^2} \qquad (2-58)$$

当出口处气体的流速 u_2 等于当地声速 u_s 时，压力比达到临界值。由于气体膨胀，其温度将降低，气体以温度 T_1 进入密封间隙的声速为

$$u_s = \sqrt{\frac{2\gamma}{\gamma + 1} R T_1} \qquad (2-59)$$

令 $u_2 = u_s$，并定义系数 K 为

$$K = \frac{u_s 24 \eta L}{p_2 h^2} \qquad (2-60)$$

则临界压力比为

$$\beta_c = \sqrt{\frac{1}{1 + K}} \qquad (2-61)$$

对于 $10 \sim 20 \mu m$ 的间隙里的空气流动，其临界压力比 β_c 约在 $0.1 \sim 0.2$ 范围内。有时对于圆环形间隙中的气体流动，当间隙高度较小时，其质量流率可用下面的公式来计算

$$Q_m = \pi D h \varepsilon_f \sqrt{p_1 \rho_1} \qquad (2-62)$$

式中 ε_f——流动系数。

图 2-14 中示意性地做出了流动系数 ε_f 和压力比 $\beta = \dfrac{p_2}{p_1}$ 的关系曲线。在 $1 > \beta > \beta_c$ 范围内，流动系数 ε_f 可近似用下式计算

$$\varepsilon_f \approx \sqrt{\frac{1 - \beta^2}{C_R}} \qquad (2-63)$$

式中 C_R——流动阻力系数，可由式（2-64）、式（2-65）计算。

层流时 $\qquad C_R = \dfrac{48L}{Reh} \qquad (2-64)$

紊流时 $\qquad C_R = \dfrac{0.16L}{h \sqrt[4]{Re}} \qquad (2-65)$

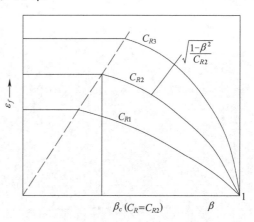

图 2-14　流动系数与压力比及流动阻力系数之间的关系

确定临界压力比通常需要进行迭代，迭代时需用式（2-55）来计算雷诺数以便确定流动属于层流还是属于紊流。当 $C_R \geqslant 5$ 时，临界压力比可近似由下式计算

$$\beta_c = \sqrt{\frac{1}{1.4C_R + 1}} \tag{2-66}$$

如果 $\beta < \beta_c$，流动系数近似为 $\varepsilon_f \approx 1.2\beta_c$。

上面讨论的气体流动方程仅仅适用于当密封间隙 h 保持不变时的情况。当间隙 h 很小时，例如 $1\mu m$ 数量级，温度、压力梯度和密封元件之间的相对位移都会影响密封间隙的形状和大小，因而，这时就不能再假定 h 保持不变。

3 过程设备和管道的静密封

3.1 垫片密封

3.1.1 前言

垫片密封是过程工业装置中压力容器、工艺设备、动力机器和连接管道等可拆连接处最主要的静密封型式。它们所处的工况条件十分复杂，包含的流体介质范围相当广泛，防止液体或气体通过这些接头处泄漏出来，是工厂面对的最重要也是最困难的任务。虽然法兰接头与泵轴、阀杆、搅拌器轴等密封相比，其泄漏量不及它们大，但法兰接头的数量则比它们多得多，因此它们成为过程装备泄漏的主要来源。泄漏带来环境污染、产品损失，垫片密封的重要性也就不言而喻了。由于它们通常采用螺栓法兰连接结构，因此装配时要将螺栓预紧到足以达到初步密封的要求，而精确地控制预紧水平恰恰是一个十分棘手的问题；其次，这一结构中的垫片更是一个受很多因素影响的密封元件。

垫片的应用范围极其广泛，垫片需要的压紧载荷各不相同，如低压水泵薄法兰用的垫片，需要的压紧载荷较低，而压力容器和管道法兰垫片，需要较大的压紧载荷和刚性较好的连接结构。对后者通常有标准可查，但对特殊要求的垫片密封，它们没有标准的连接件尺寸，如法兰厚度、螺栓尺寸、螺栓间距等，这就需要考虑专门设计。

本章重点介绍过程设备和管道法兰连接中的垫片密封的密封机理，垫片、法兰的类型与选择，非标准法兰连接螺栓载荷的确定方法等。按照过程设备和管道所承受的压力有中低压和高压的区分，垫片密封的型式、材料、结构要求等也不尽相同，因此，本章将中低压和高压的设备及管道用垫片密封分开介绍。

（1）垫片的定义

垫片是一种夹持在两个独立的连接件之间的材料或材料的组合，其作用是在预定的使用寿命内，保持两个连接件间的密封。垫片必须能够密封结合面，并对密封介质不渗透和不被腐蚀，能经受温度和压力等的作用。图 3-1 示出一垫片密封的法兰连接结构。

由图可见，垫片密封一般由连接件（如法兰）、垫片和紧固件（如螺栓、螺母等）等组成，因此决定某个接头的密封性时，必须将整个连接结构作为一个系统进行考虑。垫片

图 3-1 垫片-螺栓-法兰连接

工作正常或失效与否，除了取决于设计选用的垫片本身的性能外，还取决于系统的刚度和变形、结合面的表面粗糙度和不平行度、紧固载荷的大小和均匀性等。

　　显然，将密封作为一个系统进行分析既符合实际又是科学合理的方法，但单纯要从理论上去解决它，是一个相当困难的问题。因此现实的做法是分别考虑各个组件的特性，然后研究它们各自对系统特性的响应，最终通过必要的整合后，获得良好的综合密封效果。因此，有时接头发生泄漏，不一定是垫片本身的问题。

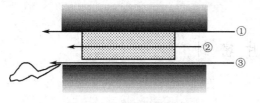

图 3-2　垫片泄漏的形式
①—泄漏；②—渗透；③—吹出

　　（2）泄漏方式

　　就垫片密封而言，通常密封流体在垫片结合处的泄漏有以下三种情况，如图 3-2 所示。

　　① 两连接件表面（下称密封面），从机械加工的微观纹理来看存在粗糙度和变形，它们与垫片之间总是存在泄漏通道，由此产生的流体泄漏称为界面泄漏，其占了总泄漏量的 $80\%\sim90\%$；

　　② 对非金属材质的一类垫片而言，从材料的微观结构来看本身存在微小缝隙或细微的毛细管，具有一定压力的流体自然容易通过它们渗漏出来，此称为渗透泄漏，它占总泄漏量的 $10\%\sim20\%$；

　　③ 当夹紧垫片的总载荷因各种原因减少到几乎等于作用在接头端部的流体静压力，密封面将趋向分离，以致大量泄漏。另外一种情况是，虽然密封面仍保持接触，但由于压紧载荷的减小，这时若增加流体压力，则对机械完整性很差的垫片，如操作期间材料发生劣化（degradation），则沿垫片径向作用的流体压力会将其撕裂，引起密封流体的大量泄放，上述两种情况下的泄漏方式也被称为吹出（blowout）泄漏，它属于一种事故性泄漏。

　　对于上述②通常可通过不同材料的复合或机械组合形成不渗透性结构，或者使用较大的夹紧力使材料更加密实，减少以至消除泄漏；而①与③与垫片材料性质、接头的机械特征、密封面的性质与状态、密封流体的特性以及紧固件夹紧程度等有关。它们也是解决垫片密封设计、安装、使用以及密封失效分析等问题的关键。

　　（3）密封机理

　　a. 初始密封　如上所述，垫片用于对两个连接件密封面产生初始装配密封和保持工作密封。在理论上，如果密封面完全光滑、平行，并有足够的刚度，它们可以依靠紧固件夹持在一起，无须垫片而达到密封的目的（即无垫密封）。但是在实际中，连接件的两个密封面总是存在粗糙度，两者也不是绝对平行的，刚度也有限，加上紧固件柔度不同和排列分散，因此垫片接受的载荷通常是不均匀的，为了弥补这种不均匀的载荷和相应的变形，在两密封面间插入一垫片，使之适应密封面的不规则性。显然，要产生初始密封的基本要求是压缩垫片，使其与密封面间产生足够的压力〔通常名为垫片预紧应力（Gasket Seating Stress），也有称初始垫片比压〕，以阻止介质通过材料本身的渗透，同时保证垫片对连接件有较大的顺应性，即垫片材料受压缩后发生的弹性或弹塑性变形能够填塞密封面的变形和表面粗糙度，以堵塞界面泄漏的通道。

以螺栓紧固件方式为例，垫片应力取决于螺栓的数量、拧紧螺栓的转矩、螺栓系统的摩擦状况和垫片的压缩面积，即

$$M = KFd \tag{3-1}$$

或

$$F = M/Kd$$

$$\sigma_{gi} = FN/A_g \tag{3-2}$$

式中　M——单个螺栓的转矩，N·m；

d——螺栓的名义直径，m；

K——系数；

F——单个螺栓的紧固力，N；

σ_{gi}——垫片预紧应力，MPa；

N——螺栓数目；

A_g——垫片压缩面积，mm^2。

系数 K 变化范围很大，与润滑状态有关，设计一般取 $0.16 \sim 0.2$ 范围，前者指良好润滑的螺纹，后者则润滑较差。

上述预紧垫片应力是否能够做到初始密封，与使用的垫片材料密切相关，不同的材料在相同的压缩量下得到的垫片应力是不相同的，自然同样密封要求下所能密封的介质压力也不一样，或者说相同的介质压力下，得到的密封度不同。

b. 工作密封　当初始垫片应力加在垫片上之后，它必须在装置的设计寿命内保持足够的应力，以维持允许的密封度。因为当接头受到流体压力作用时，密封面被迫发生分离，此时要求垫片能释放出足够的弹性应变能，以弥补这一分离量，并且留下足以保持密封所需要的工作（残留）垫片应力。此外，这一弹性应变能还要补偿装置长期运行过程中任何可能发生的垫片应力的松弛，因为各种垫片材料在长时期的应力作用下，都会发生不同程度的应力降低。此外，接头的不均匀的热变形，例如连接件与紧固件材料不同，引起各自的热膨胀量不同，导致垫片应力的降低或升高；或者因受热引起紧固件应力的松弛而减少了作用在垫片上的应力等。

于是可用下式表示如上关系

$$\sigma_{go} = \eta(\sigma_{gi}A_g - pB)/A_g \tag{3-3}$$

式中　σ_{go}——工作垫片应力，MPa；

p——密封介质压力，MPa；

η——应力衰减系数，$\eta < 1$；

B——介质静压力作用面积，mm^2。

图 3-3 中的曲线表示上述两个过程中垫片的应力与变形关系，图中 δ_o 和 δ_R 分别对应垫片预紧至

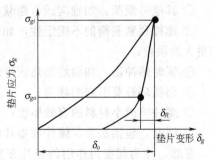

图 3-3　垫片应力与变形的关系

σ_{gi} 时的压缩量和工作时 σ_{go} 下的回复量。综上所述，任何形式的垫片密封，首先要在连接件的密封面与垫片表面之间产生一种垫片预紧应力，其大小与装配垫片时的"预压缩量"以及垫片材料的弹性模量有关，而其分布状况与垫片截面的几何形状有关。至少从理论上说，垫片预紧应力愈大，垫片中贮存的弹性应变能也愈大，因而可用于补偿分离或松弛的余地也就愈大，当然要以密封材料本身的最大弹性承载能力为极限。但就实际使用而言，垫片预紧应力的合理值取决于密封材料与结构、密封度、环境因素、使用寿命以及经济性等因素。

3.1.2 中低压设备和管道的垫片密封

3.1.2.1 法兰连接设计的一般考虑

法兰连接是过程装备中低压设备、管道和阀门中应用最广泛的可拆连接，这种由垫片-法兰-螺栓组成的结构的力学和密封行为比其他机械构件复杂，因为它受到许多因素的影响，以致工作时的性能很难预测或解释。首先螺栓和螺母之间的摩擦关系复杂，依靠普通的拧紧工具，不可能精确地控制与预测螺栓的预紧载荷；其次，这些性能受到各个零件弹性的制约，尤其存在垫片时，整个结构表现出弹塑性行为。垫片像弹簧（非线性），螺栓则像拉簧，法兰浮动在两个弹簧之间，也像一个转动弹簧，这种系统显然是静不定的，因此问题变得更加复杂了。如此的弹簧系统又承受着多种载荷，如螺栓力、垫片反作用力和流体压力，还可能有与之相连设备或管道的反作用力（如重量、热膨胀等），这些力最终使法兰受到一外加弯矩的作用，在弯矩的作用下，法兰发生弯曲变形与角变形。因此设计的一般目的是对于已知的垫片特性，确定法兰和螺栓等结构的安全、经济尺寸，同时整个系统达到规定的密封度要求，即

结构完整性——整个结构的机械或热应力必须在材料允许范围内；

连接紧密性——垫片应力必须使整个接头的泄漏率在允许范围内。

而以上条件必须满足如下的载荷条件：

① 初始拧紧螺栓时的装配或预紧载荷；

② 1.25 或 1.5 倍设计压力的液压试验载荷；

③ 正常操作载荷（例如压力和温度载荷）。

根据应用场合，还必须考虑：

① 其他外载荷，如轴向或弯曲载荷（管道重量和热膨胀）；

② 螺栓预紧载荷的不确定性，如按不同的方法预紧螺栓发生的螺栓载荷可能有 ±25% 或更大的误差；

③ 瞬时热冲击，如骤然加热或冷却；

④ 因循环载荷引起的疲劳；

⑤ 腐蚀将减小材料的有效厚度；

⑥ 蠕变，包括法兰、螺栓和垫片的蠕变，所有都将减少垫片应力。

显然，作为起密封作用的垫片在整个连接系统中是关键的元件。在设计垫片法兰连接时，任何一个元件的设计既相互联系又相互制约，例如垫片的结构形式和材料的选择合理与

否，直接影响螺栓尺寸的大小与经济性；法兰结构尺寸确定好坏，影响到结构的刚度和紧凑性，它们之间的相互协调将最终决定了连接的密封性。

3.1.2.2 法兰连接标准

法兰是通用的机械零件，对常用的法兰已经标准化。在过程装备中，无论是容器和设备法兰，还是管道法兰，国内外已经形成了包括法兰、垫片和螺栓的系列化的标准体系。

（1）法兰类型

法兰类型主要根据用途分为容器法兰和管道法兰两类，根据法兰密封面的宽窄分为宽面法兰和窄面法兰；根据制造材料分为金属法兰和非金属法兰两类，其中前者又分成钢制法兰、铸铁法兰、有色金属法兰；根据形状分为圆形、矩形、椭圆形；根据与容器或管道的连接方式分焊接结构和非焊接结构等。本节主要介绍钢制圆形容器法兰和管道法兰。尽管各种法兰标准中的具体法兰结构型式不尽相同，按照国际标准化组织颁布的 ISO 7005—1：1992 "金属法兰-钢法兰"标准，将法兰类型分为 11 种，如表 3-1 所示。

表 3-1 标准法兰类型

非焊接结构	焊接结构	非焊接结构	焊接结构
平焊环松套法兰	板式平焊法兰	翻边环带松套法兰	带颈承插焊法兰
翻边环松套法兰	带颈对焊法兰	螺纹法兰	整体法兰
对焊环松套法兰	带颈平焊法兰	法兰盖	

上表中典型法兰的结构示意图见图 3-4。国内外其他法兰标准中的法兰结构一般都在上述类型中有所取舍。上述焊接结构中除板式平焊法兰外，由于用一锥形短颈加强法兰环，而锥颈小端再与圆筒形壳体或管子焊在一起，增加了法兰的旋转刚度，从而降低法兰中的应力，也改善了垫片密封条件，即提高了接头的安全与可靠性，相比用增加法兰环的厚度或直径而言更经济有效，因此推荐用于中、高压力的场合；但随着压力和直径的增加，经济性下

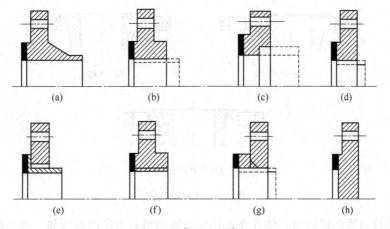

图 3-4 典型法兰类型

（a）带颈对焊法兰；（b）带颈平焊法兰；（c）带颈承插焊法兰；（d）板式平焊法兰；
（e）翻边环松套法兰；（f）螺纹法兰；（g）平焊环松套法兰；（h）法兰盖

降，所以其直径与压力范围也有限制，例如 ISO 7005—1 标准中的带颈对焊法兰，管子名义直径（DN）超过 600mm 时，公称压力（PN）不得大于 40MPa。非焊接结构的主要形式——松套法兰，因其相对法兰基本上能自由旋转，故仅用于较低压力或出于经济考虑，当筒体或管子用耐腐蚀的昂贵合金材料制造，其松套法兰环则可用经济性好而强度又较高的材料（例如碳钢）制造等场合。有时为了增加法兰环的刚度，法兰环也可带上颈部，即为带颈松套法兰。显然，板式平焊法兰介于两者之间，适用中低压力场合，PN 最高不超过 40MPa，且 $DN > 600$mm 时，$PN < 10$MPa。

表 3-2 密封面形式

有约束	半约束	无约束	自紧式
榫面	凸面	全平面	O 形环槽面
槽面	凹面	突面	O 形环凹面
环连接面			

（2）法兰密封面型式

法兰密封面的型式与大小和垫片的型式、使用场合和工作条件有关。ISO 7005—1：1992 标准，将法兰密封面形式分为 9 种，按照垫片内外周边是否受到约束，分有约束、半约束、无约束、自紧式四种类型，如表 3-2 所示。常用的几种结构示意图参见图 3-5。

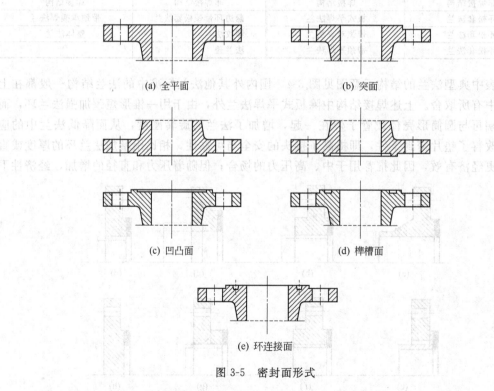

(a) 全平面　　　　　　　　(b) 突面

(c) 凹凸面　　　　　　　　(d) 榫槽面

(e) 环连接面

图 3-5　密封面形式

所谓无约束指紧固螺栓时，垫片在法兰密封面间可自由向内或（和）向外移动。对全平面的法兰，垫片覆盖了整个法兰密封面，由于垫片与法兰的接触面积较大，给定的螺栓载荷下垫片上的压缩应力较低，因此全平面法兰密封面适用于柔软材料垫片或铸铁、搪瓷、塑料等低压法兰的场合。而对突面法兰，尽管为了定位需要垫片的外径通常延伸到与螺栓接触，但起密封作用的仅是螺栓圆以内法兰凸面与垫片接触的部分，因此相对同样螺栓载荷下的全平面法兰而言，它产生较高的垫片应力，适用于较硬垫片材料和较高压力的场合。半约束的凹凸密封面形式，使垫片免于遭受吹出的危险，而有约束的榫槽面和环连接面则比上述型式的密封面更具严密性，因此适用于压力、温度有波动，对介质密封性要求较高的场合。自紧型式的密封面，主要用于金属或弹性体 O 形环的密封，依靠工作时的压力挤压 O 形环变形达到密封目的。

在上述的法兰对之间放入垫片，当预紧螺栓时，通常两法兰的金属面不发生接触，但是一种称为"控制压缩垫片"的密封新概念正在逐渐流行，即尽管存在垫片，在螺栓预紧后，法兰发生金属与金属的接触（Metal to Metal）（图 3-6）。这种结构的主要特点是将垫片压缩到预定的厚度后，继续追加螺栓载荷直到与法兰接触。所以当存在介质压力和温度波动时，垫片上的密封载荷不发生改变，以致接头保持在最佳的泄漏控制状态，同时螺栓也不承受循环载荷，减少了发生疲劳或松脱的危险，显然它还减少了法兰的转角。

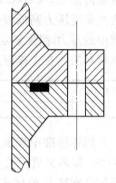

图 3-6　金属与金属
接触的法兰

（3）法兰密封面的表面性质

固体的表面性质系指固体表面的微观几何形状和表面的组成，对法兰密封面而言，表面形貌或表面织构对法兰接头的密封有效性影响最大。一个理想的光滑表面与一个实际的表面之间的主要区别在于两者宏观几何形状有误差。表面大尺寸有误差，即实际表面存在波纹度；表面小尺寸有误差，即实际表面有一定的粗糙度。其中表面粗糙度是表面形貌的最重要特征。常用表面轮廓的算术平均值（R_a）评定表面粗糙度，表 3-3 为 ISO 7005—1：1992 所列的推荐值（实际取值还要考虑垫片形式）。

机械加工后的法兰密封表面的切削纹路对密封也有一定影响，通常有同心圆线和螺旋形线两种形式。显然前者对密封是有利的，但不容易做到。问题是不允许有横跨内外的径向划痕，以形成直接泄漏的通道。

表 3-3　管法兰密封面表面粗糙度的要求

密封面类型	$R_a/\mu m$	
	min	max
全平面、突面、大凹凸面（车削）	3.2	12.5
榫槽面、小凹凸面	0.8	3.2
环连接面、O 形环凹面和槽面	0.4	1.6

（4）法兰的标准和选用原则

法兰标准有容器法兰标准与管道法兰标准。

a. 容器法兰标准　中国容器法兰标准为 JB 4700～4707—2000《压力容器法兰》，标准中给出了甲型平焊法兰、乙型平焊法兰和长颈对焊法兰三种法兰的分类，技术条件，结构型式与尺寸，以及相关的垫片，双头等长螺栓的型式、材料和尺寸等。该标准的公称压力范围为 $PN0.25～6.4$，DN 为 300～3000。

b. 管道法兰标准　国内外管法兰标准主要有两类标准（国内称之欧洲或美洲体系），即公称压力以"PN"（PN-designated）或"Class"（Class-designated）标示，前者以德国

DIN 标准为代表，后者以美国 ASMEB 16.5《管法兰和附件》（NPS1/2～NPS24）和 AS-MEB 16.47《大直径钢法兰（NPS26～NPS60）》标准为代表。同一类型内的标准管法兰基本上可互相配用。以公称压力"PN"标示的等级有 0.25、0.6、1.0、1.6、2.5、4.0、6.3、10.0、16.0、25.0 等，$PN2.5$ 是最低负荷的设计，$PN420$ 是最重负荷的设计。以公称压力"Class"标示的等级有：150、300、600、900、1500、2500。Class150 是承受压力最低的法兰，Class2500 是承受压力最高的法兰。Class 和 PN 和其后的数字的组合，只是法兰承受压力高低级别的标识符号（Class 和 PN 有下表所示的对应关系）。在相应法兰标准中的压力-温度额定值表中，根据 Class 和 PN 后的数值、法兰材料及工作温度，可确定该材料法兰在工作温度下的最大无冲击工作压力值。

Class	150	300	600	900	1500	2500
PN	2.0	5.0	11.0	15.0	26.0	42.0

同样标准中表示直径尺寸的有 DN 和 NPS。"PN"用 DN，即公称通径；"Class"用 NPS，即名义管子直径。同样它们也是一种表示管道名义直径尺寸的识别符号，作为与法兰等配件标准化的标志。两者有如下的对应关系。在相应法兰或管件标准中，根据 DN 或 NPS 后的数值可确定该零件的具体结构尺寸。

NPS	1/2	3/4	1	11/4	11/2	2	21/2	3	4	5	6	…
DN	15	20	25	32	40	50	65	80	100	125	150	…

目前国内管法兰标准较多，主要有国家标准 GB/T 9112～9124—2000《钢制管法兰》；化工标准 HG 20592～20635—1997《钢制管法兰、垫片、紧固件》；石化标准 SH 3406—1996《石油化工钢制管法兰》等，其中化工标准包含了上述的所谓欧洲体系和美洲体系两部分内容，且配用的钢管除了国际通用的系列钢管（俗称英制管）外，其欧洲体系也可适用国内沿用的系列钢管（俗称公制管）。

此外，欧盟也分别制定了相应上述两个系列的法兰标准 prEN 1092《法兰及其接头。管道、阀门和管件用圆形法兰，PN 标示》和 prEN 1759《法兰及其接头。管道、阀门和管件用圆形法兰，Class 标示》。

c. 标准法兰的选用　法兰应根据容器或管道的公称直径、公称压力、工作温度、介质性质以及法兰材料等进行选用。上述提及的公称压力或压力级别均相应一定的材料和操作温度下法兰的最高无冲击工作压力。如按照 HG 20604 的规定：$PN4.0$ 的管法兰，用 20 号钢制造的法兰，在 100℃时的最高无冲击工作压力为 4.0MPa，但在 200℃时仅为 3.2MPa；若改用 16Mn 钢板制造，在 100℃时的最高无冲击工作压力为 4.0MPa，在 200℃时为 3.92MPa。同样，对于压力容器法兰，国内均是以 16Mn 钢板、200℃工作温度为基准，当采用其他钢板或锻件和工作温度时，最大允许操作压力将发生改变。若不能满足要求，则法兰的公称压力作相应调整。选用"Class"标示的法兰也是同样的方法，需要根据法兰材料和操作温度确定该 Class 级别下的最高无冲击工作压力。

3.1.2.3 垫片

前节已经提到，螺栓法兰接头是一个系统，垫片不能与其他部件隔离开来考虑。本节将注意力转向垫片本身，从垫片的角度考察接头的机械行为。

(1) 垫片的一般结构

现代工业使用的平垫片是 1890 年奥地利工程师理查德·克林格（Richard Klinger）发明的，由此引出了用于不同场合的许多不同性质的材料和各种形式的结构。图 3-7 示出垫片的一般化结构，当然不是每种垫片都具有图示的所有组成，只是其中某些元件的增减变化。

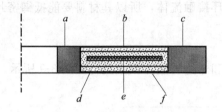

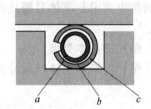

图 3-7　垫片的一般化结构

a—内环；b—密封元件；c—外环；d—表面层；

e—内增强层；f—抗黏结处理

图 3-8　金属密封环

a—弹簧；b—内衬层；c—密封衬层

件 b（图 3-7）是密封元件，其作用是阻止泄漏。常用的结构材料为非金属材料，如柔性石墨、聚四氟乙烯（PTFE）、云母（Mica）或普通的橡胶黏结纤维板等。此外，密封元件的结构材料也可以是刚性的或柔性的金属，通常用于压力和温度较高的场合。但对非金属材料常通过插入金属材料 e 予以增强，同时也方便了如石墨或云母等易碎材料的加工。增强材料可以是金属箔、丝网或薄板，金属薄板常常采用冲方刺孔的方式提高增强效果和增加弹性，并通过黏结剂和（或）辊压将它们贴合在一起（也有称半金属材料）。密封元件也可设一表面层 d 或 f 来增加密封效果和防止与密封面黏结，密封垫片的应力也取决此表面层。表面层材料可以是 PTFE、柔性石墨或屈服强度低的金属薄衬（如金、黄铜、纯铁、钛、锆、蒙乃尔等），也可以采用表面镀层，如铅、锡、铟、PTFE、FEP、金、银等，对柔性金属密封环而言，镀层还能有效降低密封载荷的特殊作用，如图 3-8 是核电站重要设备和管道采用的一种特殊结构的金属密封环即是一例。密封件也可以用 PTFE 或金属保护套包覆，其作用是使内芯材料免受密封流体的化学侵蚀，同时又保留了内芯材料的弹性，如各种包覆结构形式的垫片。

密封件的径向宽度随垫片种类而异。对于金属垫片宽度很窄，而像全平面板状垫片则宽度很大，不过全平面板状垫片只用于轻负荷的法兰，如 PVC、铸铁、搪玻璃等法兰，否则螺栓载荷会趋于很高，因此大多数垫片采用有较小宽度的突面法兰。

外环（或外间隔环）c（图 3-7）有几个作用：帮助密封元件对中，防止密封元件过分压缩，防止垫片吹出和减少法兰转动等。因为主要起机械性作用，材料都为实心金属，而且因不接触密封介质，所以在没有环境大气腐蚀下，不要求耐介质腐蚀。如果仅起定位作用，就不要预紧螺栓时让法兰压到此环。如果目的是减少法兰转动，外环要延伸至法兰螺栓圆外的法兰外周边，并与法兰端面接触，以形成阻止法兰转动的反力矩。而且当所用的螺栓载荷超过压缩密封元件需要的载荷时，即使因流体压力变化引起的轴向载荷的波动，也将由法兰与外环之间的反力所补偿，因此避免了因循环载荷使螺栓发生疲劳破坏，同时垫片仍能保持其最佳的密封应力。外环也可以与密封元件连成一体，例如实心金属垫片。此外，具有凹凸面或榫槽面的法兰也相当起此作用。

内环（或内间隔环）a（图3-7）也有多种作用：防止无内环的密封元件因沿垫片内圈的刚性不足发生向内屈曲；填补密封件与管道或容器内孔之间的空隙，以避免此空隙干扰流体的流动和由此引起流体对垫片的冲蚀。因为内环接触流体，所以其材料要能抵御密封介质的腐蚀。

（2）垫片的基本类型

垫片按照构造的主体材料分为金属、半金属和非金属垫片三大类，如图3-9所示。

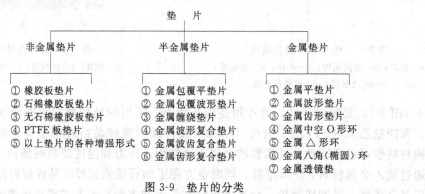

图3-9　垫片的分类

a. 非金属（软）垫片　此类垫片绝大多数由单纯的非金属材料组成。因其质地柔软，耐温性和机械强度较差，所以采用将其与金属箔、网等复合在一起。非金属材料是此类垫片的最基本的构成材料。了解各种非金属软垫片材料的主要组分、结构特征和优缺点，是更好理解这些垫片最终结构具有的性能和应用的基础。按照构成这些材料的基本组分和供货状态，可以进行如下的分类。

① 按组成垫片的基本组分（基质）可分为七类：

ⅰ. 植物质，如纸、棉、软木等；

ⅱ. 动物质，如皮革、羊毛毡等；

ⅲ. 矿物质，如石棉、玻璃、陶瓷等纤维；

ⅳ. 橡胶质，如天然橡胶（NR）、各种合成橡胶，包括丁腈橡胶（NBR）、氯丁橡胶（CR）丁苯橡胶（SBR）、氟橡胶（FPM）、硅橡胶（VMQ）、乙丙橡胶（EPDM）等；

ⅴ. 合成树脂质，如纯聚四氟乙烯（PTFE）、膨胀聚四氟乙烯（e—PTFE）、填充聚四氟乙烯等；

ⅵ. 石墨质，如柔性石墨（也称膨胀石墨）、碳纤维和石墨纤维等；

ⅶ. 短纤维增强弹性体（橡胶、塑料），如石棉、矿棉等无机纤维、有机纤维、碳或石墨纤维增强弹性体等。

②按目前工业上常用的垫片（板材）品种分如下几种：

ⅰ. 橡胶垫片（弹性体板）；

ⅱ. 石棉橡胶垫片；

ⅲ. 无石棉橡胶垫片；

ⅳ. 聚四氟乙烯垫片，包括纯聚四氟乙烯、填充改性聚四氟乙烯或膨胀聚四氟乙烯，以及在它们内部插入金属网或板增强的聚四氟乙烯垫片等；

ⅴ. 聚四氟乙烯包覆垫片，包括聚四氟乙烯包覆上述 ⅰ 或 ⅱ 或 ⅲ 的垫片和聚四氟乙烯包覆有金属增强的 ⅰ 或 ⅱ 或 ⅲ 的垫片；

ⅵ. 柔性石墨垫片，包括纯柔性石墨垫片或各种纤维、金属网、金属冲刺板、金属波纹板增强的柔性石墨垫片等。

常用非金属垫片及适用范围见表 3-4。

表 3-4　常用非金属（软）垫片

类　型	适　用　条　件		
	最高温度/℃	最大压力/MPa	介　质
纸质垫片	100	0.1	燃料油、润滑油等
软木垫片	120	0.3	油、水、溶剂
天然橡胶	100	1.0	水、海水、空气、惰性气体、盐溶液、中等酸、碱等
丁腈橡胶（NBR）	100	1.0	石油产品、脂、水、盐溶液、空气、中等酸、碱、芳烃等
氯丁橡胶（CR）	100	1.0	水、盐溶液、空气、石油产品、脂、制冷剂、中等酸、碱等
丁苯橡胶（SBR）	100	1.0	水、盐溶液、饱和蒸汽、空气、惰性气体、中等酸、碱等
乙丙橡胶（EPDM）	175	1.0	水、盐溶液、饱和蒸汽、中等酸、碱等
硅橡胶（MQ）	230	1.0	水、脂、酸等
氟橡胶（FKM）	260	1.0	水、石油产品、酸等
石棉橡胶垫片	150	4.8	水、蒸汽、空气、惰性气体、盐溶液、油类、溶剂、中等酸、碱等
聚四氟乙烯垫片			强酸、碱、水、蒸汽、溶剂、烃类等
纯车削板	260（限150）	10.0	
填充板	260	8.3	
膨胀带	260（限200）	9.5	
金属增强	260	17.2	
柔性石墨垫片	650（蒸汽）		酸（非强氧化性）、碱、蒸汽、溶剂、油类等
	450（氧化性介质）	5.0	
	2500（还原性、惰性介质）		
无石棉橡胶垫片		14	视黏接剂（SBR、NBR、CR、EPDM 等）而定
有机纤维增强	370（连续205）		
无机纤维增强	425（连续290）		

b. 半金属垫片　非金属材料虽具有很好的柔软性、压缩性和螺栓载荷低等的优点，但主要缺点是强度不高，回弹性差、不适合高压、高温场合，所以结合金属材料强度高，回弹性好、经受得起高温的特点，形成将两者组合结构的垫片，即为半金属垫片。除上述内衬金属骨架的非金属板制成的垫片外，金属缠绕垫片、金属包覆垫片、金属波纹复合垫片、金属齿形复合垫片是目前各工业部门应用最广泛的半金属垫片，尤其是与柔性石墨、PTFE 材料复合的这些垫片。如金属齿形复合垫片，就是在金属齿形垫片的上下表面粘贴 PTFE、柔性石墨或金属薄层。

常用半金属垫片及适用范围如表 3-5 所示。

表 3-5　半金属垫片

类　型	断 面 形 状	使 用 条 件	
		最高温度/℃	最大压力/MPa
金属缠绕垫片		取金属带或非金属填充带材料的使用温度。下列温度是非金属材料使用温度[①]	42(有约束) 21(无约束)
填充 PTFE：			
有约束		290	
无约束		150	
填充柔性石墨：			
蒸汽介质		650	
氧化性介质		500	
填充白石棉纸		600	
填充陶瓷(硅酸铝)		1090	
金属包覆垫片			6
内石棉板		400	
内石墨板		500	
金属包覆波形垫片			4
内石棉板		400	
内石墨板		500	
金属齿形复合垫片	见图 3-34		40
覆石墨		510	
覆非石棉		400	
覆 PTFE		260	

① 金属的使用温度参见表 3-6。

c. 金属垫片　在高温、高压及载荷循环频繁等苛刻操作条件下，各种金属材料仍是密封垫片的首选材料。为了减少螺栓载荷和保证结构紧凑，除了金属平垫片尽量采用窄宽度外，各种具有线接触特征的环垫结构，如齿形垫、椭圆垫、八角垫、透镜垫等则是优选的形式。常用金属垫片及使用条件见表 3-7。

表 3-6　金属缠绕垫片常用金属材料的使用温度

材　　料	最低温度/℃	最高温度/℃	材　　料	最低温度/℃	最高温度/℃
304(0Cr19Ni9)	−195	760	Nickel 200	−195	760
316L(00Cr17Ni14Mo2)	−100	760	Titanium	−195	1090
321(0Cr18Ni11Ti)	−195	760	Incoloy 600	−100	1090
347(0Cr18Ni11Nb)	−195	925	Incoloy 800	−100	870
碳钢	−40	540	Hastelloy B2	−185	1090
Monel 400	−150	820	Hastelloy C276	−185	1090

表 3-7　金属垫片及使用条件

类　　型	断 面 形 状	使 用 条 件	
		最高温度/℃	最大压力/MPa
金属平垫片			50
铝		430	
碳钢		540	
铜		320	
镍基合金		1040	
铅：			
有约束		200	
无约束		100	
蒙内尔合金：			
蒸汽工况		430	
其他工况		820	
银		430	
不锈钢：			
0Cr19Ni9(304)		510	
0Cr17Ni12Mo2(316)		680	
0Cr23Ni13(309S)		930	
金属波形垫片		930	7
金属齿形垫片		930	15
金属环形密封环(八角形或椭圆形环)		930	70
金属中空 O 形密封环		815	280

（3）垫片的标准化

同法兰标准化一样，也制定了垫片标准，并与法兰标准配套使用。对应同一公称通径和公称压力的法兰，有与其相配的垫片标准。如对应 ASME B 16.5 和 16.47 法兰的非金属垫片标准为 ASME B 16.21，金属缠绕垫片、金属包覆垫片和环形垫为 ASME B16.20。国内在上述 HG 20592～20635—1997《钢制管法兰、垫片和紧固件》标准中已经包含了与之相配的垫片标准，而与欧盟法兰标准相应的垫片标准为 EN 1514 和 EN 12560，它们都是以 PN 和 Class 两个系列编制的。垫片标准中的部分结构尺寸和法兰的连接尺寸，如垫片内、外圆直径、密封面型式和尺寸、螺栓中心圆直径、螺栓孔数量和螺栓直径两者是一致的。国内压力容器现行用的垫片标准为 JB 4704～4706—2000。

（4）垫片的重要性能

对于给定的操作条件，选择垫片以及设计螺栓法兰接头（完整性和密封性计算）都需要表征垫片力学行为（mechanical behaviours）和密封行为（sealing behaviours）的若干特征性能（characteristics feature）。而为了使这些性能有可比性、重复性和可转换性，需要通过各种标准的试验方法来加以测定。下面择要介绍垫片的几个重要性能，至于这些性能的标准测试方法可参见本书附录中列出的有关标准。

a. 垫片的力学性能　在试验机上对标准垫片试样进行常温或高温静载作用下的压缩或拉伸试验，进而得到试样的载荷-变形曲线。载荷-变形曲线的形状表征着垫片的力学行为。对于不同材料和结构的垫片，曲线的形状各不相同，甚至有很大的差别。根据载荷-变形曲线，可得到垫片的某些力学性能，例如压缩率、回复率、压缩（溃）强度和拉伸强度等。通过其他的试验，如蠕变松弛试验、吹出试验等，还可获得蠕变松弛率、$p \times T$、吹出抗力等力学性能，这些力学性能与垫片的密封性能有着十分密切的联系。

载荷-变形行为　垫片的载荷-变形关系通常不是用力与变形表示，而是用作用在垫片上的垫片应力 σ_g 与该应力下垫片的变形 δ_g 来表示，如图 3-3 所示。观察图示应力和变形曲线的形状，σ_g 与 δ_g 有如下的关系。

ⅰ. 垫片通常不完全是弹性的，σ_g 与 δ_g 之间没有单一的弹性响应关系，而呈现非线性，在图形上表现出滞回曲线的特征，即存在残余变形。有时这种残余变形经过一段时间将会消失。因此，某些垫片在装配载荷和操作载荷下的压缩特性不尽相同。

ⅱ. 不同材质和类型垫片的 σ_g 与 δ_g 具有不同的对应关系，如柔性石墨、PTFE 与金属缠绕垫片等在同一垫片应力下的变形是不相同的。

ⅲ. σ_g 与 δ_g 的关系受温度影响，后面将有叙述。

从应力-变形曲线可得到垫片的某些重要力学性能。

压缩性和回复性　压缩性指初始压缩后垫片厚度的改变量，表征了垫片柔软性的大小。垫片压缩性越好，即越容易变形。而回复性的定义是当压缩载荷卸除后，垫片厚度的回复量，它对操作时因介质压力或其他原因引起密封面的分离进行补偿，以保持接头的密封能力，比压缩性更具重要性。两者分别以百分率表示，如式（3-4）和式（3-5）所示。

$$C=\left[(t_o-t_c)/\,t_o\right]\times100\%\tag{3-4}$$

$$R=\left[(t_r-t_c)/(t_o-t_c)\right]\times100\%\tag{3-5}$$

式中　C——压缩率，%；

　　　R——回复率，%；

　　　t_o——垫片的原始厚度（测试时取初载荷下的厚度），mm；

　　　t_c——垫片在总载荷（包括初载荷和主载荷）下的厚度，mm；

　　　t_r——垫片在卸除主载荷后的厚度，mm。

不同材料和结构形式的垫片的压缩率和回复率都不相同，如表 3-8 所示，压缩率通常是一个范围，如压缩石棉或非石棉纤维橡胶板，压缩率为 7％～17％，而回复率则≥40％～50％，纯 PTFE 的压缩率为 6％～55％，回复率为≥20％～40％等。它们还受到温度、厚度和垫片应力等的影响。因此，试验标准中通常按照规定厚度和垫片应力在室温测得。对垫片的压缩-回弹性除了评价其数值大小外，还从不同形状的压缩-回复曲线，特别是卸载部分回复曲线的斜率观察，这一斜率越大，垫片的弹性补偿能力越大，垫片应力的损失越小，即越容易适应载荷的循环作用或密封的稳定性越好。实际压缩-回复曲线图中压缩曲线下的面积代表压缩垫片所做的全部功将以弹性应变能贮存于垫片中，该面积越大则表明垫片弹性补偿的潜力越大，而回复曲线下的面积则是垫片卸载时释放出来的弹性应变能，显然曲线包围部分的面积代表了垫片的刚性大小。因此在评价垫片的压缩性和回复性时，不但要求合适的压缩率和最大的回复率，还要求有最佳形状的压缩-回复曲线。

拉伸强度　因为垫片主要受压缩作用，理论上没有拉伸强度的垫片也不会发生问题，但在实际使用中，即使一般场合，垫片也必须具有基本的拉伸强度，如表 3-8 所示。这不仅是构成材料的需要，也是垫片发生吹出时不引起撕裂的需要。对于用通常压缩法制成的各种橡胶黏结纤维增强板材制成的非金属垫片，由于横向拉伸强度和纵向拉伸强度常常是不相同的，而且前者比后者低，所以拉伸强度总是指横向的。其他半金属垫片和金属垫片，拉伸强度比非金属板材高得多，因此不是主要考虑的因素。

压缩（溃）强度　如前所述，垫片应力越大，泄漏将越少。但是垫片应力太大时，垫片将会被压溃，也可能压缩时已经碎裂。因此若测试压缩垫片的全过程，总会有发生压溃的极限载荷，即为垫片的压缩（溃）强度。压缩强度也与工作温度和垫片厚度有关。例如，1.5mm 厚的石棉橡胶板室温的压缩强度为 110MPa，而 3mm 厚的石棉橡胶板仅 60MPa；同样的垫片 300℃时的压缩强度分别是 72MPa 和 38MPa。不同构造材料和形式的垫片的压缩强度自然也不一样，如与上述同样厚度和温度的橡胶黏结非石棉纤维（芳纶纤维）板，300℃时的压缩强度仅为 45MPa（1.5mm）和 30MPa（3mm）。在试验温度下测得的压缩强度也称热压缩强度。

吹出抗力　垫片发生向外吹出，主要是垫片与法兰密封面间的摩擦力抵抗不住密封介质的径向压力而致。因此，能否避免垫片吹出，取决于垫片应力、垫片与法兰密封面间的摩擦系数和操作压力。垫片应力越低，摩擦系数越小，则阻止垫片吹出的阻力越小。操作压力越高，发生吹出的危险性越大。从图 3-10 可导出如下的约束关系。

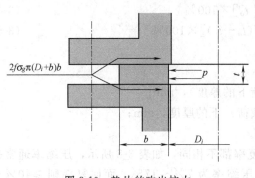

$$2f\sigma_g\pi(D_i+b)b > p\pi D_i t$$

若 D_i 比 b 大得多，且 $f=0.1$，则有

$$\sigma_g > p(t/0.2b) \tag{3-6}$$

以上式中　D_i——垫片内直径，mm；

　　　　　b——垫片宽度，mm；

　　　　　t——垫片厚度，mm；

　　　　　σ_g——垫片应力，MPa；

　　　　　p——密封介质压力，MPa；

　　　　　f——垫片与法兰密封面间的摩擦系数，$f=0.5\sim0.05$。

图 3-10　垫片的吹出抗力

同样，通过标准的试验方法可以评定垫片的吹出抗力。

蠕变松弛行为　当施加螺栓载荷时，作用在垫片上的压缩应力使垫片厚度减薄，但运转了一段时间后，垫片厚度将继续减小，垫片上的应力也发生减少，此称为垫片应力松弛。实际上垫片的应力松弛是应力松弛和蠕变两个主要因素的联合作用。因为按照定义，应力松弛是恒应变下垫片应力的改变，通常以初始载荷下垫片应力变化的百分率表示；蠕变是恒应力下的应变的改变，它则以初始载荷下垫片厚度变化的百分率表示。前者称为纯松弛，后者称为纯蠕变。对于螺栓-垫片-法兰这样的特定载荷系统，垫片应力是由螺栓伸长转换成对垫片的压缩力，即垫片应力。因而，垫片蠕变不发生在恒应力下，垫片厚度的任何改变引起螺栓伸长变化，同时改变了垫片应力，把这种垫片与螺栓的相互作用称为垫片的"蠕变松弛"。螺栓伸长的大小受螺栓刚度的影响，从而影响垫片应力的松弛程度。因此，上述纯蠕变与平面密封面的法兰接头中，螺栓受到的拉伸比垫片的蠕变高得多的情况相接近。而纯松弛则发生在密封面为槽面且具有金属与金属接触的法兰接头中，或与具有非常大的刚度的平面密封面法兰接头中的情况相接近。

综上所述，应力松弛不是材料的基本性质，应力松弛受垫片材料的蠕变以及接头中其他零件的影响，只有蠕变才是垫片材料的基本性质，仅在讨论这些主要因素共同作用时才用蠕变松弛这一概念。显然，垫片的蠕变松弛性能是影响接头密封性能的一项十分重要的力学性能，它的最直接结果是垫片应力的下降，最终接头趋向泄漏，甚至发生垫片从密封面处吹出。

根据不同的试验标准，表示垫片蠕变松弛性能有两种方法，一是按照螺栓伸长改变量（相当改变螺栓载荷）表示垫片应力的变化，以蠕变松弛率（C-R，%）表示；二是直接测量蠕变前后的垫片应力变化，以应力松弛率（R，%）表示，两者分别如以下两式所示

$$C\text{-}R=[\Delta(\Delta L_B)/(\Delta L_B)]\times100\% \tag{3-7}$$

式中　ΔL_B——装配时螺栓有效长度内的初始伸长量，mm；

　　　$\Delta(\Delta L_B)$——垫片蠕变后螺栓初始伸长量的变化量，mm。

垫片密封板材的蠕变松弛率的数据如表 3-8 所示。

表 3-8　垫片板材的力学性能[17]

垫片形式	力学性能				
	横向拉伸强度/MPa	压缩率(%)	回复率(%)	蠕变松弛率(%)	$p \times T$/ ℃×bar❶
橡胶和合成橡胶	7～21	25～75	—	—	600～1500
石棉橡胶板	18～35	7～17	≥40～50	16～30	14000
合成纤维(芳纶)橡胶板	15～19	7～17	≥40～50	18～25	12000
碳纤维橡胶板	10～12	7～17	≥55	9～15	25000
纯 PTFE 板	11～14	6～55	≥20～40	10～55	1500～12000
填充(SiO₂)PTFE 板	14	7～12	≥40	30	12000
纯柔性石墨板	4	40	≥15	5	25000

$$R = (\sigma_{gr} / \sigma_{gi}) \times 100\% \tag{3-8}$$

式中　σ_{gi}——初始压缩的垫片应力，MPa；

　　　σ_{gr}——蠕变后残留的垫片应力，MPa。

因为通常垫片要有一定的塑性，所以蠕变是不可避免的。毫无疑问蠕变的大小与垫片的材料和结构有关，还与初始厚度、载荷、温度、时间等许多因素有关。蠕变与厚度成正比关系，同样材料的垫片，厚的比薄的蠕变大，所以选择垫片时应尽可能选薄的垫片。大多数法兰接头的蠕变松弛发生在预加载荷后的 15～20min 或者 20～25 次载荷循环内，此后仍将继续下去，但逐渐趋于缓慢并转向稳定。因此有推荐在螺栓预紧 18～24h 以后重新拧紧螺栓，以恢复部分螺栓载荷。但这种做法通常用在温度较高的场合，因为高温对蠕变的影响比室温大得多，甚至高达 10 多倍。此外，蠕变的速率随作用在垫片上的初始应力的增加而提高，但有时也有相反的结果。在不少应用中，将垫片蠕变引起的应力松弛谓之"转矩损失"，这是因为预紧螺栓的转矩直接与螺栓的伸长，也即螺栓载荷有关，转矩损失也就意味着垫片应力的损失。

$p \times T$　每种垫片材料都有其最高使用温度，超过此温度，就不能安全使用；每种垫片也有最大使用压力。例如某种材料其最高使用温度为 150℃，而最高使用压力为 10MPa，但其不能同时在 150℃ 和 10MPa 下使用。因此，非金属材料的垫片常用 $p \times T$ 值或 $p \times T$ 关系图表示该材料允许的最高使用温度和最大使用压力的匹配关系，如表 3-8 中列出的部分垫片材料 $p \times T$ 值。例如橡胶粘接芳纶纤维板，其最大 $p \times T = 12000 \times 10^5$ ℃×bar（厚度 1.6mm），即当使用压力为 100bar❶（10MPa）时，则最高使用温度将是 120℃；如果使用温度为 200℃，那么最大使用压力将是 60bar❶（6MPa），如此等等。

b. 垫片的高温力学行为　高温对垫片接头的性能通常有不利的影响。如高温使垫片力学性能发生劣化，包括拉伸强度、压缩率、回复率和压缩强度等，如除柔性石墨外，大多数橡胶粘结石棉或非石棉纤维材料遇高温会发生分解、粉化或永久变形，其最高使用压力随温度增加而降低；其次，高温增加垫片的蠕变或松弛也是显而易见的，如在相同的载荷下，石

❶ 1bar＝100kPa。

棉橡胶垫片200℃的松弛达到室温的3~5倍。而作为代替石棉的柔性石墨垫片在氧化性介质中的连续工作温度也应考虑不超过343℃；垫片的热膨胀或收缩由于改变了垫片应力，其密封能力也相应发生改变；此外，热波动或热循环在接头中引起联合的垫片变形棘轮和应力棘轮效应，如图3-11所示，而这种影响取决于垫片的黏塑性和对应力-应变的非线性响应以及温度等因素。

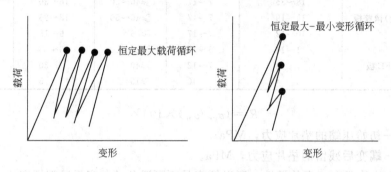

图3-11　垫片应力棘轮和变形棘轮效应

c. 垫片的密封行为　垫片的密封行为，完全依靠理论预测很难真实反映介质通过垫片的复杂的泄漏现象，因此它们主要还是通过试验测定。通过对标准垫片试样进行室温或高温密封测试，可获得在一定垫片应力和试验介质压力下垫片的泄漏率。如前所述，这一泄漏率的大小即表征了介质通过垫片本身和垫片与密封面间的密封性能。图3-12是在垫片应力-变形图上叠加了一簇恒泄漏率曲线（试验介质压力恒定），左侧曲线5的泄漏率比右侧曲线1的泄漏率大。由图可见，与垫片的应力-变形图相似，垫片应力与泄漏量也呈非线性关系和滞迟现象，载荷历程不同，同一垫片应力下的泄漏率有较大的差别。因此初始预紧垫片载荷不同，当卸载到同一垫片应力时，预紧载荷高的泄漏率比预紧载荷低的小。或者说，达到同样的泄漏率水平，预紧载荷高的垫片在工作状态下需要的应力比预紧载荷低的小，因此装配垫片应力是影响其密封性能的重要因素。

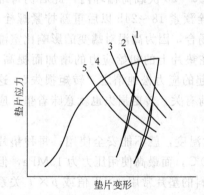

图3-12　垫片应力-变形-泄漏率曲线
（5泄漏率 ＞ 1泄漏率）

除了装配垫片应力外，影响垫片密封性能的主要因素还有介质性质、压力、法兰密封面的粗糙度等。对非金属软垫片和缠绕垫片等，法兰密封面的粗糙度影响较小，而对金属垫片则影响较大。进一步的研究表明上述垫片的密封性能也可用一称为"紧密性参数"T_p与垫片应力关联起来表示（图3-13），因为 $T_p=(p/L_{Rm}^a)$，式中L_{Rm}为体积泄漏率，T_p综合了试验介质压力和泄漏率的关系。若泄漏率用质量泄漏率代替L_{Rm}，这样就与试验介质是气体还是液体无关了。质量泄漏率与体积泄漏率的关系如表3-9所示。

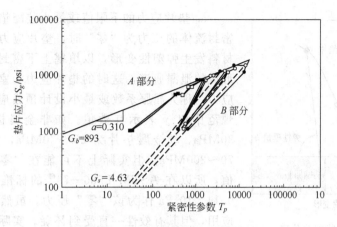

图 3-13 紧密性参数与垫片应力关系

（图中 G_b、G_s、a 分别为 PVRC 垫片系数）

图 3-13 包含了密封压力、泄漏率、试验介质和垫片应力等诸多因素对垫片密封性能的影响。在以后的章节中，将讲述到上述概念在深入研究垫片特性和建立新的垫片设计系数中发挥了重要作用。

表 3-9　1mg/s 的质量泄漏率相当的体积泄漏率[17]

介　　质	体积泄漏率 /(mL/s)
水	1×10^{-3}
氮气	0.89
氦气	6.15

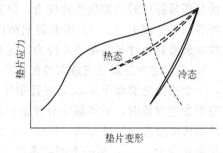

图 3-14　密封性能随温度的变化

某些垫片材料的密封性能随温度的提高发生较大的变化，如图 3-14 所示。由图可见，高温下垫片对卸载愈加敏感，即达到同样泄漏率，允许的垫片应力的减少量，热态要比冷态少得多。

（5）垫片应力

如前所述，作用在垫片上的压缩应力在决定连接密封性中起着核心作用。初始螺栓载荷作用在垫片上的应力只有一部分与控制泄漏有关，其余部分必须抵抗流体静压力作用于管道或容器端部的推力。因此，在压力很高的场合，初始螺栓载荷的大部分为此推力所抵消。但当流体压力尚未作用时，垫片要承受很高的螺栓载荷，以致损坏垫片，所以对不同尺寸的接头，即使同样形式的垫片，工作压力范围也不同。此外，前述的垫片发生吹出的现象不是垫片的通常失效形式，而是由于设计不当或装配很差，导致螺栓载荷太低之故。因此，讨论流体压力对装配垫片应力的影响以及在工作条件下残余的垫片应力等问题，比只考虑限定工作压力更重要也更有意义。

设计垫片时要引入以下几个垫片应力的概念，其中最重要的是最佳垫片应力，它决定在该应力下接头的泄漏率是否已达到了控制要求。

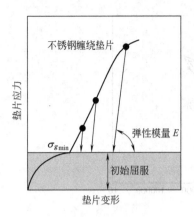

图 3-15　最小装配垫片应力

a. 垫片应力的下限值或最小装配垫片应力 $\sigma_{g\min}$　当密封流体的压力为"零"时，垫片应力的作用是使垫片材料发生弹塑性变形，以填塞上下密封面几何形状偏差形成的泄漏通道，这时的垫片应力为室温下的最小垫片应力，称为屈服系数或最小设计预紧应力，通常在设计规范中以 y 表示其数值。如非金属板状垫片为 $10\sim30$MPa，软金属垫片为 $20\sim70$MPa，实心金属垫片为 $70\sim200$MPa。但实际上不可能在"零"压力下测量 y 值，所以在 ASTM F586—79[●] 的标准试验方法中，取 0.14×10^5Pa 作为该"零"压力。虽然 y 值在设计规范应用，但其有效性一直受到怀疑。实际常定义另一较低的下限垫片应力值 $\sigma_{g\min}$，即在此垫片应力以上，垫片载荷-压缩曲线呈现出线性关系，如图 3-15 中非阴影区所示，且其后垫片的压缩变形随载荷迅速增加。$\sigma_{g\min}$ 或许大于 y 值。显然 $\sigma_{g\min}$ 是控制接头泄漏的下临界值，即使在以后的操作状态中发生了下降，甚至比 $\sigma_{g\min}$ 低，垫片也仍可满足接头密封的要求。实际垫片受到的压缩载荷是预紧螺栓时的装配垫片应力，研究表明增加装配垫片应力能减少操作时达到额定泄漏率所需的垫片应力 (σ_{gp})，因此装配垫片应力是决定垫片在其后的工作性能，即控制密封有效性的最重要条件是装配垫片应力一定要超过 $\sigma_{g\min}$。

b. 垫片应力上限值或最大装配垫片应力 $\sigma_{g\max}$　引入垫片应力的上限 ($\sigma_{g\max}$) 有两个理由，一个原因是类似于 $\sigma_{g\min}$，保证垫片工作在允许泄漏率内，因为某些垫片在很高应力下，当应力发生变化时，对泄漏十分敏感；而另一原因是防止过度压缩垫片引起机械损坏。因为垫片的机械强度受温度影响，所以一方面要考虑室温和流体压力尚未作用时可能发生的最大装配垫片应力 $\sigma_{g\max}$，另一方面要考虑工作温度下垫片热强度，即确保垫片在装配状态和工作状态下的完整性。

c. 设计装配垫片应力 σ_{ga}　如前所述，安装时垫片需要的螺栓载荷取决于下列两个要求：①抵御流体压力企图打开接头的作用力；②提供残余垫片应力或工作垫片应力 (σ_{gp})，即接头处于流体工作压力下，控制泄漏必需的垫片应力。因此设计装配垫片应力 σ_{ga} 为

$$\sigma_{ga}=\sigma_{gp}+\Delta\sigma_p \tag{3-9}$$

式中　$\Delta\sigma_p$——因流体压力作用使垫片应力降低的数量，$\Delta\sigma_p=(pA_p/A_g)$，$A_p$ 是确定流体轴向力的面积，A_g 是垫片密封部分的面积。

综上所述，为了避免在室温装配条件下垫片发生机械损坏，要求

$$\sigma_{ga}<\sigma_{g\max}（室温）$$

而在高温条件下工作时，σ_{gp} 要与垫片热强度比较，即要求

$$\sigma_{gp}<\sigma_{g\max}（高温）$$

---

❶ 该标准已在 1998 年废止。

由式（3-9）可见，密封压力越高，即 $\Delta\sigma_p$ 占的份额越大，但装配时因介质压力尚未作用，垫片将承受很高的载荷，此时垫片很可能受到机械损坏，因此需要选用较高强度的垫片。

d. 垫片应力的松弛　作用在任何垫片材料上的应力随着时间的推移，都会发生不同程度的降低，即前面已提到的垫片的一个重要性质——蠕变松弛。

垫片的蠕变松弛引起垫片应力的下降，故在设计阶段就考虑提高装配垫片应力，允许垫片在使用寿命期内，损失掉这部分追加的应力，不致引起太大的泄漏。因此在设计时把这部分损失的应力增加到式（3-9）右端项内，即

$$\sigma_{ga} = \sigma_{gb} + \Delta\sigma_p + \Delta\sigma_c \qquad (3\text{-}10)$$

式中　$\Delta\sigma_c$——蠕变松弛引起的垫片应力的减少，$\Delta\sigma_c = C(T)\sigma_{ga}$，$C(T)$ 系与材料和温度有关的系数，一般为 $0\sim30\%$。除个别材料在室温下也有蠕变外，当工作温度为 20℃时，$C=0$。

此外，对于高温下接触氧化性气氛的非金属垫片，氧化作用是另一种形式的材料劣化，它同样引起垫片应力的降低。但是这种老化的影响的范围有限，仅与设备内部氧化介质或周围环境中的空气接触的垫片内外周边才有这种劣化作用。

e. 热膨胀和热滞后引起的垫片应力降低　另一与垫片应力有关并对金属垫片尤其重要的因素是垫片、法兰和螺栓之间热膨胀的顺从性。如果它们相互变形不一致，将会引起较大的沿垫片径向的横剪力；而法兰和螺栓受热膨胀或冷却收缩不协调，尤其法兰与螺栓的材料不同，则工作时垫片应力则发生较大的波动。此外，当系统内的流体加热或冷却时，连接件之间的瞬态温度差也产生类似的影响，此称为热滞后。例如加热时法兰比螺栓对温度的反应要快，以致螺栓企图阻止法兰热膨胀，容易造成垫片过分压缩，此结果使垫片应力减少或严重时造成垫片破损；而冷却时螺栓相比法兰对温度的反应要慢，法兰收缩比螺栓快，往往使垫片应力过分下降，两者都表现出瞬时的泄漏，甚至发生大的泄漏或吹出。这是为什么系统在开停车、热波动和下雨天的情况下，往往容易发生泄漏。这不是垫片本身的问题而是系统的设计问题。这里再次强调了解决工程密封问题的系统性观点。

f. 实际螺栓载荷的不确定性　由于在拧紧螺栓的过程中，有大量的因素影响最终获得的有效螺栓拉伸载荷，即真正用于产生压缩垫片的装配载荷。这种不确定性，使垫片载荷的控制变得十分复杂。因此为了保证实际达到最低垫片应力 $\sigma_{g\min}$，必须提高设计装配垫片应力值 σ_{ga}，而为了不超过最大装配垫片应力 $\sigma_{g\max}$，必须降低此设计值。因此，设计装配垫片应力的取值范围由于螺栓载荷的不确定性而受到限制，而减少这种不确定性的实际有效方法是采用各种能精确控制螺栓转矩的工具。

此外，还有其他因素如载荷的波动与冲击、法兰的偏转、螺栓的弯曲、机械或流体的振动等，都对垫片应力大小有不同程度的影响，而且垫片应力沿整个接触面积也不是均匀分布的。

（6）垫片材料的选择

选择垫片材料除要考虑各项材料性能外，还要考虑以下因素。

易挥发有机物的逸出要求　如绪论所述，由于对健康和环境保护的高度重视，已导致新

的和更严格的控制易挥发有机物逸出的标准和法律，而减少来自法兰接头的逸出成为优先考虑的因素。因此，出现了多种密封性能更好的材料，包括无石棉材料的垫片。由于它们具有不同的性能和局限性，正确选择、安装、使用和维护这类垫片，以得到最佳密封性能变得尤其重要。

介质　垫片应在全程工作条件下不受密封介质的影响，包括抗高温氧化性、抗化学腐蚀性、抗溶剂性、抗渗透性等，显然垫片材料对介质的化学耐蚀性是选择垫片的首要条件。

温度　所选用的垫片应该在最高或最低的工作温度下有合理的使用寿命。如前所述，为了在工作条件下保持密封，垫片材料应能耐受蠕变，以降低垫片应力松弛。室温下，大多数垫片材料没有大的蠕变，但随着温度的升高（超过 100℃），蠕变得严重了。因此最容易区分垫片质量的优劣是垫片在温度下的蠕变松弛性能。除了短期能耐受的最高或最低工作温度外，应考虑允许连续工作的温度，通常该温度低于最高工作温度或高于最低工作温度。

压力　垫片必须能承受最大的工作压力。这种最大工作压力或许是试验压力，因为它可能是最大工作压力的 1.25～1.5 倍。对于非金属材料的垫片，因其 $p \times T$ 值有一极限值，所以在选择其最大工作压力的同时，要考虑垫片能承受的最高工作温度，尤其如饱和水蒸气，因其蒸汽压力越高，蒸汽温度也越高。用于真空操作的垫片也需作特殊考虑，如一般真空（760～1 托[●]）可采用橡胶或橡胶粘结纤维压缩垫片；对于较高真空（1～1×10^{-7} 托[●]）可用橡胶 O 形环或矩形模压密封条；对于很高的真空（1×10^{-7} 托[●] 以上），需采用特殊的密封材料和结构形式。

法兰密封面表面粗糙度　前面法兰一节已经给出了对法兰密封面表面粗糙度的一般要求，然而不同形式的垫片和应用场合，对粗糙度的要求不同，典型的如表 3-10 所示。

表 3-10　法兰表面粗糙度

垫　片　材　料	法兰表面粗糙度 R_a	垫　片　材　料	法兰表面粗糙度 R_a
压缩石棉纤维橡胶板(1mm 以上)	3.2～12.5μm	柔性石墨填充缠绕垫片(一般场合)	3.2～6.3μm
压缩碳化纤维橡胶板	3.2～12.5μm	（重要场合）	3.2μm
柔性石墨复合板	3.2～12.5μm	（真空场合）	1.6μm
包覆金属平垫片　　（一般场合）	1.6μm	金属环形垫片	1.6μm
（苛刻场合）	0.8μm(最小)		

其他考虑　还有许多影响选择垫片材料和结构形式的因素，如：

ⅰ.循环载荷　如温度和压力存在频繁的波动，则垫片必须有足够的回弹能力；

ⅱ.振动　如管线有振动，则垫片必须能经受反复的高循环应力的作用；

ⅲ.磨损　某些含悬浮颗粒的介质会磨损垫片，导致缩短垫片的使用寿命；

ⅳ.污染介质　如密封介质是饮用水、血浆、药品、食品、啤酒等，要考虑垫片材料本身的化学物质会污染介质，需要采用符合食品和医药卫生要求的 PTFE 或橡胶等材料；

ⅴ.法兰腐蚀　某些金属（如奥氏体不锈耐酸钢）有应力腐蚀开裂倾向，应保证垫片材

[●] 1 托＝1.33322×10^2 Pa。

料不含会引起各种腐蚀的超量杂质，如核电站不锈耐酸钢法兰用的柔性石墨垫片中的氯离子含量要求不超过 50×10^{-6}，总硫含量不超过 450×10^{-6}；

ⅵ. 安全性　如密封高度毒性的化学品，则要求垫片具有更大的安全性，如对缠绕垫片而言，则选用带外环形式，使之具有很高的抗吹出能力等；此外，对石油炼厂，还有防火的要求；

ⅶ. 经济性　虽然垫片相对比较便宜，但决定垫片的品质、类型和材料时，应计及到泄漏造成的物料流失、停工损失以至发生重大破坏造成的经济后果，综合考虑垫片的性能与价格比。

（7）垫片尺寸选择的一般原则

尽可能选择薄的垫片　垫片要求的厚度与其形式、材料、直径、密封面的加工状况和密封介质等有关。例如对大多数非金属板状垫片而言，其抵抗应力松弛的能力随垫片厚度减少而增加；薄的垫片其周边暴露于密封介质的面积也最少，而且沿垫片本体的渗漏也随之减少。可是因为垫片必须填补法兰密封表面的凹凸和起伏不平，垫片的最小厚度取决于法兰表面粗糙度、垫片的压缩性、垫片应力、法兰的偏转程度等。如果法兰是平行的，则对非金属平垫片，其最小厚度可作如下计算

$$t_{min} = 2 \times 法兰粗糙度的最大深度 \times 100/C$$

式中　C——给定垫片应力下的压缩率，%。

表 3-11 为非金属板状垫片厚度选择的参考表。

表 3-11　垫片厚度选择参考

名义直径/mm	压力≤50bar[❶]		压力>50bar[❶]	
	温度≤200℃	温度>200℃	温度≤200℃	温度>200℃
0~200	1.5mm	1mm	1mm	1mm
201~500	2mm	1.5mm	1.5mm	1.5mm
501~1000	2mm	2mm	2mm	1.5mm
1000 以上	3mm	3mm	2mm	2mm

注：按照工作参数对上表数值进行必要的修改，例如增加厚度：法兰表面粗糙度高于标准值；法兰平行度差；压力波动。减少厚度：流体黏度偏低；温度偏高；压力偏高；化学活泼性大。

尽可能选择较窄的垫片　在同样的螺栓载荷下，垫片宽度越窄，垫片应力则越高，密封压力也就越高；但垫片不至于被压裂或压溃，同时要考虑具有必需的径向密封通道长度和足够的吹出抗力。一般的板状垫片通常可根据公称直径和公称压力选取，如图 3-16 所示，并按照实际法兰和使用情况做适当修改，例如法兰密封面粗糙度低，或密封介质黏度低，则增加宽度。

不要让垫片的内径伸进管道内；也没有必要过分增加垫片的外径　前者会导致管内流体介质冲刷垫片，不但污染介质，增加流动阻力，并因垫片材料被介质浸胀而损坏压缩部分的垫片，而后者会因受环境腐蚀，同样损害垫片。对于密封面为突面或全平面的法兰，当垫片

---

❶ 1bar=100kPa。

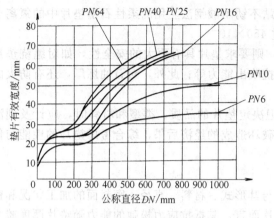

图 3-16　垫片宽度选择参考

仅位于螺栓孔中心圆内时，通常出于安装定位的需要，将垫片外径（或外环外径）取为螺栓孔中心圆直径减去螺栓孔（或螺栓）直径。

3.1.2.4　螺栓及其选用

螺栓作为紧固件是法兰连接中的一个重要部件。足够的螺栓载荷是法兰连接紧密性的必要保证。螺栓因强度不足而导致的断裂更意味着密封的破坏。对螺栓材料的要求是强度高、韧性好、耐介质腐蚀。按螺栓材料的许用应力的大小，分高强度、中强度和低强度螺栓三个级别。EN13445对螺栓强度低、中、高的分级是按螺栓与法兰材料的屈服极限的比值分别≥1.0、≥1.4和≥2.5而加以区分的。与法兰和垫片需要选配一样，选择螺栓强度级别时，也要考虑与两者的协同。如公称压力高的法兰，需要密封性能好的垫片，也需要选配强度级别高的螺栓。若螺栓强度级别偏低，没有足够的螺栓载荷提供垫片密封所需的压紧力；而强度级别选得偏高，当螺栓数量一定时，使螺栓的直径太小，导致螺栓设计应力过高，一不小心容易造成螺栓折断。在高温情况下，过高的螺栓应力，导致过快松弛。为避免螺栓与螺母咬死，螺母的硬度一般比螺栓低 HB30，所以它们也存在一个选配的问题。

除了对材料的要求外，还应选择螺栓的数目和它在法兰上的布置，此时不仅要考虑法兰连接的紧密性，还要考虑螺栓安装的方便。螺栓数量多了，垫片受力比较均匀，密封性好了；螺栓数目太多，除了存在上述螺栓直径偏小的缺点（通常不应小于 12mm），另一方面造成螺栓间距太小，可能放不下安装用的工具，如普通的扳手，最小螺栓间距通常为 $(3.5\sim4)d_B$ 或参照容器标准中的规定。若螺栓间距太大，在螺栓孔之间将引起附加的法兰弯矩，且导致垫片受力不均，使密封性能降低，所以一般要求螺栓最大间距不超过 $2d_B+[6t_f/(m+0.5)]$（t_f——法兰的厚度）[30]。此外，螺栓的数量至少应为 4 个，且为 4 的倍数。

螺栓的许用应力取决于材料、螺栓直径和操作温度，容器法兰常用的螺栓与螺母用钢及螺栓材料的许用应力值可参阅参考文献［30］。

3.1.2.5　螺栓载荷的计算

由以上对垫片应力的讨论可见，一个紧密的法兰接头取决于：装配垫片应力是否超过适当预紧所必需的最小装配垫片应力；工作垫片应力是否超过达到允许泄漏率所必需的最小工作垫片应力，自然它们都有其最大极限值（图 3-17）。显然，法兰连接计算的最主要任务是：

决定预应力水平——装配或预紧螺栓载荷；

应力分析——在任何状态（装配、稳态或瞬态工作状态）下，法兰接头中各个零件内的应力必须在其材料的允许范围之内；

紧密性分析——法兰接头达到规定的泄漏率或密封度的要求。

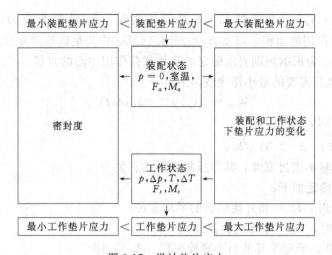

图 3-17　设计垫片应力

F_a，M_a 和 F_s，M_s 分别表示室温和操作状态下的外力和外力矩

因此，本节介绍确定螺栓装配载荷的方法。

装配或预紧螺栓载荷取决于垫片的密封性能（装配和工作状态必需的最小垫片应力）、接头各零件允许的应力范围以及装配和工作状态下垫片应力的改变。因此，要精确决定装配螺栓载荷将是十分艰巨的工作，尤其是在对垫片的性能缺乏完全了解的情况下，传统的做法只能是采用理论假设、简化计算以及工程经验的判断。目前也已有了比较精确的应力解析或数值（如有限元法等）计算方法，并出现在有关设计规范和标准中。

有两种决定密封不同类型垫片所必需的装配螺栓载荷的规范或简化计算方法，即中国压力容器规范的方法和 Whalen 推荐的简化方法。

（1）中国压力容器规范的方法

中国压力容器规范——GB 150—1998《钢制压力容器》（以下简称 GB 150）的"法兰"一节，等同美国机械工程师学会（ASME）标准第Ⅷ册第 1 分册《压力容器》的附录 2（以下简称 ASMEⅧ-1）推荐的"具有环形垫片的螺栓法兰连接的计算规则"，它是国内外众多压力容器规范的垫片法兰接头最通用的设计方法。法兰包括了垫片放在螺栓孔中心圆内的窄面法兰和遍及整个密封面的宽面法兰。但是目前 ASME 正在评审美国压力容器研究委员会（PVRC）推荐的一个垫片设计新方法，将作为上述 ASMEⅧ-1 规范的另一非规定性附录，此内容在下一节中介绍。

GB 150 规范除了内压外，不考虑其他外力或外力矩，也不能进行密封性分析，仅通过垫片设计参数，即最小预紧垫片应力 y 和垫片系数 m[22] 计算法兰接头在装配和工作时必需的螺栓载荷，具体计算步骤如下。

① 确定操作工况下需要的最小螺栓载荷 W_{m1}

$$W_{m1} = p(A_i) + \sigma_{go}(A_g) \tag{3-11}$$

上式表示螺栓载荷必须为操作时的压力载荷（也称端部静压载荷）$p(A_i)$ 和足够维持密

封的垫片载荷 σ_{go}（A_g）的两者之和。p 是设计内压，σ_{go} 是垫片应力。规范使用 $A_i = 0.785\,D_i^2$ 作为压力作用的面积，以及 $A_g = 2b(3.14)D_G$ 作为最低垫片应力 $\sigma_{go} = m(p)$ 作用的垫片面积，其中 D_G 为根据规则要求确定的垫片载荷作用中心的直径。

② 确定预紧垫片需要的最小螺栓载荷 W_{m2}

$$W_{m2} = (A_g)\,y/2 = 3.14bD_Gy \tag{3-12}$$

当 $b \leqslant 6.4\text{mm}$ 时，$b = b_0$；

$b > 6.4\text{mm}$ 时，$b = 2.53\sqrt{b_0}$。

式中　b_0——垫片基本密封宽度，其与压紧面形式有关[21]。

于是 D_G 相应确定如下：

当 $b \leqslant 6.4\text{mm}$ 时，$D_G =$ 垫片接触面的平均直径；

$b > 6.4\text{mm}$ 时，$D_G =$ 垫片接触面外径 $-2b$。

③ 由 W_{m1} 和 W_{m2} 确定需要的最小螺栓面积（A_m），即

$$A_m = \max \begin{cases} A_{m1} = \dfrac{W_{m1}}{[\sigma]_b^t} \\[2mm] A_{m2} = \dfrac{W_{m2}}{[\sigma]_b} \end{cases} \tag{3-13}$$

式中　$[\sigma]_b$，$[\sigma]_b^t$——螺栓材料在室温和操作温度下的许用应力。

④ 由需要的最小螺栓面积（A_m）和实际的螺栓面积（A_b）决定设计预紧载荷

$$W = 0.5(A_m + A_b)[\sigma]_b \tag{3-14}$$

⑤ 决定设计操作载荷

$$W = W_{m1} \tag{3-15}$$

接着，规范要求对法兰作弹性应力分析，证实这些螺栓载荷能否为法兰材料的许用应力所接受。显然，整个计算过程没有涉及对接头的泄漏率或密封度要求，而是通过限制法兰应力来满足法兰刚度要求（1998 版的 ASME Ⅷ-1 规范的非规定性附录 S "螺栓法兰连接的设计考虑"中增加了对法兰刚度的计算方法[22]），从而认为满足了控制泄漏的要求。

（2）Whalen 的简化方法[11]

Whalen 方法也基于垫片的最小预紧应力（表 3-12）和密封介质端部流体静压力。但为简化起见，其使用垫片全接触宽度，不考虑法兰的密封面实际宽度和表面粗糙度。因此，其计算步骤就比较简单。

① 计算预紧螺栓的总载荷

$$W_b = \sigma_g A_g \tag{3-16}$$

式中　W_b——螺栓总载荷，N；

　　　σ_g——垫片最小预紧应力，MPa；

　　　A_g——垫片接触面积，$A_g = 0.785(D^2 - d^2)$，D 和 d 分别为垫片的外直径和内直径，mm^2。

② 计算端部流体静压力

52

$$W_f = KpA_m \tag{3-17}$$

式中　W_f——流体端部静压力，N；

　　　　p——介质压力或试验压力，MPa；

　　　　A_m——介质内压作用的面积（通常可取垫片的平均直径），mm^2；

　　　　K——安全系数，见表 3-13，与接头状态和工作状况有关。

③ 要求 W_b 大于 W_f，即保证预紧的垫片不被端部流体静压打开，否则改变垫片设计，减少垫片接触面积或增加预紧螺栓的总载荷。

表 3-12　垫片预紧应力

材　料	垫片型式	最小预紧应力/MPa	材　料	垫片型式	最小预紧应力/MPa
石棉橡胶板	平形		铝		70.0～140
3mm 厚		10.0～11.2	铜		105～315
1.6mm 厚		24.5～26.0	碳钢		210～490
金属包覆石棉垫片	平形		不锈钢		245～665
碳钢		42.0	软铝	波形	7.0～26.0
不锈钢		70.0	铜		17.5～31.5
碳钢	波形	21.0	软钢		24.5～38.5
不锈钢		28.0	不锈钢		42.0～56.0
填充石棉金属缠绕垫片			碳钢	齿形	385
不锈钢		21.0～210	不锈钢		525
金属垫片	平形				

表 3-13　垫片设计安全系数 K

K	应　用　场　合
1.2～1.4	要求重量最轻而各种安装因素都应谨慎控制；温度从室温至 120℃；要求进行压力试验的场合
1.5～2.5	重量不是设计的主要考虑因素，而振动不大、温度不大于 400℃；较高值用于对螺栓不作润滑的场合
2.6～4.0	压力、温度波动或振动较大；不要求进行压力试验；不易保证均匀的螺栓伸长的场合

3.1.2.6　螺栓转矩的计算

因为紧固螺栓时所施加的转矩不是简单地由事先的计算或选用高质量的紧固件等就可以保证的。实际装配中的许多因素及其联合的作用，使法兰接头中实际可能产生的螺栓载荷（预紧载荷）与上述计算得到的螺栓装配载荷值有相当的区别，除了前述的设计因素外，下面简要分析装配过程产生的影响。

目前在大多数情况下仍是使用转矩控制螺栓装配，但是施加到螺栓上的转矩和最终作用在垫片上的夹紧力之间没有简单而确定的关系存在。研究表明大约有 76 个变量，且每一个变量都对施加在单个螺栓上的转矩和螺栓上产生的预紧载荷的关系有重大的影响，以致螺栓的预紧载荷存在很大的分散性和不确定性[17]。因此，在装配时实际达到的预紧载荷大小很大程度上取决正确选用材料、安装工具和步骤，以及安装人员的技术水平。表 3-14 示出了各种紧固工具或方法产生的预紧载荷的分散程度。研究表明作用在螺栓上的转矩仅 10％～15％转化螺栓的伸长或夹紧力，其余的都消耗在螺母与支承面以及螺纹之间的摩擦上。

表 3-14 预紧载荷的分散性

紧固工具或方法	预紧载荷的分散性/%	紧固工具或方法	预紧载荷的分散性/%
转矩测量扳手	±30	超声波控制	±(1～10)
棘轮式转矩扳手	±(60～80)	测量螺栓伸长	±(3～15)
螺母旋转控制	±15	凭操作人员的感觉紧固	±35
应变计螺栓	±1	气动冲击扳手	±(100～150)
液压螺栓拉伸器	±20		

单个螺栓转矩和伸长关系的不确定性仅是问题的一小部分，在紧固一组螺栓时，还受到许多其他因素的影响，例如螺栓之间的弹性交互作用。弹性交互作用可用图 3-18（a）和（b）解释。在图（a）中当紧固螺栓 1 时，压缩法兰和垫片。当紧固螺栓 4 时，如图（b）所示，法兰和垫片进一步压缩，但同时引起图示螺栓 1 载荷的减少。即在第一次紧固各个螺栓时达到理想的初始伸长要求，但在进一步紧固相邻的螺栓时，不可避免地要减少上一次拧紧的螺栓的载荷或伸长量。弹性交互的附加作用随法兰尺寸、刚度、螺栓数量、螺栓尺寸、螺栓长度和垫片刚度不同而变化，甚至随紧固螺栓的方法和步骤而改变。为了减少弹性交互作用的影响，通常按照规定的次序逐次交叉上紧，可以缩小各螺栓间载荷或伸长的不均衡。此外，另一避免弹性交互作用的方法是同时拧紧所有的螺栓。

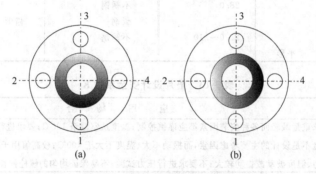

图 3-18 螺栓的弹性交互作用

如果法兰密封面存在错位，包括不同轴、不平行或者不贴合等，以致当螺栓紧固时对法兰产生附加的弯矩，则螺栓转矩和夹紧力之间的关系更趋复杂，只有很少部分转矩可以用于产生垫片应力，并且在密封面上的分布更不均匀。因此用普通的紧固方法，要在垫片上精确地产生预定的垫片应力几乎是不可能的。按照传统的一种做法是保守设计，即加大螺栓预紧载荷，但一方面会出现螺栓的机械损伤问题，另一方面随着操作压力和温度的提高，以及对环境要求的日益严峻，这种过分保守的设计既要满足接头的全部功能又要达到经济耐用的要求同样越来越困难。因此进一步弄清影响有效发挥螺栓连接作用的各个因素，提供更加有效的紧固工具和步骤等的努力一直受到关注，新的螺栓紧固技术也在不断研究和发展，有关这方面的内容读者可参阅参考文献［17］。

尽管如此，通常仍需要知道预紧螺栓的转矩，此时可按式（3-1）进行估算。显然，实际可能获得的螺栓载荷，与螺栓直径、螺栓材料、螺栓与螺母啮合以及螺母与法兰支承面的摩擦状况，即与 K 有关，普通加工的螺栓 K 取 0.20，镀锌螺栓取 0.22，新的和润滑很好的螺栓取 0.10。表 3-15 是不同材料级别螺栓达到规定的载荷与所需转矩值的对照表，其中 K 取 0.14，螺栓载荷取螺栓材料屈服强度的 60%（通常为 50%~75%）。计算中不考虑高温、振动和法兰安装偏差等影响，且按规定的顺序，采用转矩扳手进行人工拧紧。

对经过周密设计或选用标准的法兰，当需要确定螺栓的预紧转矩时，可先参照表 3-15 选取单个螺栓的拉伸载荷和所需要的转矩。然后根据该拉伸载荷在垫片上产生的应力，与设计选用的最小垫片装配应力（满足最低要求的操作紧密性）和最大垫片装配应力（避免垫片遭受机械性压溃）比较，确定最小推荐螺栓转矩和最大推荐螺栓转矩，以保证法兰接头达到有效的密封。现举一例说明之。

【例 3-1】 已知，法兰 $DN50PN1.6$（HG 20595—97）；螺栓 螺纹尺寸 M16（D），最小螺纹直径 $d_B=13.546\text{mm}$，最小螺栓截面积 $A_B=144.11\text{mm}^2$；材料 碳钢 8.8 级，屈服强度 $\sigma_y=640\text{N/mm}^2$；数量 $n=4$；垫片 金属缠绕垫片（HG 20610—97），缠绕层尺寸 内径 $D_i=66\text{mm}$，外径 $D_O=84\text{mm}$，最小垫片装配应力 $\sigma_{g\min}=70\text{MPa}$，最大垫片装配应力 $\sigma_{g\max}=210\text{MPa}$。

解：计算螺栓转矩

(1) 垫片的全接触面积：$A_g=(\pi/4)\times(D_O^2-D_i^2)=2121\text{mm}^2$。

(2) 单个螺栓应力达到螺栓材料 60% 屈服强度的拉伸载荷和所需的转矩：查表 3-15，M16 螺栓的拉伸载荷和所需的转矩：$F=A_B\times0.6\times\sigma_y=55340\text{N}$，$M=KDF=124\text{N·m}$。

表 3-15 螺栓载荷与转矩的关系

螺栓名义直径/m	螺纹根径/mm	螺栓性能等级（推荐材料）							
		4.6 (Q235-A)		5.6 (35)		8.8 (35CrMoA、25Cr2MoVA)		10.9 (40CrNiMoA)	
		屈服强度/(N/mm²)							
		240		300		640		900	
		载荷/N	转矩/N·m	载荷/N	转矩/N·m	载荷/N	转矩/N·m	载荷/N	转矩/N·m
14	11.546	15069	30	18837	37	40205	79	56510	111
16	13.546	20742	46	25928	58	55340	124	77783	174
20	16.933	32412	90	40514	113	86475	242	121543	340
24	20.319	46670	156	58337	196	124516	418	175012	588
27	23.319	61468	232	76836	290	163999	620	230507	871
30	25.706	74697	314	93371	392	199292	837	280112	1176
33	28.706	93149	430	116436	538	248523	1148	349308	1614
36	31.093	109284	551	136436	688	291572	1470	409816	2065
39	34.093	131390	717	164238	897	350551	1914	492713	2690
42	36.479	150424	884	188030	1106	401335	2360	564091	3317
45	39.475	176147	1110	220184	1387	469964	2961	660553	4161
48	41.866	198132	1331	247665	1664	528620	3552	742996	4993
52	45.866	237801	1731	297251	2164	634457	4619	891754	6492
56	49.252	274208	2150	342760	2687	731591	5736	1028279	8062

（3）n 个螺栓在垫片上产生的压缩应力：$\sigma = n \times F / A_g = 104\text{MPa}$。

（4）最小推荐单个螺栓的转矩：$M_{\min} = M \times \sigma_{g\min} / \sigma = 84\text{N} \cdot \text{m}$。

（5）最大推荐单个螺栓的转矩：$M_{\max} = M \times \sigma_{g\max} / \sigma = 250\text{N} \cdot \text{m}$。

3.1.2.7 垫片密封设计新方法[23]

（1）PVRC 法

上节所述的 GB 150 或 ASME Ⅷ-1 规范的法兰连接设计方法已经沿用了 50 多年，其中的垫片系数 y 和 m 引自 1943 年 Ross，Heim 和 Markle 发表的论文，且没有说明这些数值是经过试验的。除了 1976 年缠绕垫片的 y 值从 31MPa 改变到 69MPa 外，其余都保持未变。尽管工业使用没有出现大的疑问，究其原因也许正是 ASME Ⅷ-1，附录 S "螺栓法兰连接的设计考虑"所言的 "……螺栓的最大许用应力值是用来确定最少需要螺栓数量的设计值，但设计值与各种工况而不只是设计压力下的实际螺栓应力存在差别。……在任何情况下，初始螺栓应力显然高于设计值，在某些情况下对密封是必须的。"由此可见，排除其他减少螺栓载荷的因素，实际所施加的螺栓预紧载荷比设计值有多得多的富裕量，从而掩盖了这些系数的本质。

但是近年来仍有向 ASME 询问有关这些系数的基础和合理性，而且事实上也有不少容器法兰按照规范计算不能保证严密性，此外不断出现的新的结构或材料的垫片需要补充新的系数。因此，美国 ASME 锅炉和压力容器委员会压力容器研究委员会（PVRC）在近 20 多年中进行了广泛的垫片试验研究工作，并在积累的大量数据基础上，由 ASME 的一个特别工作小组（SWG）制订新的垫片系数和法兰连接设计方法（以下称 PVRC 方法），计划在以下两个方面对 ASME Ⅷ-1 的法兰规范设计做出变动。

① 在目前的 ASME Ⅷ-1 附录 2 中并存一个螺栓法兰连接设计的新附录，直到最终取代旧的（将在下面作进一步的介绍）；

② 提出一个新的美国材料试验学会（ASTM）标准垫片试验方法，并用它来确定新的垫片的设计系数。

PVRC 方法虽然在法兰弹性应力分析和评定方法与原来规范基本保持不变，但也增加了许多新内容，包括：

ⅰ. 使用接头密封度作为设计准则；

ⅱ. 采用基于泄漏率的垫片常数 G_b，a，G_s 和相应的计算方法确定螺栓预载荷，新的垫片系数可以定量表示螺栓接头的密封度，且可由标准试验方法得到或验证，计算也给出相应这些系数的法兰应力和密封度的限制范围；

ⅲ. 对法兰刚度提出要求；

ⅳ. 考虑作用在螺栓法兰连接上的外力和外力矩；

ⅴ. 修改螺栓设计面积和设计螺栓操作载荷的定义；

ⅵ. 考虑如多程管壳式换热器中分程隔板上的垫片载荷对螺栓载荷的影响。

a. 紧密性参数（Tightness parameter） 紧密性参数（T_p）是 PVRC 对垫片试验结果进行整理时采用的无因次参数。T_p 表示紧密性的度量。T_p 与内压成正比，与泄漏率的平方根

成反比，即

$$T_p = \frac{p}{p^*} \cdot \left\{ \frac{L_{RM}^*}{L_{RM}} \right\}^{0.5} \qquad (3\text{-}18)$$

式中　p——介质压力，MPa；

　　　p^*——参照压力，$p^* = 0.1013$MPa；

　　　L_{RM}——质量泄漏率，mg/s；

　　　L_{RM}^*——参考质量泄漏率，对 150mm 外径的垫片，$L_{RM}^* = 1$mg/s。

因此，T_p 表示当法兰接头的垫片外径为 150mm 时，泄漏 1mg/s 氦气需要的压力。若 $T_p = 100$，意味着从一个 150mm 的垫片产生 1mg/s 的泄漏率，需要的压力为 10.1MPa。若在压力为 10.1MPa 下，要求泄漏率降低 100 倍，即达到 0.01mg/s，则意味着 T_p 增大 10 倍，也就是 $T_p = 1000$。

如 1.2 节所述，没有绝对不漏的接头，只能限制泄漏率在规定的范围内，即允许密封度。因此，对法兰接头的紧密性设计要求，可通过选择符合要求的密封度等级 T_c（Tightness Class）来体现，密封度等级代表了设计对密封介质泄漏率的要求。PVRC 将密封度划分为 5 个等级，"标准"级密封度指垫片单位直径的质量泄漏率为 2×10^{-3}mg/(s·m)。上下每一级相差 10^{-2} 数量级，如表 3-16 所示[9]。

表 3-16　PVRC 密封度分级

密封度等级，T_c	紧密性系数，C	垫片单位直径的质量泄漏率，L_{rM}/[mg/(s·m)]
T1（经济）	0.1	2×10^{-1}
T2（标准）	1	2×10^{-3}
T3（紧密）	10	2×10^{-5}
T4（严密）	100	2×10^{-7}
T5（极严密）	1000	2×10^{-9}

设计法兰接头时，可选择最大的垫片单位直径的质量泄漏率 L_{rM}，按下式计算相应的最小紧密性参数 $T_{p\min}$，即

$$T_{p\min} = \left(\frac{p}{p^*} \right) \left(\frac{1}{150 L_{rM}} \right)^{0.5} = \left(\frac{p}{0.1013} \right) \left(\frac{1}{150 L_{rM}} \right)^{0.5}$$

或者直接选择密封度等级，按式（3-19）计算最小紧密性参数 $T_{p\min}$

$$T_{p\min} = 18.023 C p \qquad (3\text{-}19)$$

式中　C——紧密性系数，代表密封度等级，数值见表 3-16，无因次；

　　　p——压力，MPa。

b. 垫片系数　PVRC 垫片系数 G_b，a 和 G_s 是通过绘制紧密性参数（$\log T_p$）对垫片应力（$\log \sigma_g$）关系曲线而获得，如图 3-19 所示。

G_b 和 a 是由装配试验步骤（Part A）数据得出的参数。G_b 是 $T_p = 1$ 时垫片承受的压缩载荷，即 Part A 线在垫片应力轴上的截距，而其斜率为 a。G_b 和 a 是解决垫片需要多大预

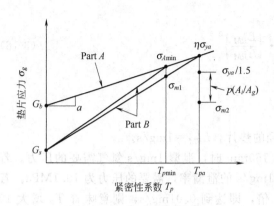

图 3-19 PVRC 设计关系图

紧应力的问题。较低的 G_b 和 a 值表明垫片要求的预紧应力较低。

$G_b(T_p)^a$ 可用于比较在典型的紧密性参数 T_p 值下（例如 T_p＝100 或 1000）各种垫片的预紧性能。反映 G_b 和 a 对装配性能的综合影响。

G_s 与操作试验步骤（Part B）有关。在 Part B 试验步骤中，垫片卸载和重复加载，并测量其泄漏率。故 G_s 是 Part B 的卸载线在垫片应力轴上的截距。G_s 代表了垫片的操作性能，较低的 G_s 值表明：在操作状况下，保持规定的密封度所需的垫片应力较低，而且对垫片卸载不十分敏感。表 3-17 是部分垫片室温的 G_b，a 和 G_s 值。

表 3-17　典型的 PVRC 垫片系数[17]

垫 片 类 型	G_b/MPa	a	G_s/MPa
压缩石棉橡胶板（1.6mm）	17	0.15	0.8069
压缩石棉橡胶板（3mm）	17	0.38	2.759
压缩无石棉橡胶板（1.6mm）	8	0.23	0.38621
石棉填充不锈钢带缠绕垫片（带外环）	23	0.30	0.04828
柔性石墨填充不锈钢带缠绕垫片（带外环）	14	0.237	0.08966
PTFE 填充不锈钢带缠绕垫片（带外环）	31	0.14	0.48276
不锈钢箔化学黏结柔性石墨多层板（1.6mm）	5	0.377	0.0005
不锈钢箔机械连接柔性石墨多层板（1.6mm）	3	0.45	0.000062
软铝（1.6mm）	10	0.24	1.37931

c. 确定螺栓总截面积的方法　PVRC 方法与 GB 150 规范的主要区别在于确定密封需要的螺栓载荷。按照 PVRC 方法应首先选定密封度等级，再与设计压力一起确定最小紧密度参数 $T_{p\min}$，然后利用已知的垫片常数 G_b、a、G_s 计算装配（或预紧）工况和操作工况下达到选定密封度要求的垫片应力，据此就可得到设计螺栓载荷和螺栓总截面积。至于法兰的强度校核，依然采用 ASMEⅧ-1 或 GB 150 中的计算方法。PVRC 方法提供了两种螺栓载荷的计算方法——柔性法和简化法，下面仅介绍简化法的计算步骤。

① 确定密封度等级，即表 3-16 系数 C；选择垫片型式、材料和相应的垫片常数 G_b，a，G_s（表 3-17）。

② 计算最小紧密性参数 $T_{p\min}$：

$$T_{p\min}=18.023Cp$$

式中　p——设计压力，MPa。

③ 确定装配垫片应力对应的装配紧密性参数 T_{pn}：

$$T_{pn} = 18.023 C p_T$$

式中　p_T——试验压力，$p_T = 1.5p$，MPa（1.5 的倍数系考虑装配时螺栓应拧紧到满足压力试验的要求）。

④ 计算保证操作时达到 $T_{p\min}$ 需要的装配垫片应力：

$$\sigma_{ya} = (G_b/\eta)(T_{pn})^a, \text{ MPa}$$

式中　η——连接效率，人工拧紧 $\eta = 0.7$。

⑤ 计算最小设计垫片应力 σ_m，即取下列 σ_{m1}、σ_{m2} 和 $2p$ 三者中之最大值：

$$\sigma_{m1} = G_s[(\eta\sigma_{ya}/G_s)]^{(1/T_r)}, \text{ MPa}$$

$$\sigma_{m2} = (\sigma_{ya}/1.5)([\sigma]_b^t/[\sigma]_b) - p(A_i/A_g), \text{ MPa}$$

式中　T_r——紧密性参数比，$T_r = \lg(T_{pn})/\lg(T_{p\min})$；

A_g——垫片预紧面积，$3.14N(D_{GO} - N)$，mm^2；

A_i——流体静压面积，$0.785D_G^2$，mm^2；

D_{GO}——垫片外圆直径，mm；

N——实际垫片宽度，mm；

D_G——垫片压紧力作用中心圆直径，按 GB 150 规定计算，mm；

$[\sigma]_b$——螺栓材料室温下的许用应力，MPa；

$[\sigma]_b^t$——螺栓材料工作温度下的许用应力，MPa。

⑥ 计算设计螺栓载荷 W_{mo}

$$W_{mo} = pA_i + \sigma_m A_g, \text{ N}$$

⑦ 确定需要的螺栓总截面积 A_m

$$A_m = W_{mo}/[\sigma]_b^t, \text{ mm}^2$$

【例 3-2】 设计条件：设计压力 $p = 6.9\text{MPa}$，设计温度 $T_d = 200℃$，无外载荷；密封度等级为标准级 $T2$，$C = 1.0$。

垫片型式和尺寸：金属缠绕垫片（柔性石墨/不锈钢），$D_{GO} = 483\text{mm}$，$N = 13\text{mm}$；

PVRC 垫片常数由表 3-17 查知 $G_b = 14\text{MPa}$，$a = 0.237$，$G_s = 0.08966\text{MPa}$（由 GB 150 查得规范垫片常数：$m = 3$，$y = 69\text{MPa}$）。

螺栓尺寸和材料：20 个—M29；$[\sigma]_b = [\sigma]_b^t = 173\text{MPa}$。

装配效率：$\eta = 0.75$。

求：螺栓载荷 W_{mo} 和螺栓总截面积 A_m。

解：按 PVRC 简化方法计算：

① $T_{p\min} = 18.023Cp = 124.36$；

② $T_{pn} = 18.023C(1.5p) = 186.54$；

③ $T_r = \lg(T_{pn})/\lg(T_{p\min}) = 1.084$；

④ $b_0 = N/2 = 6.5\text{mm}$，$b = 2.53(b_0)^{0.5} = 6.45\text{mm}$，$D_G = D_{GO} - 2b = 470\text{mm}$，

$A_g = 3.14N(D_{GO} - N) = 19185\text{mm}^2$，$A_i = 0.785D_G^2 = 173407\text{mm}^2$；

⑤ $\sigma_{ya} = (G_b/\eta)(T_{pn})^a = 64.45\text{MPa}$；

⑥ $\sigma_{m1} = G_s [\eta \sigma_{ya}/G_s]^{1/T_r} = 29.69\text{MPa}$;

⑦ $\sigma_{m2} = (\sigma_{ya}/1.5)([\sigma]_b^t/[\sigma]_b) - p(A_i/A_g) = -19.40\text{MPa}$;

⑧ $\sigma_m = \max[\sigma_{m1}, \sigma_{m2} \text{ 或 } 2p] = 29.69\text{MPa}$;

⑨ $W_{mo} = pA_i + \sigma_m A_g = 1766111\text{N}$;

⑩ $A_m = W_{mo}/[\sigma]_b^t = 10209\text{mm}^2$，此小于实际的螺栓总截面积 $A_b = 12310\text{mm}^2$。

若按 GB 150 规范方法计算：

① $W_{m2} = 3.14bD_G y = 656805\text{N}$；

② $W_{m1} = 3.14 \times 2b \times D_G \times mp + 0.785 \times D_G^2 p = 1590588\text{N}$；

③ A_m 取 $W_{m1}/[\sigma]_b^t$ 或 $W_{m2}/[\sigma]_b$ 的大值，$A_m = 1590588/173 = 9194\text{mm}^2$。

由此可见，$A_m(\text{PVRC})/A_m(\text{GB 150}) = 1.11$。

显而可见，PVRC 方法允许在广泛的垫片种类，几个密封度等级和一定的装配效率范围内给予设计更大的灵活性。设计可以针对接头的不同泄漏率要求（密封度等级），在确定的垫片种类和密封介质压力下，给出多种垫片应力或螺栓载荷的选择。表 3-18 示出上例按 $T1 \sim T3$ 三个密封度级别下接头分别需要的螺栓载荷、垫片应力和螺栓应力。由表可见，在不改变法兰和垫片的结构和材料下，当选用的密封度级别越高，需要的螺栓载荷或垫片应力越大，螺栓的应力也相应增大，只要垫片不因此而压溃或在螺栓和法兰材料的强度允许范围之内，可以选择几种密封度来满足设计对接头的特殊密封要求。而当因密封度选择过高，引起上述疑问时，PVRC 方法也允许设计者通过改变垫片种类、螺栓材料和拧紧方式进行调整。

表 3-18　不同密封度级别下螺栓应力的计算结果

计算 \ T_c	$T1$	$T2$	$T3$	计算 \ T_c	$T1$	$T2$	$T3$
C	0.1	1.0	10.0	σ_{m1}/MPa	12.63	29.69	57.71
$T_{p\,\min}$	12.436	124.36	1243.6	σ_{m2}/MPa	(37.46)	(19.40)	11.79
T_{pn}	18.654	186.54	1865.4	W_{mo}/kN	1461	1766	2303
T_r	1.161	1.084	1.057	σ_g/MPa	76	83	120
σ_{ya}/MPa	37.35	64.45	111.24	σ_b/MPa	111	144	174

（2）EN1591 方法[55,56]

欧盟在承压设备指南 97/23/EC（PED）的框架内，1997 年其标准化委员会（CEN）也对螺栓法兰连接提出了一个新的计算标准 EN1591-1 "法兰及其接头-垫片圆形法兰连接的设计规则第一部分：计算方法"。该计算方法要求满足强度和密封两个准则，考虑了法兰-螺栓-垫片系统的全程行为。涉及的计算参数不仅考虑基本的参数，如流体压力、法兰、螺栓和垫片的材料强度、垫片压缩特性、名义螺栓载荷，而且包括了紧固螺栓时实际载荷的不均匀性，接头各部件变形引起垫片应力的变化，相连接壳体和管道的相互作用，管道重量和热膨胀引起的轴向外力和外力矩的影响，以及螺栓和法兰环之间温度差等影响。

计算考虑装配和操作两种状况，后者包括运行、开车、停车，试验等状况。对每种状况考虑内外机械载荷和温度载荷作用，分别进行密封性和机械完整性计算。密封性通过对法兰接头各部件之间的载荷-变形关系的弹性分析，计算出装配状况和随后各种操作状况下的垫片应力。因为垫片应力反映了泄漏率的大小，所以验算合格就是满足了法兰接头的密封准则；机械完整性则利用弹性或塑性极限分析，分别对螺栓、垫片和法兰的极限承载能力进行核算，并以载荷比（Load ratio）的形式表示。显然，EN1591-1 相比 ASME 和 PVRC，在满足法兰强度准则和密封准则两方面都作了更合理和全面的考虑，故欧盟已将其列入了 EN13445 "非火焰接触压力容器" 第三部分设计的附录 G 内。

按 EN1591-1 计算同样需要用到垫片参数。垫片参数与垫片装配应力、内压、温度、时间、刚度、法兰和螺栓几何尺寸，以及操作条件等有关。EN1591-1 采用的垫片参数是 CEN 制订的 ENV1591-2 "法兰及其接头-垫片圆形法兰连接设计规则第二部分：垫片参数"。由于 ENV1591-2 给出有限的垫片参数，部分数据基于经验或估计或空缺，且这些参数与泄漏率之间没有关系，也没有给出确定这些系数的试验方法。为此 CEN 又制订了一个新的欧洲草案标准 prEN13555 "法兰及其接头-垫片圆形法兰连接设计规则用垫片参数和试验方法"。prEN13555 规定了需要满足 ENV1591-1 要求的垫片材料和垫片参数，以及确定这垫片参数的试验方法。表 3-19 列出了 prEN13555 定义的垫片系数。

表 3-19　prEN13555 垫片系数

项　　目	prEN13555	项　　目	prEN13555
装配状态(最小装配垫片应力)	$Q_{min(L)}$	卸载弹性模量	$E = E_0 + K_1 Q$
操作状态(最小操作垫片应力)	$Q_{Smin(L)}$	蠕变系数	g_c
最大装配垫片应力	Q_{MASS}	热膨胀系数	α_G
最大操作垫片应力	Q_{Smax}		

注：L 定为 $L_{1.0}$；$L_{0.1}$；$L_{0.01}$ 三级，相应的质量泄漏率分别为 1，0.1 和 0.01（mg/s/m 周长），其中 $L_{1.0}$ 和 $L_{0.01}$ 与 PVRC 的 T1 和 T2 相当。

由表 3-19 可知，prEN13555 中的垫片参数表达了垫片的两类特性：变形特性和密封特性。在装配状况下，对每种类型和材料的垫片有一相应于泄漏率等级（L）的最小需要的垫片应力（$Q_{min(L)}$），而对每一操作状况，则存在相应于泄漏率等级（L）的最小垫片应力（$Q_{Smin(L)}$）。当增加装配垫片应力（$Q_{min(L)}$）时，$Q_{Smin(L)}$ 则相应减小（此与 PVRC 的研究结果一致）。为了防止损坏垫片或过分降低密封能力，在装配和操作期间，限定最大垫片应力不得超过 Q_{CRIT} 和 Q_{Smax}。为了确定装配和操作转换期间垫片应力的变化，又给出垫片的刚度特性-卸载弹性模量：$E = E_0 + K_1 Q$。最后，用垫片参数 g_c 考虑了垫片在运行期间的蠕变松弛特性，以防止垫片在卸载时发生过大的应力下降。由此可见，prEN13555 中的垫片参数更全面、更实质地反映了垫片的重要特性，而这些垫片参数又都是可以通过实验加以确定的。

EN1591-1 特别适用于下列场合：法兰承受热循环载荷，且其影响是主要的；螺栓载荷需要采用规定的拧紧方法控制；存在较大的附加载荷（如管道推力和弯矩）或对密封的要求特别重要。

　　（3）数值计算法

　　由于计算机技术的迅速发展和普及应用，用数值方法进行密封结构设计和性能研究，已获得了广泛的应用，包括差分法、有限单元法（FEM）、数字仿真和最优化技术等。其中FEM已成为密封设计的重要工具。FEM可以用于分析密封元件的各种应力或变形，对密封性能进行数值分析和预测，因此可解决传统经验法、数学解析法和试验分析法等不能解决的复杂和疑难的密封问题。近年来，随着密封理论和实践的不断发展和完善，FEM在法兰接头的密封分析中也备受青睐[64,65]。如前所述，在大多数情况下，规范对法兰接头进行标准设计，经过长期的实际使用证明其能满足一般的密封要求，但它们主要还是凭借经验或有限的实验数据，其结果也是定性的多，定量的少。对于复杂的密封结构（如换热器管板和头盖法兰的组合结构），或承受除压力外的其他外载荷（如外弯矩和轴向力），或承受瞬态的压力或（和）热循环工况，特别是回答法兰接头是否达到密封等问题，传统的经验设计方法就无能为力了。尽管有些规范，如上述的PVRC和EN1591方法根据多年的科学研究成果，对垫片密封设计方法进行了修改，例如给出了与泄漏率密切相关的垫片性能参数，以及各种工况下的计算垫片应力的方法。但据此得到的垫片应力仅是平均值，螺栓载荷、法兰的应力和变形也不是真实的情况。实际上，垫片应力在法兰密封面上的分布是非均匀的。基于FEM方法，对实际法兰接头进行数值模拟后，就能得到包括螺栓载荷、法兰变形和应力、垫片应力分布等重要信息。如图3-20（a）所示为一管道法兰接头的3维轴对称有限元模型，图3-20（b）是预紧工况下垫片应力在密封面上的分布云图。FEM可以模拟垫片的非线性和滞迟特性的载荷-变形关系，也可以模拟预紧螺栓程序、外载荷或（和）热载荷、开工或停工时的瞬态工况，从而获得这些条件下的垫片、螺栓和法兰的特性，为对其进行机械完整性和连接密封性分析提供了充分而接近真实的数据。虽然FEM获得了广泛应用，但不能完全代替试验分析法。当问题过于复杂或需要对它们的结果进行验证时，试验分析仍是必要的方法，但相对试验分析法，运用FEM可降低对密封模拟试验或原型试验的要求，同时节省了

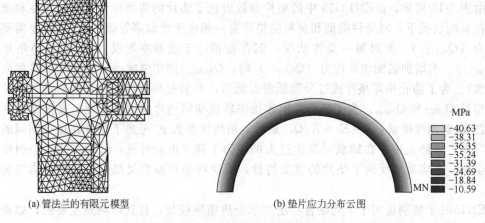

(a) 管法兰的有限元模型　　　　　(b) 垫片应力分布云图

图 3-20　计算模型结果

时间和成本。

3.1.2.8 垫片的安装和密封失效

人们经常听到"垫片泄漏",严格地说,这是不确切的。因为垫片仅是组成法兰接头的零件之一,将所有的因法兰设计不周密、装配方法不适当和运行过程中的热波动、压力变化和振动等引起法兰变形而造成的泄漏,都归咎于垫片,是不公正的。法兰接头的密封性能与整个系统的特性有关,仅当在选择垫片、设计法兰、装配垫片和规范运行等方面作了周密考虑之后,垫片才能真正发挥其密封功能。统计表明:引起法兰接头泄漏的原因中,由于装配垫片应力不足就占了 75%。如前所述,法兰接头发生密封失效,最直接的原因是操作垫片应力不足,而操作垫片应力水平主要取决于实际能够得到的装配螺栓载荷或装配垫片应力的大小。而后者与垫片装配方法的正确与否休戚相关。

(1) 垫片的安装方法

安装垫片需要注意以下几个环节。

a. 安装工具 需要专门的工具用于清理和拧紧紧固件(包括采用转矩扳手、液压的或其他螺栓拉伸器等)。此外,应采用规范的安全设施和遵守安全操作规程。

b. 安装准备—检查、清理和润滑 检查法兰密封面有无裂纹、划痕(尤其是径向划痕)、工具锤击痕迹、腐蚀凹坑等影响密封的缺陷,确认密封面类型与所用的垫片型式相符;确认垫片符合规定的尺寸和材料,检查垫片有无缺陷和损伤。检查紧固件有无裂纹、擦伤等缺陷。清除所有存在于密封面、紧固件(包括螺栓、螺母和垫圈)上的外来杂物和残留物。选择合适润滑剂并均匀地涂覆在螺栓、螺母和垫圈的承载表面,不要将润滑剂沾染在密封面或垫片表面上。

c. 法兰调整 确认法兰对的不同轴度、法兰密封面与轴线的不垂直度和本身的不平度在允许公差范围内;不要试图通过螺栓和垫片去过分调整上述偏差。

将垫片小心放入两法兰密封面之间,确认垫片已位于两法兰密封面的中央。将两法兰闭合,确保垫片不被挤压损坏。

d. 紧固件安装和拧紧 使用合适的拧紧工具。按有关转矩的规定,以交叉方式拧紧螺栓。

步骤一 用手拧紧所有螺母(较大的螺母需要用小的扳手);

步骤二 拧紧每一螺母至全部转矩值的约 30%;

步骤三 拧紧每一螺母至全部转矩值的约 60%;

步骤四 拧紧每一螺母至全部转矩值(大直径法兰需要增加拧紧次数);

步骤五 按照顺时针方向以全部转矩值拧紧所有螺母,直至螺母没有进一步的转动(大直径法兰需要增加拧紧次数)。

e. 再次拧紧 对处于频繁热循环操作下的螺栓需要进行再次拧紧,通常放在操作压力和温度下运行 24h 后进行。所有的再次拧紧作业应在室温和常压下进行。

(2) 垫片密封的失效分析

法兰接头密封可靠性既取决于最初的周密设计,还与在现场中完善的工程实践有关。密封不能起作用或不能保持满意的密封状态,即发生超过"允许泄漏率"或谓之"密封失效",有其一系列的因素。这些因素归纳起来有下列四方面：设计、装配、连接件和垫片材料。表3-20列出了垫片密封常见失效形式、可能的原因和防范措施。

表 3-20　垫片密封常见失效形式可能的原因和防范措施

故　障	原　因	防　范　措　施
设计方面		
垫片应力不足	螺栓预紧载荷不够	增加螺栓直径和数量
		改换强度较高的螺栓材料
	垫片太薄	改换较厚垫片
	垫片过宽	减小垫片面积
	垫片选择不当	改换装配应力较小的垫片
	螺栓预紧载荷太大	减小螺栓数量
		更换强度较低的螺栓材料
垫片应力过高	垫片太厚	改换较薄垫片
	垫片过窄	增加垫片面积
	垫片选择不当	改换装配应力较大的垫片
装配方面		
垫片压缩不足	螺栓紧固转矩不够	附加紧固转矩
	紧固步骤不正确	按照正确步骤紧固螺栓
	垫片材料过硬	改换较软垫片材料或选用较厚垫片
	垫片受热应力松弛	正确选择垫片或用碟形弹簧或"热预紧"
	螺纹啮合不良	保证紧固件良好的配合质量
	螺纹长度不够	保证足够的螺纹有效长度
密封面方面		
不平整	法兰太薄	法兰应具有足够的刚度,改换较柔软的垫片
	两法兰不平行或不同心	控制平行度和同心度要求
损伤	外来的机械性损伤或清洁密封面的磨损	保证密封面清理干净,没有过深的凹坑或径向贯穿的通道等缺陷
	垫片尺寸不正确	防止伸入法兰孔或超出突面,保证垫片对中就位
腐蚀或污染	旧垫片未清除净	清理密封面上残留的垫片
	垫片选择不当	选择不腐蚀密封面的垫片材料
纹理不正确	连续切削纹理的沟纹过深	高压场合建议采用同心圆切削纹理
垫片方面		
回复性不足	重复使用旧垫片	不建议使用旧垫片
	垫片选择不当	选用回复性较高的垫片
材料变质或腐蚀	材料与密封介质和温度不相容	改换耐腐蚀的垫片
	装配垫片应力过大	改换承压能力高的垫片
垫片过度延伸或挤出	使用不恰当的密封胶	建议用防黏处理的垫片材料
	垫片材料冷流性太大	改换蠕变松弛低的垫片材料
压溃或压碎	垫片材料压溃强度低	改换承压能力高的垫片
	法兰结构上对压缩无限制措施	改进法兰设计,限制过分压缩垫片
尺寸不正确	设计与制造错误或超差	正确合理设计,按标准尺寸要求制作

3.1.3 高压设备和管道的垫片密封

3.1.3.1 高压容器密封结构的特点与选用

高压容器的密封比中低压容器的密封要困难得多，两者在密封原理与密封结构上的区别主要表现在以下几个方面。

一般采用金属垫片　高压密封的垫片比压（与前述的"垫片应力"相同）很大，非金属垫片材料往往无法满足。常用的金属垫片材料为延性好的退火铝、退火紫铜、软钢及不锈钢等。

采用窄面密封　窄面密封有利于提高垫片比压，减少总的密封力，减小螺栓、法兰和封头的尺寸。有时亦采用线接触密封代替窄面密封以大大降低总的密封力。

尽可能采用自紧密封　利用介质的压力在密封部位产生附加的密封比压，以阻止介质的泄漏。介质压力越高，垫片压得越紧，密封就愈可靠。因此，预紧力不需很大，相应的连接件尺寸就可减小，并能保证压力和温度有波动时连接的紧密性。因此，自紧密封要比中低压容器中常用的强制密封的结构更为紧凑、可靠。

根据密封作用力的不同，高压密封可分为以下三类：

强制密封　如平垫密封、卡扎里密封、透镜垫密封；

半自紧密封　如双锥环密封、八角垫、椭圆垫；

自紧密封　如 C 形环密封、O 形环密封、三角垫密封、楔形垫密封、伍德密封等。

强制密封是依靠拧紧主螺栓使顶盖、密封元件和筒体端部之间具有一定的密封比压从而实现密封。内压上升后，螺栓伸长，顶盖上浮，密封比压减少。因此，强制型密封要求大的螺栓力，使垫片在操作状态下仍有较大的残余压紧应力，以保证垫片、顶盖与筒体端部之间的可靠密封。

半自紧密封是利用螺栓预紧载荷使密封元件产生变形并提供建立初始密封的比压，当压力升高后，由于密封结构的自紧作用，密封面上的密封比压也随之上升，从而保证连接的密封性能。

自紧式密封利用其结构的特点，使垫片、顶盖和筒体端部之间的密封比压随工作压力的升高而增大。在预紧时，为建立初始密封所需施加的螺栓力较小，故可以不用大直径螺栓。

（1）平垫密封

平垫密封是最常见的强制密封，如图 3-21 所示。这种结构与中低压容器密封中常用的法兰垫片密封相似，只是将非金属垫片改为金属垫片，将宽面密封改为窄面密封。预紧和操作时依靠端部大法兰上的主螺栓施加足够的压紧力以实现密封。预紧力的大小与垫片的宽度和材料的屈服强度有关。操

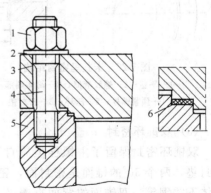

图 3-21　平垫密封结构
1—主螺母；2—垫圈；3—平盖；4—主螺栓；5—筒体端部；6—平垫片

65

作时内压上升后介质压力作用在顶盖上并传至主螺栓，使主螺栓发生弹性伸长，垫片随之发生回弹，平衡状态下仍需保持垫片上有一定的比压。平垫密封形式简单，但结构笨重，装拆不便，不适合压力和温度波动较大的场合。因此一般仅用于温度低于200℃、压力小于32MPa、容器内径不大于800mm的场合。

（2）卡扎里密封

如图3-22所示，卡扎里密封属强制密封，它改用螺纹套筒代替主螺栓，解决了主螺栓拧紧与拆卸的困难。螺纹套筒与顶盖和法兰上的螺纹是间断的螺纹，每隔一定的角度θ（10°～30°）螺纹断开，装配时只要将螺纹套筒旋转相应的角度便可装好。垫片的预紧力要通过压环施加。由于介质压力引起的轴向力由螺纹套筒承受，因而预紧螺栓的直径比平垫密封的主螺栓小得多。装拆方便是卡扎里密封的最大优点。

改进的卡扎里密封（图3-23）主要是为改善套筒螺纹锈蚀给拆卸带来困难的情况，仍旧采用主螺栓，但预紧仍依靠预紧螺栓来完成，而主螺栓不需拧得很紧，从而装拆较为省力。

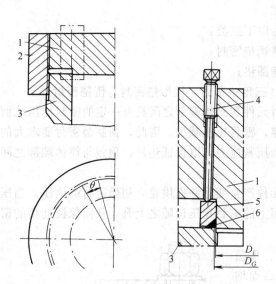

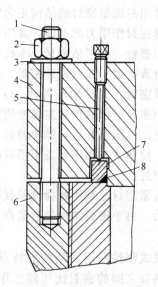

图3-22　卡扎里密封结构
1—平盖；2—螺纹套筒；3—筒体端部；
4—预紧螺栓；5—压环；6—密封垫

图3-23　改进的卡扎里密封结构
1—主螺栓；2—主螺母；3—垫圈；4—平盖；5—预紧
螺栓；6—筒体端部法兰；7—压环；8—密封垫

（3）双锥环密封

双锥环密封保留了主螺栓但属自紧式的密封结构，采用软钢或不锈钢制作的双锥面密封垫，两个30°的锥面是密封面，密封面上垫有软金属垫片，如退火铝，退火紫铜或奥氏体不锈钢等。双锥面的背面靠着平盖，但与平盖之间又留有间隙e（图3-24），预紧时双锥环的内表面与平盖贴紧。间隙设计得要使双锥环贴紧时不发生压缩屈服。当内压升高平盖上浮时，一方面靠双锥环自身的弹性扩张而保持密封锥面上仍有相当的压紧力，另一方面又靠介质压力使双锥环径向向外扩张，进一步增大了双锥密封面上的压紧力。因此双锥环密封是具有径向自紧作用的自紧式密封结构。双锥环密封结构简单，加工精度要求不是很高，装拆方便，能适用于压力与温度波动的场合。双锥环常用材料有 25、35、20MnMo、15CrMo、1Cr18Ni9Ti。双锥环密封适合于设计压力为 6.4～35MPa，温度为 0～400℃，内径为 400～2000mm 的压力容器。

（4）伍德密封

伍德密封是较早出现的一种自紧式密封结构，如图 3-25 所示。安装时，将顶盖、压垫、四合环、牵制环依次装入，拧紧拉紧螺栓，使四合环贴住筒体，用牵制螺栓将顶盖吊起而压紧楔形压垫，便可起到预紧作用。

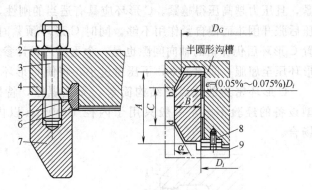

图 3-24 双锥环密封结构
1—主螺母；2—垫圈；3—主螺栓；4—顶盖；5—双锥环；
6—软金属垫片；7—筒体端部；8—螺栓；9—托环

操作时，压力载荷全部加到浮动顶盖上，故密封比压随介质压力上升而增加。为使楔形压垫与筒体端部有更好的密封作用，楔形压垫的外表面加工出 1～2 道约 5mm 深的环形槽，即增加了楔形压垫的柔度，使之更易与密封面贴合，又减少了密封面的接触面积，提高了密封比压。

该密封结构的主要优点是：

① 全自紧式，压力和温度的波动不会影响密封的可靠性；

② 介质产生的轴向力经顶盖传给压垫和四合环，最后均由筒体承担，无须主螺栓，拆卸方便；

③ 由于顶盖密封面是圆弧面，组装时顶盖即使有些偏斜，在升压过程中也可自行调整，不至于影响密封效果。

其缺点是结构笨重，零件多，加工要求高，顶盖占据筒体高压空间较多。

压垫的材料一般采用 20、20CrMo、1Cr18Ni9Ti、0Cr18Ni9；顶盖材料要求比压垫材料硬，常用的材料有 14MnMoVB、18MnMoNb、20MnMo。抗氢的场合可用 12Cr3NiMoA、20Cr3NiMoA、24CrMoNi。顶盖圆弧处表面粗糙度要求不低于 1.6μm。

（5）C 形环密封

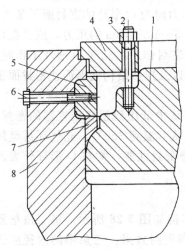

图 3-25 伍德密封结构
1—顶盖；2—牵制螺栓；3—螺母；
4—牵制环；5—四合环；6—拉紧
螺栓；7—压垫；8—筒体端部

C 形环密封为自紧式密封，其结构如图 3-26 所示。环的上下面均有一圈突出的圆弧，这是线接触密封部分。

紧固件预紧时C形环受到弹性轴向压缩，甚至允许有少量屈服。操作时顶盖上浮，一方面密封环回弹张开，另一方面由内压作用在环的内腔而使环进一步张开，使线接触处仍旧压紧，且压力越高压得越紧。C形环应具有适当的刚性，刚性过大虽然回弹力可望增大，但受压后张开困难而使自紧作用不够。同时C形环预紧时的压缩量，即顶盖与筒体端部间在放置C形环后仍保留的轴向间隙也是一个重要的设计参量，间隙过大，则下压量过大，将使C形环压至屈服；间隙过小，下压量过小，将使C形环预紧力不足。

C形环密封的优点是结构简单，无主螺栓，特别适合于快开连接，但由于使用于大型设备的经验不多，一般只用于内径1000mm以内，压力32MPa、温度350℃以下的场合。

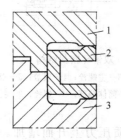
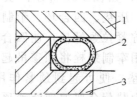

图 3-26　C形环密封的局部结构
1—平盖或封头；2—C
形环；3—筒体端部

图 3-27　O形环密封的局部结构
1—封头；2—O形环；
3—筒体端部

（6）O形环密封

O形环密封结构如图3-27所示。空心金属O形环是使用无缝金属圆管弯制而成的，O形环放在密封槽内，预紧时由紧固件将O形环压紧，其回弹力即为O形环的密封面压紧力。如果在管内充以惰性气体或升温后能气化的固体，可形成3.5～10.5MPa的压力，或者在环内侧钻若干小孔使环的内腔与工作介质连通，都可加强自紧密封作用。充气O形环工作时，环内压力增加，补偿了由于温度升高而使材料回弹能力降低以及连接结构变形而使密封面压紧力降低的影响，起到自紧作用。

O形环密封的结构简单，密封可靠，使用成熟。可用于从中低压到超高压容器的密封，压力最高可达280MPa，个别甚至达350～700MPa，温度可从常温到350℃，充气环甚至用到400～600℃。O形环常用奥氏体不锈钢钢管制成，为改善密封性能，常在O形环外表面镀银。

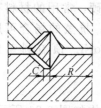

图 3-28　三角垫
密封

（7）三角垫密封

三角垫密封是径向自紧密封，其结构如图3-28所示。将三角垫置于筒体法兰和顶盖的V形槽内。考虑到密封效果，三角垫的内径应比顶盖及法兰槽的直径略大。当拧紧螺栓时，三角垫受径向压缩与上、下槽贴紧，并有反弹的趋势，在三角垫的上、下两端点产生塑性变形，建立初始密封。

升压后，介质压力的作用使刚性小的三角垫向外弯曲，两斜面与上、下 V 形槽的斜面贴紧。压力愈高，贴得愈紧，并由原先的线接触变为面接触。

三角垫材料一般为 20 钢或 1Cr18Ni9Ti。为防止上、下槽错动而造成环与槽表面擦伤，可在垫片外表面镀 0.05mm 左右的铜或在沟槽底部加垫一层铜箔或银箔。

三角垫和法兰、顶盖的沟槽加工后，其外表面不允许有刻痕、刮伤等缺陷。

三角垫密封性能可靠，尺寸紧凑，开启方便，预紧力小，可用于压力、温度有波动的场合。但是三角垫和上、下法兰沟槽加工精度和表面粗糙度要求极高，大直径的三角垫密封加工较为困难。

（8）其他形式的高压密封（图 3-29）

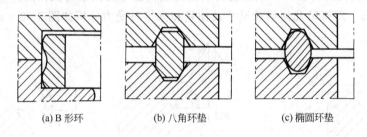

(a) B 形环　　　　　　(b) 八角环垫　　　　　　(c) 椭圆环垫

图 3-29　其他几种密封形式

这些密封结构的密封面小，加工要求高。B 形环属自紧密封，要求在密封槽内有一定的过盈量，故制造与装配要求均大大提高。半自紧式的八角环垫、椭圆环垫密封在石油和石油化工行业应用较为广泛。

3.1.3.2　典型高压容器密封结构的设计计算

这一部分主要介绍高压平垫密封、双锥环密封、伍德密封这几种典型高压容器密封结构在预紧和操作状态所需要的密封比压以及相应的主螺栓设计载荷。

（1）高压平垫密封

高压平垫密封与中低压容器的非金属平垫密封的原理是相同的，其密封力全部由主螺栓提供，既要在预紧时能使垫片产生塑性变形，又要在操作时仍旧有足够的密封比压。高压平垫密封使用的是窄面金属垫片，常用退火软铝、退火紫铜、软钢或不锈钢等金属垫。

a. 预紧状态　平垫密封属强制密封，为使升压时保证密封，要求在升压前垫片上有足够的密封比压。为达到此比压，主螺栓的预紧载荷应为

$$W_1 = \pi D_G b q_0 \tag{3-20}$$

式中　　D_G——密封面平均直径；

　　　　b——垫片宽度；

　　　　q_0——垫片材料的预紧密封比压。

b. 操作状态　此时，主螺栓所受载荷为内压所引起的轴向载荷和为保证在操作条件下

密封面上的密封比压所需要的轴向载荷之和，即

$$W_2 = \frac{\pi}{4}D_G^2 p + \pi D_G bq \tag{3-21}$$

式中　q——垫片材料的工作密封比压。

以 W_1，W_2，两者之较大值作为主螺栓的设计载荷。以上式中，对退火铝垫：$q_0 = 100\text{MPa}$，$q = 50\text{MPa}$。退火紫铜垫：$q_0 = 170\text{MPa}$，$q = 85\text{MPa}$。

（2）双锥环密封

双锥环密封与平垫密封的原理不同，它涉及斜面上的力分析、相对滑动时密封面上的摩擦力分析、自紧作用力分析等，双锥密封的密封载荷也分为预紧与操作两种情况。

a. 预紧状态　双锥环几何形状尺寸及预紧和操作时受力分析如图 3-30（a）、（b）所示。

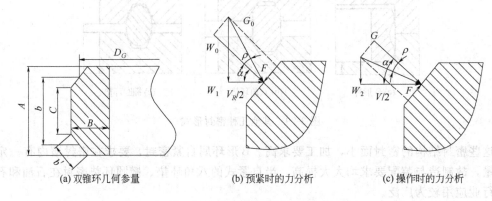

(a) 双锥环几何参量　　(b) 预紧时的力分析　　(c) 操作时的力分析

图 3-30　双锥环几何与受力分析

为保证密封，预紧时在锥面上必须施加的压紧力为

$$W_0 = \pi D_G b' q_0 \tag{3-22}$$

式中，$b = \dfrac{A-C}{2\cos\alpha}$。

容器封头有向下移动的趋势，双锥环有下降的趋势，故在双锥面上存在向下的摩擦力 F，F 与 W_0 的合力 G_0 为

$$G_0 = \frac{W_0}{\cos\rho} = \frac{\pi D_G b' q_0}{\cos\rho} \tag{3-23}$$

式中　ρ——双锥环材料和封头材料之间的摩擦角。

作用在锥面上的合力 G_0 的轴向分力即为主螺栓在预紧时所受的载荷 W_1

$$W_1 = G_0 \sin(\alpha+\rho) = \pi D_G b' q_0 \frac{\sin(\alpha+\rho)}{\cos\rho} \tag{3-24}$$

式（3-24）的预紧载荷是在保证锥面上的预紧密封比压为 q_0 的条件下得出的。为了获

得最大的回弹力，在预紧时一般将双锥环压缩至径向间隙 $2e$（图 3-24）被完全消除。在 $2e$ 的径向变形下，双锥环的周向应变为

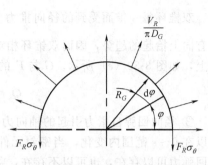

$$\varepsilon_\theta = \frac{\pi(D_G + 2e) - \pi D_G}{\pi D_G} = \frac{2e}{D_G} = \frac{e}{R_G} \qquad (3\text{-}25)$$

相应的周向应力为

$$\sigma_\theta = E_R \varepsilon_\theta = E_R \frac{e}{R_G} \qquad (3\text{-}26)$$

图 3-31　双锥环的静力平衡

式中　E_R——双锥环材料的弹性模量。

取在 σ_θ 作用下双锥环单位周向长度的回弹力为 $\dfrac{V_R}{\pi D_G}$，取半个圆环的静力平衡（图 3-31），可以求得回弹力 V_R 和周向应力 σ_θ 的关系为

$$\int_0^\pi \frac{V_R}{\pi D_G} R_G \mathrm{d}\varphi \sin\varphi = 2 F_R \sigma_\theta \qquad (3\text{-}27)$$

式中　F_R——双锥环截面积，$F_R = AB - \left(\dfrac{A-C}{2}\right)^2 \tan\alpha$。

由上式可得

$$V_R = \pi F_R \sigma_\theta = 2\pi F_R E_R \frac{e}{R_G} \qquad (3\text{-}28)$$

式（3-28）表示双锥环产生 $2e$ 的径向变形时所引起的回弹力，此回弹力作用在上下两个锥面上，每个锥面所承担的回弹力为 $\dfrac{1}{2} V_R$，此时相应地需要螺栓施加的轴向载荷为

$$W_1' = \frac{1}{2} V_R \tan(\alpha + \rho) = \pi E_R F_R \frac{2e}{D_G} \tan(\alpha + \rho) \qquad (3\text{-}29)$$

一般情况下，$W_1' < W_1$，故预紧时的螺栓载荷只要按式（3-24）计算，就既可满足预紧垫片的要求，又可满足压缩双锥环产生径向弹性变形的要求。

b. 操作状态　操作时螺栓将受三部分的力，即：①介质压力作用在封头上所引起的轴向载荷 Q_1；②介质压力作用在双锥环内侧面而产生的轴向载荷 Q_2；③双锥环预紧受压缩而产生的回弹力，再传递到螺栓上的轴向载荷 Q_3。此时，螺栓的操作载荷为

$$W_2 = Q_1 + Q_2 + Q_3 \qquad (3\text{-}30)$$

① 介质压力作用在封头上所引起的轴向载荷

$$Q_1 = \frac{\pi}{4} D_G^2 p \qquad (3\text{-}31)$$

② 内压对双锥环的径向自紧力所产生的轴向力。介质压力作用在双锥环内表面的载荷为

$$V_p = \pi D_G b p$$

式中　b——双锥环的有效高度，$b = \dfrac{1}{2}(A + C)$。

双锥环每一锥面受到的径向推力为 $\frac{1}{2}V_p$，锥面上相应有一法向力 G。介质升压后，封头有向上抬起的趋势，因而双锥环相对封头有向下运动的趋势，故作用在锥面上的摩擦力 F 向上，如图 3-30（c）所示。G 与 F 的合力再分解，其垂直分力即为 Q_2

$$Q_2 = \frac{1}{2}\pi D_G b p \tan(\alpha - \rho) \tag{3-32}$$

③ 径向回弹自紧力引起的轴向力。由于在操作时双锥环内圆柱表面和封头之间的间隙可以在 $0 \sim e$ 范围内变化，当密封元件的轴向位移和径向变形很大时甚至可能大于 e 值，所以回弹力可以存在，也可以不存在，甚至可能为负值。为主螺栓设计的安全起见，认为在操作状态下双锥环内圆柱表面仍然和封头接触，即间隙为零，此时回弹力为最大，这样考虑对主螺栓设计当然是偏于安全的。

此时作用在一个锥面上的回弹力为 $\frac{1}{2}V_R$，将回弹状态下压紧面上的法向力与摩擦力合成，然后再分解到轴向，则回弹产生的轴向力为

$$Q_3 = \frac{1}{2}V_R \tan(\alpha - \rho) = \pi E_R F_R \frac{2e}{D_G} \tan(\alpha - \rho) \tag{3-33}$$

综合上述三项，在操作时主螺栓的总载荷为

$$W_2 = \frac{\pi}{4}D_G^2 p + \frac{\pi}{2}D_G b p \tan(\alpha - \rho) + \pi E_R F_R \frac{2e}{D_G}\tan(\alpha - \rho) \tag{3-34}$$

取预紧载荷 W_1 及操作载荷 W_2 中较大者为螺栓、顶盖及法兰的设计载荷 W。

④ 操作时的密封比压：操作时双锥面上的密封比压是由 $V/2 = V_p/2 + V_R/2$ 即内压作用于双锥环内圆柱表面的向外扩张力和环的回弹力所引起的。由图 3-30（c）可见，操作时的密封力为

$$G = \frac{V\cos\rho}{2\cos(\alpha - \rho)} \tag{3-35}$$

操作时的密封比压为

$$q_s = \frac{G}{\pi D_G b'} = \frac{V\cos\rho}{2\pi D_G b' \cos(\alpha - \rho)} \tag{3-36}$$

将 $V = V_p + V_R = \pi D_G b p + 2\pi E_R F_R \dfrac{2e}{D_G}$ 代入上式得到

$$q_s = \frac{\cos\rho}{2\pi D_G b' \cos(\alpha - \rho)}\left(\pi D_G b p + 2\pi E_R F_R \frac{e}{R_G}\right) \tag{3-37}$$

为保证密封，要求 $q_s \geqslant q$，故可按式（3-36）设计密封环的尺寸。

（3）伍德密封

a. 预紧状态　伍德密封的结构如图 3-25 所示，楔形压垫和顶盖球面的接触为线接触，因而预紧时的密封比压为线密封比压 q_1，通常取 $q_1 = 2000 \sim 3000\text{N/cm}$。为保证密封，要求在 D_c 接触点上的线密封比压达到 q_1 值，如图 3-32 所示。故此时在接触圆上的正压力为

$$N = \pi D_c q_1 \qquad (3-38)$$

由于在拧紧牵制螺栓时顶盖向上升起，故楔形压垫相对顶盖略有下移的趋势，因而在楔形压垫上产生向上的摩擦力 F，正压力 N 和摩擦力 F 的合力为压紧力 P

$$P = \frac{N}{\cos\rho} = \frac{\pi D_c q_1}{\cos\rho} \qquad (3-39)$$

压紧力 P 在垂直方向的分力即为牵制螺栓的载荷 W_1

$$W_1 = \pi D_c q_1 \frac{\sin(\alpha+\rho)}{\cos\rho} \qquad (3-40)$$

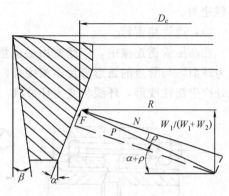

图 3-32　楔形压垫的受力分析

b. 操作状态　内压升起后，顶盖向上浮动，由于顶盖向上浮动，牵制螺栓的拉力随之减小，直至消失。

内压作用在顶盖上的轴向力为

$$W_2 = \frac{\pi D_c^2}{4} p \qquad (3-41)$$

载荷 $W_1 + W_2$ 用于计算筒体端部法兰、四合环、顶盖之强度。

在 W_2 作用下，楔形压垫密封接触面上的压紧力为

$$P_2 = \frac{W_2}{\sin(\alpha+\rho)} \qquad (3-42)$$

故作用在压垫密封接触面上的正压力为

$$N_2 = P_2 \cos\rho = \frac{W_2}{\sin(\alpha+\rho)} \cos\rho \qquad (3-43)$$

在楔形压垫密封接触面单位长度上的比压力为

$$q = \frac{N_2}{\pi D_c} = \frac{p D_c}{4\sin(\alpha+\rho)} \cos\rho \qquad (3-44)$$

因此，在操作状态下楔形压垫上的线接触比压随操作压力的上升而上升，即显示出自紧式密封的优越性：操作压力越高，则密封越可靠。

3.1.3.3　高压管道的密封结构与选用

高压管道的密封通常为强制密封。由于高压管道是在现场安装，所以对连接的尺寸精度要求不如容器高，加之管道振动、有热载荷等给法兰连接带来很大的附加弯矩或剪力，造成密封困难。因此高压管道的连接结构设计应给予特殊的考虑。如管道与法兰的连接不用焊接，而采用螺纹连接，这样当连接管道不直或管道振动、有热载荷时，法兰的附加弯矩大为减少。其二是采用球面或锥面的金属垫片，形成球面与锥面或锥面与锥面的

接触密封。

（1）透镜垫密封

在高压管道连接中，广泛使用透镜垫密封结构，如图 3-33 所示。透镜垫两侧的密封面均为球面，与管道的锥形密封面相接触，初始状态为一环线。在预紧力作用下，透镜垫在接触处产生塑性变形，环线状变为环带状。

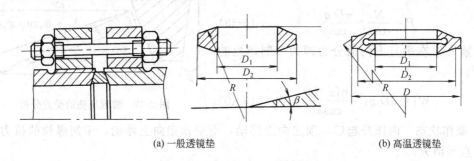

(a) 一般透镜垫　　　　　　　　　　　　(b) 高温透镜垫

图 3-33　高压管道的透镜垫密封

透镜垫密封性能好，但由于它属于强制型密封，结构较大。密封面为球面与锥面相接触，易出现压痕，零件的互换性较差。

透镜垫尺寸应符合 JB/T 2776—1992 标准的规定。常用透镜垫的材料有 20、1Cr18Ni9Ti、1Cr18Ni12Mo2Ti、0Cr17Mn13Mo2N、00Cr17Ni14Mo2 等。

（2）八角环、椭圆环密封

八角环、椭圆环密封在石油和石油化工行业中应用较为广泛，其结构如图 3-29（b）、（c）所示。垫片安装在法兰面的梯形环槽内，当拧紧螺栓时，受轴向压缩与上、下梯形槽贴紧，产生塑性变形，形成一环状密封带，建立初始密封。升压后，介质压力的作用将使八角环或椭圆环径向扩张，垫片与梯形槽的斜面更加贴紧，产生自紧作用。但是，介质压力的升高同样使螺栓和法兰变形，造成密封面间的相对分离、垫片比压的下降。因而，八角环、椭圆环密封可认为是一种半自紧式的密封连接。

八角环、椭圆环的材料一般采用纯铁、低碳钢、Cr5Mo、0Cr13、0Cr18Ni9、00Cr17Ni12Mo2 等，其硬度应比法兰材料低 HB（30～40）。

垫片和法兰面上的梯形槽加工精度和表面粗糙度不低于 1.6μm，其密封表面不允许有刻痕、刮伤等缺陷。

八角环、椭圆环密封的设计可按 GB 150《钢制压力容器》附录 G 的规定进行。中国石油化工总公司《石油化工管道器材标准》中的 SH 3403《管法兰用金属环垫》和化学工业部《钢制管法兰、垫片、紧固件》标准中的 HG 20612 或 20633《钢制管法兰用金属环垫》对垫片的尺寸和技术条件作了明确规定，设计和选用时可参照进行。

（3）齿形垫片密封

高压管道的连接亦可采用金属齿形垫片密封结构。金属齿形垫片通常用 08、10、0Cr13、0Cr18Ni9、00Cr17Ni12Mo2 等材料制造，上下表面加工有多道同心三角形沟槽。螺栓预紧后，垫片的齿尖与上下法兰密封面相接触，产生塑性变形，形成多个具有压差空间的线接触密封。与平垫片相比，其所需的密封力大大减小。为提高连接的密封性能，在金属齿形垫片的上下表面覆上柔性石墨或聚四氟乙烯材料，称为齿形组合垫片（国外也有称其为 Kemmprofile 等名称）。这种复面齿形金属垫片主要有三种形式［图 3-34（a）、（b）、（c）］，图 3-34（a）和（c）的区别在于前者的对中环与内芯金属是整体的，而后者对中环是浮动的，用于补偿热循环时的膨胀和收缩。HG 20611 或 20632 分别给出了类似图 3-34（a）、（b）所示的垫片结构。当公称

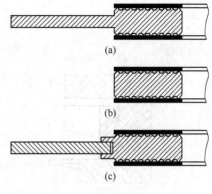

图 3-34　齿形组合垫

直径为 300mm 时，最大公称压力为 25.0MPa，小直径的齿形组合垫最大公称压力可达 42.0MPa。目前在大直径场合，该垫片常用来替代金属缠绕垫片。

3.1.3.4　超高压容器的密封结构

超高压容器的密封结构是超高压设备的一个重要组成部分，超高压容器能否正常运行在很大程度上取决于密封结构的完善性。多数超高压容器的操作条件都是很复杂的，设计时必须考虑到以下因素：

① 操作压力、温度的波动及其变化；

② 容器的几何尺寸及操作空间的限制；

③ 容器接触介质对材质的要求。

超高压密封结构的设计选用依据主要从以下几方面考虑：

① 在正常操作和压力温度波动的情况下都能保证良好的密封；

② 结构简单，加工制造以及装拆检修方便；

③ 结构紧凑、轻巧，元件少，占有高压空间少；

④ 能重复使用。

以下是最常见的几种超高压密封。

（1）B 形环密封

B 形环密封是一种自紧径向密封，它依靠 B 形环波峰和筒体、顶盖上密封槽之间的径向过盈来产生初始密封比压，以达到密封。当内压作用后，B 形环向外扩张，密封比压增加（图3-35）。

B 形环密封的主要特点为：

① 因有径向自紧作用，故对连接结构的刚度要求低，即使顶盖在内压作用下轴向有较大位移时，也能保证密封，因此能适用于温度和压力波动较大的场合；

② 压力越高、直径越大，密封性能越好；

③ 结构简单，装拆方便；

④ 加工精度和粗糙度要求高，B 形环和筒体、顶盖上密封槽接触表面的粗糙度应控制

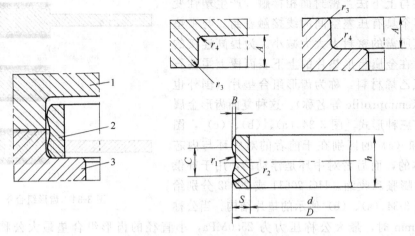

图 3-35 B形环密封的局部结构
1—平盖或封头；2—B形环；3—筒体端部

在 0.8μm 以内；

⑤ 装拆要求仔细谨慎，防止擦伤密封面而影响密封性能，故重复使用性能差。

B形环的材料没有特殊的要求，常用材料为 20、25 号钢，当设计压力较高，筒体材质选用高强度钢时，也可选用 35，45 号钢。

超高压容器用 B形环的设计迄今尚无成熟的公式，各部分尺寸的确定可参照文献 [32] 进行。

（2）Bridgman 密封

a. 结构与特点 Bridgman 密封是在容器的内壁和垫环之间放一垫片，利用作用在凸肩

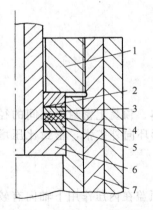

图 3-36 Bridgman 密封
1—压紧顶盖；2—B环；
3—垫环；4—垫片；
5—垫环；6—凸肩头盖；
7—筒体

头盖端面上的压力使头盖在轴向作一定范围的自由移动而压紧垫片，从而形成自紧密封（图 3-36）。因而，密封所需的外部力只要达到垫片初始密封就可以了。由于内压作用使垫片塑性变形而实现密封，所以内压越高密封越可靠。但在低压时，由于自紧密封效果不显著，所以要施以充分的初始紧固力。另外在高压试验时，压力和温度的波动，使垫片表面变形而连接松弛，所以需进行二次紧固压紧顶盖。

Bridgman 密封结构简单，没有需要特殊加工或者加工要求很高的零件，所以加工方便、制造成本低廉。这种结构的缺点是主要元件都装于容器筒体内部，占据较多的高压空间。

在操作状态下，由压力而产生的轴向载荷是由压紧顶盖与筒体的螺纹连接来承受，虽然结构简单，但是螺纹受载很大，容易损坏。当容器直径较大时，不但凸肩头盖、压紧顶盖十分笨重，拧紧顶盖也不甚容易，而且大直径且有精度要求的螺纹也不易

加工。

该密封结构常用于内径 300mm、压力 700MPa 以下的超高压容器上。

b. 材料的选择　为了保证容器的初始密封及在超高压力下密封可靠，选择有关零件的材质时应考虑如下几个因素。

① 垫片应有足够大的塑性变形特性，以使密封面很好地相互贴合。同时应有足够大的弹性，以防止密封垫被挤入垫环与筒体顶部的间隙中去。另外，还应考虑到垫片与筒体材料间可能发生的"擦伤"或"咬死"现象。常用的垫片材料有橡胶、聚四氟乙烯等软材料，黄铜、退火紫铜等也用得较多。铝、软钢、纯铁、不锈钢等常被用在工作温度较高、操作介质对材质有特殊要求场合。另外，为了改善金属垫片的密封性能，往往在其表面进行镀银处理。

② 操作状态下，垫片、垫环所受的表面压力很大，垫环应采用强度较高的材料，以不致被压碎，但它的强度应低于压紧顶盖材料的强度。常用的材料有 40Cr、35CrMo 等。

凸肩头盖、压紧顶盖是直接受力部件，因此可选用与筒体相同的材质，也可选用如 34CrNi3MoA、35CrMo、40Cr 等高强度钢。

c. 垫片设计计算　操作状态下，垫片上的压紧应力应大于垫片材料的屈服限，以保证有效的密封。但该值应小于压紧顶盖钢材的屈服限，以防止将压紧顶盖及筒体的密封面压坏。由于垫片是用软金属制成的，受压变形后容易挤入周围的间隙内，所以压环与头盖、筒体顶部的配合间隙以及凸肩头盖与筒体顶部的配合间隙应尽量小，一般约为 0.05mm 左右。

垫片的最终压紧应力与内压成正比，其比例系数为内压作用的面积与垫片面积之比。

$$\frac{\sigma_p}{p_d} = \frac{F_2}{F_1} \tag{3-45}$$

式中　　p_d——设计压力，MPa；

σ_p——垫片压紧应力，MPa；

F_2——内压作用面积，mm^2；

F_1——垫片面积，mm^2。

如果垫片面积 F_1 太大，压紧应力 σ_p 较小，保证不了密封。如果 F_1 太小，垫片承受的压紧应力很大，当内压较高时可能超出四周筒体器壁的屈服限，使器壁材料产生塑性流动，进而垫片被挤入筒体器壁与压环间的间隙中，造成拆卸困难。根据国内超高压容器的密封试验，建议取比值 $\sigma_p/p_d = F_2/F_1 = 1.2 \sim 1.4$。当工作压力小时取大值，当工作压力大时取小值，但必须满足垫片压紧应力大于垫片材料的屈服限、小于压紧顶盖钢材的屈服限的条件。

(3) 楔形垫密封

楔形垫密封是轴向自紧式密封的一种，其结构型式如图 3-37 所示。

a. 结构、原理与材料　楔形垫密封的原理与 Bridgman 密封一样，它的初始密封是通过压环压紧楔形垫来达到的。操作时，内部介质压力升高，作用在凸肩头盖上，使凸肩头盖在

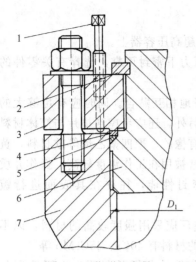

图 3-37 楔形垫密封
1—顶紧螺栓；2—卡环；3—压紧
顶盖；4—压环；5—楔形垫；
6—凸肩头盖；7—筒体

轴向有向上自由移动的趋势，从而压紧楔形垫，达到自紧密封的效果。内压力越高，密封力越大，密封也就越可靠。

楔形垫密封的特点是：

① 螺栓预紧力较小，螺栓载荷也较小，如果把顶盖与筒体顶部的连接改为螺纹连接，那就无需采用强制式密封的笨重而复杂的大螺栓法兰；

② 由于凸肩头盖可以自由移动，容器的初始密封可以通过预紧顶盖压紧楔形垫来实现，所以在温度、压力有波动的情况下，仍能保证良好的密封性能；

③ 结构简单，密封元件加工方便；

④ 因为楔形垫大部分都是用软金属制成，在压紧顶盖通过压环压紧楔形垫时，楔角已经被插入凸肩头盖与筒体顶部的间隙之中，在工作压力作用下，就会进一步挤入此间隙中，使顶盖打开困难，拆卸不便；

⑤ 占据了较多的高压空间，操作空间减少。

楔形垫密封在超高压容器中使用是可靠的，其最高工作压力可达 100MPa，但因开启困难而限制了它的大量推广使用。

按楔形垫使用的材料和采用的密封比压的不同，可分为塑性环和弹性环。

塑性环是在工作压力作用下，在环上产生的密封比压足以使环产生塑性变形，此时的密封条件是：$\sigma_{s1} \leqslant \sigma_u \leqslant \sigma_{s2}$（此处 σ_{s1} 为楔形垫材料的屈服限，σ_{s2} 为筒体顶部材料的屈服限，σ_u 是作用在环上的密封比压）。由于环是在屈服状态并有一定塑性变形的条件下工作，所以容易实现密封。塑性环的材料通常由软金属制成，如退火紫铜、铝、软钢、不锈钢等。

弹性环是使用强度较高的钢制成的楔形垫。在工作压力作用下，环上的密封比压小于环材料的屈服限，但在楔尖有可能有局部的塑性变形。它的密封主要是靠楔形垫两边接触面来保证，所以被应用于需经常装拆的容器密封中。由于该环是在弹性范围内使用，即使有微小擦伤或者楔尖有局部塑性变形，只要略经修磨后还可重复使用。常见的两种楔形垫结构如图 3-38 所示。

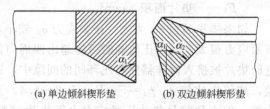

(a) 单边倾斜楔形垫　　(b) 双边倾斜楔形垫

图 3-38　楔形垫的形状

单边倾斜楔形垫一般有较小的楔尖角，通常角 α_1（内锥角）在 45°左右，也可选用 30°、60°。由于外锥角为零，小于摩擦角，所以拆卸是比较困难的。如果采用塑性环，那么拆卸更困难。因此它适用于要求一次试用成功并要求长期工作可靠、不需拆卸的场合。

双边倾斜楔形垫内锥角一般仍在 $30°\sim40°$，而外锥角要求大于摩擦角。这样就给拆卸带来很大的方便。

b. 设计计算

① 单边倾斜楔形垫。设计时通常先确定结构尺寸，然后校核垫片各密封面上的挤压应力（图 3-39）。

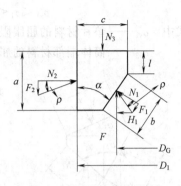

图 3-39　单边倾斜楔形垫

楔形垫尺寸，一般可选取 $1\leqslant\dfrac{a}{c}\leqslant2.2$，$\dfrac{l}{c}=\dfrac{1}{3}$，$\alpha$ 角可选 $30°$、$45°$、$60°$，通常取 $45°$。

在确定楔形垫的结构尺寸后，就可计算各面挤压应力值。

主螺栓载荷一般都是由操作状态的螺栓载荷 F 值起决定作用。所以在轴向力 F 作用作用下，顶盖有趋势向上抬起，因而在楔形压垫的垂直密封面上引起向下的摩擦力 F_2，在斜密封面上引起向下的摩擦力 F_1。根据几何关系可得：

在斜密封面上的正压力 N_1 为

$$N_1=\frac{F\cos\rho}{\sin(\alpha+\rho)}\tag{3-46}$$

在垂直密封面上的正压力 N_2 为

$$N_2=H_1=\frac{F}{\tan(\alpha+\rho)}\tag{3-47}$$

在水平接触面上的正压力 N_3 为

$$N_3=F-F_2=F-N_2\tan\rho=F\left[1-\frac{\tan\rho}{\tan(\alpha+\rho)}\right]\tag{3-48}$$

在以上式中

$$F=\frac{\pi}{4}D_1p\tag{3-49}$$

其中　F——内压引起的轴向载荷，N；

D_1——楔形垫外径，mm；

p——压力，MPa。

各密封面上的挤压应力为

$$\sigma_1=\frac{N_1}{\pi(D_1-c)b},\ \sigma_2=\frac{N_2}{\pi D_1 a},\ \sigma_3=\frac{N_3}{\pi(D_1-c)c}\tag{3-50}$$

式中　　　c——楔形垫尺寸，mm；

σ_1，σ_2，σ_3——楔形垫各密封面上的挤压应力，MPa。

σ_1、σ_2、σ_3 应分别满足以下条件

79

$$\sigma_{s1}<\sigma_1<\sigma_{s2} \qquad \sigma_{s1}<\sigma_2<\sigma_{s2} \qquad \sigma_{s1}<\sigma_3<\sigma_{s2} \tag{3-51}$$

式中　σ_{s1}——垫片材料的屈服限，MPa；

　　　　σ_{s2}——筒体端部材料的屈服限，MPa。

② 双边倾斜楔形垫（图 3-40）。计算方法与单边楔形垫基本相似。

由内压引起的轴向载荷为

$$Q_1=\frac{\pi}{4}D_2^2 p \tag{3-52}$$

各密封面上的法向反力，当 $\alpha_1>\alpha_2$ 时，且 α_2 较小时

$$N_1=F\,\frac{\cos\rho}{\sin(\alpha_1+\rho)} \tag{3-53}$$

$$N_2=F\,\frac{1}{\tan(\alpha_1+\rho)} \tag{3-54}$$

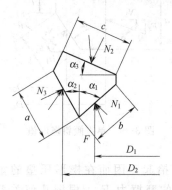

图 3-40　双边倾斜楔形垫

$$N_3=F\left[1-\frac{\tan\rho}{\tan(\alpha_1+\rho)}\right]\frac{1}{\cos\alpha_3} \tag{3-55}$$

然后计算出密封面的面积，各密封面上挤压应力，最后进行强度校核。

（4）组合式密封

a．O 形环加三角垫的密封结构　典型的结构如图 3-41 所示。O 形环材料为氟橡胶，O 形环较易实现初始密封。在高压时，由三角垫起密封作用。该结构密封性能良好，已成功应用于压力 300MPa、温度 200℃ 的容器的密封。

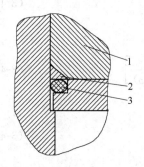

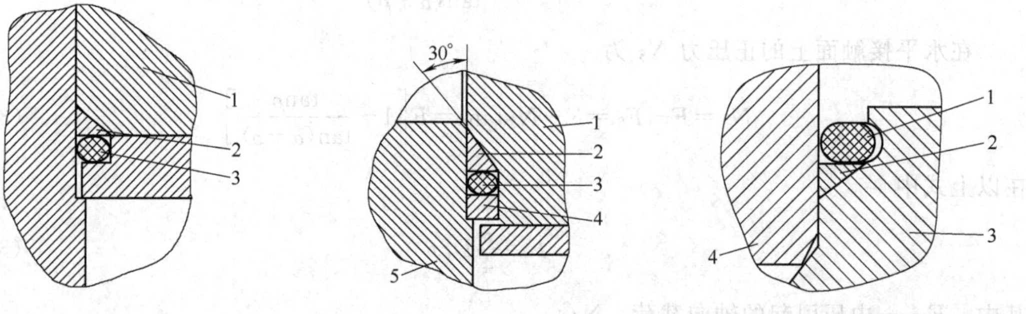

图 3-41　300MPa 压力用密封

1—压环；2—三角垫；

3—O 形环

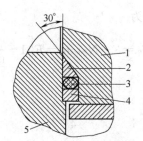

图 3-42　250MPa 压力用密封

1—凸肩头盖；2—三角垫（紫铜）；

3—O 形环（耐油橡胶）；

4—垫环；5—筒体

图 3-43　350MPa 压力用密封

1—O 形环（耐油橡胶）；2—垫圈

（尼龙 1010）；3—柱塞；4—筒体

图 3-42 所示结构已用于压力 250MPa、直径 400mm 的静水压机高压釜的密封，效果良好，该结构亦被用于 500MPa 的超高压容器。图 3-43 结构用于 350MPa 超高压容器密封。图 3-44 密封结构用于 500MPa 超高压自增强容器。图 3-45～图 3-47 结构分别用于 800MPa、1000MPa 和 3000MPa 的超高压容器的密封。

b．O 形环加 U 形垫或 V 形垫的密封结构　同上述组合式密封原理一样，通过压环或大

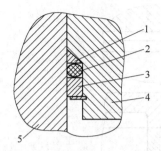

图 3-44 500MPa 压力用密封

1—三角垫（黄铜）；2—O 形
环（耐油橡胶）；3—压环；
4—凸肩头盖；5—筒体

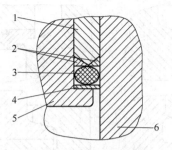

图 3-45 800MPa 压力用密封

1—压环；2—三角垫（铍青铜）；
3—O 形环（耐油橡胶）；4—挡
圈；5—凸肩头盖；6—筒体

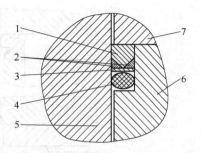

图 3-46 1000MPa 压力用密封

1—压环；2—三角垫（铍青铜）；
3—挡圈（聚四氟乙烯）；4—O
形环（耐油橡胶）；5—筒体；
6—柱塞；7—压帽

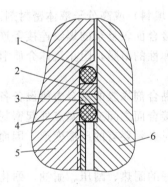

图 3-47 3000MPa 压力用密封

1—O 形环（耐油橡胶）；2—垫
圈（黄铜）；3—胀圈（黄铜）；
4—O 形环（耐油橡胶）；
5—头盖；6—筒体

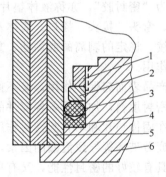

图 3-48 150MPa 压力用密封

1—压紧螺母；2—垫圈；3—O
形环（丁腈橡胶）；4—U
形环（尼龙 1010）；5—筒
体；6—头盖

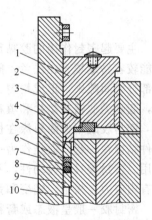

图 3-49 1000MPa 压力容器
上端密封结构

1—螺塞；2—柱塞；3—压块；4—导
套；5—上挡圈；6—凹形圈；7—凹
凸圈（尼龙 1010）；8—O 形环；
9—下挡圈；10—筒体

螺母等紧固件压紧金属或非金属成型垫片，挤压容器的器壁以实现超高压条件下的密封。设置橡胶 O 形环等软质材料的密封件，以保证低压下的密封。常用的 U 形垫、V 形垫等成型垫片材料为铍青铜、黄铜、软钢、尼龙等。图 3-48 和图 3-49 为典型的密封结构。图 3-49 所示的容器与高压油泵配套可产生压力高达 1000MPa 的试验空间，并可在不低于 850MPa 压力下较长时间稳定工作。此结构不但实现了 1000MPa 压力下的密封，而且结构中的柱塞还作轴向运动。

c. 双 O 形环密封　典型的双 O 形环密封结构如图 3-50 所示。

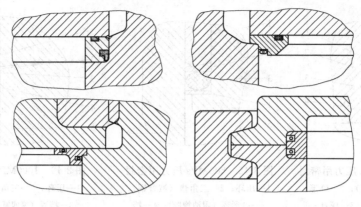

图 3-50 双 O 形环密封

3.2 胶 密 封

主要起密封作用的胶黏剂称为"密封胶",亦称液体垫片（填料）或高分子液体密封剂。它能较容易地填充在法兰、阀门、弯头、接头、插口、筒体及接合面较复杂的螺纹连接等连接部分的间隙中，形成均匀、连续、稳定的剥离的或黏性、黏弹性的薄膜，阻止流体介质泄漏，起到类似密封垫片和填料的作用。

密封胶既不像涂料涂在机械产品表面起保护作用，又不像黏合剂靠胶的结合力将设备各部件粘接在一起，而是作为一种密封填料，加在设备各部件的接合面之间或泄漏点处起密封作用。密封胶具有流动性，不存在固体垫片和填料起密封作用时必须要有的压缩变形，因而没有内应力、松弛、蠕变和弹性疲劳破坏等导致泄漏的因素。

密封胶一般呈液态或膏状，具有较好的密封性能，又有良好的耐热、耐压、耐油、耐化学试剂等特性，使用方便，价格便宜，因此在机械行业应用广泛。采用密封胶进行密封的技术称为胶密封技术。根据密封胶使用方法、使用场合的不同，胶密封技术可分为带压注剂密封技术和粘接密封技术。带压注剂密封技术为带压堵漏，即不停车堵漏技术的一种。所谓不停车堵漏是指在发现生产系统中的介质泄漏后，在无需停车和降低操作压力及温度的情况下所进行的堵漏作业。带压注剂密封亦称注胶堵漏，它是通过注胶枪将密封胶注入在泄漏点周围预先设置好的护胶卡具内，待密封胶固化后起到堵塞泄漏通道，实现密封的目的。粘接密封通常是指将密封胶涂敷在连接的接合面处，或对泄漏点，如管道、容器上的孔洞、裂纹进行涂胶贴补，待胶固化后形成一定的粘接强度，从而阻止流体介质泄漏，起到密封的作用。

3.2.1 带压注剂密封技术

3.2.1.1 概述

带压堵漏，即不停车堵漏，指在发现生产系统中的介质泄漏后，在无须停车和降低操作压力及温度的情况下所进行的密封操作，亦即不停车密封。

化工生产过程中，各种介质（如蒸汽、空气、煤气、天然气、水、油、酸、碱以及各种工艺流体）的泄漏是常见的，特别是大型石油化工企业，生产系统均在高温高压下运行，接触的介质或是易燃易爆，或是腐蚀、有毒。因此，介质的泄漏轻则浪费能源，污染环境，影响文明生产，重则危及生产和造成事故。以往介质的泄漏常常是停车检修，造成巨大的经济损失。如大型化肥厂每停车一天将损失百万元的产值，何况每次停车并非一天即能恢复生产，故损失更大。从节约能源、增加经济效益的观点出发，开发可靠、安全、快速、高效的不停车堵漏技术，就更加具有实际价值，它将为企业带来可观的经济效益。

多年来，国内许多科研单位和企业创造了多种不停车堵漏的方法，消除了泄漏，保证了生产。例如在常温常压下采用贴补玻璃钢、打卡子、补焊等方法；在较高温度和压力下，常采用加卡具、包焊并加排放阀门引出泄漏介质的方法；有时甚至将整个阀门、法兰泄漏部位全部用"盒子"包起来焊死。这些方法较为笨重，施工困难，对高温高压系统有时还要将温度和压力降至勉强维持不停车的程度。特别是易燃易爆介质的泄漏危险性更大，密封施工更困难。因而这些方法都有一定的局限性。

目前，许多国家已普遍采用不停车堵漏技术消除设备、管道、阀门、法兰、换热器、透平、螺纹接头、管接头、铆合接头及焊缝等的泄漏，以保证生产系统连续运转。带压注剂密封即是其中之一。该项技术措施的主要内容包括制定安全可靠的堵漏施工方案，设计合理的承压卡具，选择合适的密封剂，由经过训练的操作人员使用专用的堵漏工具、设备对生产中的各种泄漏点进行堵漏密封。该技术的特点是施工人员较少，工具设备简单，施工灵活。

不停车堵漏技术广泛应用于化工、石油、核电站、食品、舰船、钢铁，造纸、原子能反应堆以及其他行业的生产系统中。采用不同的密封剂可适应蒸汽、水、酸类、碱类、盐类、氢、氮、甲烷、氨、甲胺、尿液、有机化合物等 200 余种工艺介质的要求。适用系统压力范围最高可达 35MPa，并可用于真空；适用温度范围在 $-150\sim600℃$ 之间。已有效地用于合成氨、尿素生产中氢氮气系统换热器（温度 365℃，压力 2.94MPa，$\phi1000mm$ 的封头法兰），高温转化系统，高、中压蒸汽系统，甲胺系统，尿素高压冷凝器（温度 167℃，压力 14.1MPa，$\phi1200mm$ 的封头法兰）以及一些阀门等处的堵漏。

带压注剂密封技术并不十分复杂，对有一定经验的设计和施工人员，只要正确掌握操作规程和有效地选用密封剂及其注射设备，还是简单易行的。但有几点需要注意：第一，这项技术并非万能，不是任何泄漏都能轻而易举地堵上，要求操作条件必须保证施工人员能安全的施工；第二，设备或系统必须具有堵漏的价值，即不是大面积腐蚀减薄甚至失去机械强度；第三，必须选择合适的密封剂，不适合被堵介质的密封剂切不能采用；第四，有些较特殊的密封连接（如透镜垫密封），其堵漏尚无足够的经验，有待于进一步探讨。

3.2.1.2 密封剂的品种与性能

密封剂（也称密封注剂）是实现不停车有效堵漏的重要物质，它是由有机与无机材料配合适当的助剂，经专用设备加工而成，并能在一定的温度下，借助卡具而起到直接密封各种介质的作用，其质量好坏，直接关系到不停车堵漏的效果。所以密封剂是不停车堵漏能否成功的关键。密封剂的型号较多，生产密封剂所用的原材料各异，它们在受热状态下的特性亦不相同。根据它们在受热条件下的特性，可将其分为热固化型和非固化型两大类。

a. 热固化型密封剂　有机材料（橡胶类）＋无机材料＋助剂，如 RGM—1、RGM—2、RGM—3、RGM—4、RGM—5。

b. 非固化型密封剂　有机材料（树脂类）＋助剂，如 FGM—1、FGM—2 和 FGM—6；有机材料（油脂类）＋无机材料＋助剂，如 FGM—3、FGM—4 和 FGM—5。

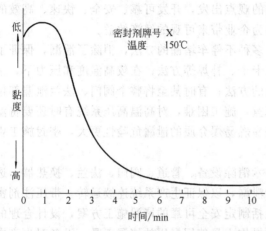

图 3-51　热固化型密封剂的固化特性

热固化型密封剂是在一定的温度下经过一定的时间后，由于密封剂中的固化剂的作用，致使密封剂具有一定的强度、弹性、耐热以及耐工艺介质等性能的密封剂。热固化型密封剂的固化性能与时间、温度的关系曲线如图 3-51 所示。该图显示了一种密封剂，在 150℃下经过 2min 左右，其曲线骤降，黏度急剧升高，即开始固化。6min 后，曲线不再变化，说明固化完毕。非固化型密封剂中不含固化剂成分，而是靠自身的各种性能起密封作用。无论是热固化型还是非固化型密封剂，均应满足下述几个条件。

① 对所接触的各种泄漏介质有良好的化学及物理的稳定性，不应有过大的膨胀和增重；

② 具有良好的工艺性能，即在注入前，经软化后具有良好的流动性，以利注射；进入卡具后，又能迅速固化，获得良好的密封；

③ 易于清除，不腐蚀金属，不损坏原来的密封面；

④ 在工作温度下，应具有一定的机械强度、弹性以保证良好的密封性能，并有较长的寿命（一般不少于一年），以保证设备正常工作至检修期。

⑤ 在一定的库存条件下，应具有较长（不少于一年）的存放期，以防变质影响使用。

国外注剂密封技术开发较早，20 世纪 70 年代一些工业发达国家就已将其广泛地应用于各个领域，可供选用的密封剂的型号也日趋增多。国内研究起步虽晚，但发展较快，现今已在化工、石油等一些领域得到推广使用。表 3-21 列出了英国弗曼奈特公司和中国沈阳橡胶工业制品研究所生产的部分密封剂，它们可以满足化工、石油、电力等工业的一般使用要求。

3.2.1.3　密封剂的选用

介质的性质和温度是选用密封剂的主要依据，密封剂选择是否合适是堵漏成败的关键。

一般说来，耐高温的密封剂较一般的密封剂的价格高 2～3 倍，所以在装置系统温度较低的情况下，应尽量不选用耐高温的密封剂。另外，对于食品、电力方面使用的密封剂，还应考虑到密封剂的污染情况和电绝缘性能等。

表 3-21　国内外密封剂型号和使用条件[25]

序　号	密封剂型号 国产 国外产品	被密封介质	使用参考压力 /MPa	使用温度 /℃
1	RGM—1 FSC—1B	空气、低压蒸汽		0～280
2	RGM—2 FSC—2A	蒸汽、水、烃类		120～300
3	RGM—3 FSC—3A	蒸汽、水、酸及化学品		120～325
4	RGM—4 FSC—4A	热油及化学品		250～400
5	RGM—5 FSC—2B	蒸汽、水、烃类		120～300
6	RGM—6 FSC—1/2A	蒸汽、水	≤34.3	0～280
7	RGM—7 FSC—2C	蒸汽、高温烃		250～540
8	RGM—1 FSC—5A	低温酸及化学品		≤240
9	RGM—2 FSC—5B	低温酸及化学品		≤240
10	RGM—3 FSC—7A	高压蒸汽		450～550
11	RGM—4 FSC—6A	蒸汽、水		250～540
12	RGM—5 FSC—7B	高压蒸汽		0～540

3.2.1.4　带压注剂堵漏的基本方法

（1）基本原理

不停车堵漏首先是按要求设计并制造合适的卡具，安装在泄漏部位，然后用专门的密封工具，向装好密封卡具的泄漏处注入密封剂。适量的密封剂在足够高的注入压力下从外围向漏点依次注入，使密封剂注满所有堵漏卡具间的空隙，注入的密封剂短时间内固化，形成密实、坚韧的填充物，承受操作介质的温度、压力作用，达到密封目的。

图 3-52 为带压密封原理示意图。假定生产系统中的介质是具有一定温度和压力的蒸汽，并从泄漏口 F 处向外部大量喷出。为了用密封剂"筑起"一道密闭的"墙"封住泄漏的蒸汽，需要提供一个容纳密封剂的空间 G，这就是所要设置的为把泄漏点控制在其间的卡具，该卡具不但可以容纳密封剂，同时还要承受密封剂注入和蒸汽漏出所形成压力和温度。为了使密封剂能顺利注入并不致在腔体 G 处产生巨大压力，在卡具上设有许多蒸汽排放接头 E，

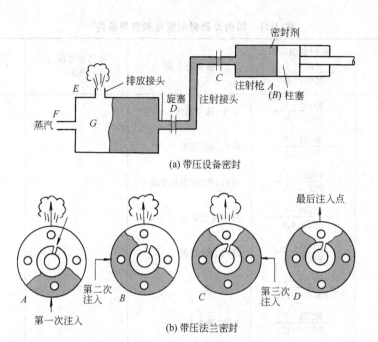

(a) 带压设备密封

(b) 带压法兰密封

图 3-52　带压堵漏基本原理

如果是法兰密封卡具，则每两个法兰螺栓之间就应设置一个排放接头。该接头在未用于注入密封剂时为排放接头，当向该接头注射时，它就是注入接头 [图 3-52 （b）]。图 3-52 （a）中，密封剂正从注入接头 C 注入，排放接头 E 在排放蒸汽。旋塞 D 设置在排放接头上，打开即可排放，注入密封剂后即可关闭。密封剂注射枪系统与卡具系统在注入接头处联结。注射枪 A 的枪体中充入棒状的化学密封剂（涂黑处），并通过外部高压油泵供给动力，推动柱塞，挤压密封剂打开旋塞 B （装在注射枪上），再通过开启的旋塞 D 进入卡具腔体 G 内，通过各个注入接头，将密封剂充满整个空间 G，形成坚实整体，最终封住泄漏口 F，达到带温带压密封目的。

图 3-52 （b）是法兰密封原理及程序图。图示一个正在泄漏的四螺栓孔法兰，中间圆圈是破裂的垫片，介质从裂口处大量喷出。为了不停止生产，采用带压堵漏办法。其程序是：首先按图中 A 所示从泄漏点的背面注入密封胶（而不是正对泄漏点），这样就不会使注入的密封胶被强大的气（液）流冲掉，在各排放接头都打开排放时，漏出的气（液）流仍能保持原有喷出方向，并不使卡具内增压，这样便可在背对泄漏点方向顺利地注入密封剂，并使之充分固化；第二次注入如图中 B；第三次注入如图中 C，从三面包围漏点，缩小泄漏空间，形成坚固的密封圈；第四次注入点如图中 D，因为空间较小，能够迅速封死。更大直径的法兰也按同样程序从漏点背面开始，逐渐从两侧围向泄漏点，最后封住泄漏点，达到完全密封的目的。

（2）带压注剂堵漏所用的设备及工具

带压堵漏所用的设备比较简单，不需动火即可实施密封操作，避免在易燃易爆区施工产

生火花。所用主要设备如图 3-53 所示，它主
要由液压泵、液压注射枪、手动注射枪、高压
连接软管等组成，另外所用工具还有各种风动
钻、铲等，并配备各种安全防护用品。

（3）密封方法

对于法兰、三通、弯头、阀门等各种泄漏
的密封，先应仔细检查泄漏的原因，如其各部
位因流体强烈冲刷及腐蚀而使壁厚减薄，或是
因强度下降而失效，或是因材质选择有误在温
度、压力下产生严重变形时，不宜采用带压注
剂堵漏。只有能继续承受原设计温度、压力和
介质作用并具备原有强度的部件的泄漏才能采用该密封方法。

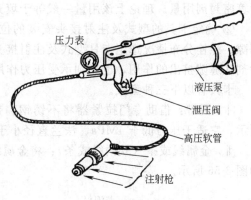

图 3-53 注入密封剂的设备

a. 法兰密封 法兰泄漏时，可采用包围式的整体密封方法。对于低压和直径较大的法
兰也可采用针对泄漏处的局部密封方法。

整体密封 用液压泵及注射枪将整个法兰与卡具间的间隙全部注满密封剂。注射时，先
从泄漏点的背侧开始，逐渐从两侧向泄漏点包围，最后将泄漏点全部堵死。采用这种注射
法，由于密封剂是依次固化的，力的传递限于局部范围，故法兰的载荷增加较小。

局部密封 用特制的 U 型金属隔片将泄漏部位隔开，再向被隔开的局部区域注射密封
剂，以封住发生泄漏的部位。这种方法只限于低压法兰，特别是直径很大的低压法兰，见图
3-54。

法兰密封程序

① 选择密封剂型号和用量。根据法兰压力、温度及所泄漏的介质选择合适的密封剂，

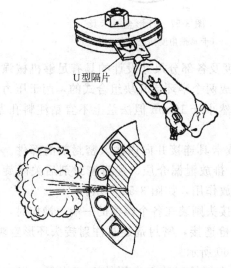

图 3-54 局部密封的隔片安排

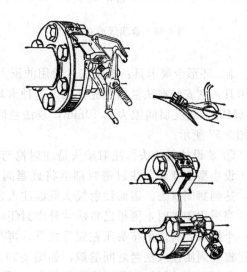

图 3-55 围带卡具安装

计算密封剂用量。理论上该用量一般等于填充的体积。

② 确定卡具的型式及注射接头安装的位置与数量。根据法兰使用温度、压力、法兰面间隙、螺栓分布情况选定卡具型式及注射接头的安装位置和数量。卡具既起到防止注入的密封剂从缝隙挤出的作用，也起到承受压力作用。

卡具有以下三种型式。

ⅰ. 围带：借助专门拉紧器将不锈钢扁带加铝带紧密地箍在法兰缝隙外围，如图 3-55 所示。它适于压力低于 4MPa、法兰直径小于 350mm、圆平齐的法兰密封。

ⅱ. 金属线或条（软铜线或条）：将金属线或条紧密填入法兰缝隙，并用錾子填缝密封，如图 3-56 所示。

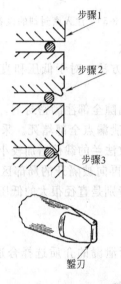

图 3-56　金属线或条

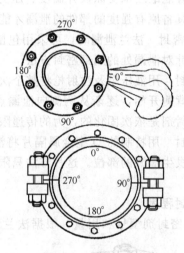

图 3-57　环形金属卡具
（卡具按角度标记装在法兰上）

ⅲ. 环形金属卡具：根据法兰使用的压力、温度及各部分尺寸设计的具有足够机械强度的卡具，它安装在法兰面隙缝外围。这种卡具可做成两个半环或几块组合式的，用于压力大于 4MPa，法兰面间隙大于 10mm，或法兰间隙虽然小于 10mm 但法兰上不宜钻注料孔者，如图 3-57 所示。

③ 装设注射接头。注射接头是注射枪与法兰或卡具连接并向内注入密封剂的部件。接头上设小型旋塞阀。注射密封剂前将旋塞阀打开，排放泄漏介质。注射密封剂后关闭旋塞阀，达到封闭状态。因而注射接头既起注入也起排放作用，如图 3-58 所示。

当采用围带时，围带已将法兰外围封闭，注射接头则装在各个螺栓的一端。操作时，拆下一个螺母，将注射接头压在螺母之下，再与注射枪连接，密封剂通过注射接头环形空隙，经过螺栓周围注入法兰之间缝隙，如图 3-59、图 3-60 所示。

为了安全地拆卸工作压力下的螺母，拆卸前应在螺栓旁装上专用的 G 型卡子，以加固法兰，如图 3-61 所示。

当采用金属丝填充法兰间隙时，注射接头则装在法兰外围的每两个螺栓之间的位置上，其中心线与法兰面成一夹角（图 3-58）。事先在法兰上钻盲孔攻螺纹，待装上注射接头后再通过接头孔用长钻头打透。各注射接头同时都起到排放的作用，如图 3-62 所示。

在设计制造环型金属卡具时已考虑了连接螺孔，堵漏操作时将注射接头直接拧上即可。

④ 注入密封剂。装好卡具后连接液压泵、注射枪及注射接头，将选好的密封剂注入。当环境温度较低时，密封剂较硬，难以注入，需将其加热至 50～60℃，以增加其流动性。

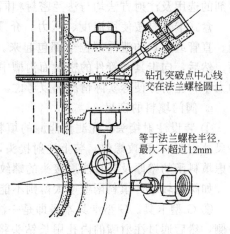

钻孔突破点中心线
交在法兰螺栓圆上

等于法兰螺栓半径，
最大不超过12mm

图 3-58　注射接头

注射密封剂时从泄漏点背侧开始，从两侧交替围向泄漏点。按照密封间隙的容积分别由每个接头均匀注入。每一接头注入时间间隔即是密封剂的固化时间。最后在泄漏点处一次堵死。如未达到一次密封成功，还应在相应接头处钻透重新注入密封剂。

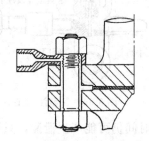

图 3-59　装在螺栓上的环型接头

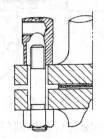

图 3-60　角形注射接头的装入

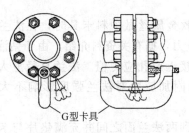

G型卡具

图 3-61　安装 G 型卡具

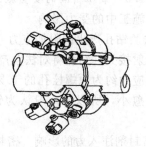

图 3-62　注射接头的安装

注射完毕后，所有注射接头的旋塞均应在结束堵漏操作时关闭，卡具不拿掉，一直保持到系统大修，注射接头可取下再用，卡具或法兰上的丝孔拧上金属丝堵。

b. 管道三通、弯头的密封　管道三通、弯头的密封方法，除卡具采用盒式卡具外，密封剂的选用及注射方法均与法兰密封相同。

盒式卡具是按使用温度、压力、介质设计制作的承压护料卡具。它将泄漏的弯头、三通、直管或焊口的泄漏部位全部包起来。选择管件上平滑部位作为与卡具接合部位的密封面。然后，向卡具与管件的密封面沟槽中注入密封剂。其注射接头的安装部位必须根据卡具的大小、注射方便等实际情况加以考虑。

c. 阀门填料的密封

① 装设注射接头。先测量泄漏的填料函壁厚，然后在其壁上打一盲孔（孔径与注射接头尺寸相配），再攻螺纹，装上注射接头，打开旋塞用长钻头钻透，如图 3-63 所示。此时需考虑填料函的壁厚及连接注射接头的螺纹强度。

如阀门较小，填料函壁厚太薄则不能直接装注射接头，此时需采用专用的 G 型卡具。

② G 型卡具。G 型卡具本身即是一注射接头，如图 3-64 所示。将 G 型卡具卡在填料函外侧，然后通过注射嘴的内孔用长钻头将填料函钻透，再注入密封剂。采用 G 型卡具既可保证填料函强度，也简化了安装注射接头的程序，特别适用于小型阀门。

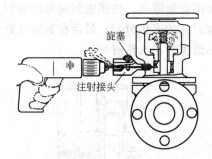

图 3-63　钻透注射孔

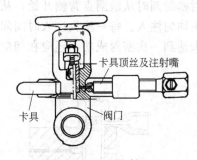

图 3-64　G 型注射工具

阀门填料函密封后，如阀门开关频繁，经过一定时间仍可能产生泄漏，只要将注射枪接上再注射一次，泄漏立即消除，十分简便。

3.2.1.5　带压堵漏的安全施工

（1）施工中的受力影响

a. 法兰钻孔产生的附加应力　如采用围带或软金属丝做护料卡具时，在法兰周围要钻孔安装注射接头。钻孔将对法兰产生局部的附加应力，据有关资料介绍，由于钻注入孔而引起的平均应力约为原螺栓孔的 10%，局部应力值接近原孔应力值。法兰直径愈大，产生的附加应力愈小，所以，一般认为钻注入孔产生的附加应力对法兰强度影响不大，可忽略不计。

b. 密封剂注入力的影响　密封剂以高压注入到两法兰面之间并充满垫片与卡具之间的空隙，密封剂在注入力和内压的作用下，最终使螺栓受力增加，螺栓应力增加的幅度可达堵漏前的 30% 左右。

图 3-65 为一个装有环形卡具的螺栓法兰连接的实测螺栓应力-应变关系曲线。注入密封剂时，应力增值达螺栓材料弹性极限（50℃时）的 13.7%，为操作温度（350℃）时弹性极

限的 18%，堵漏操作结束后 30min 应力增值降为弹性极限的 8%。

（2）安全施工注意事项

① 不停车堵漏是在生产系统中有压力、温度，甚至会有介质大量喷出等情况下进行的，有一定危险，因而施工人员应熟悉生产状况，并经过严格训练。

② 施工前，必须根据实际情况制定完整严密的施工方案，设计适用的具有足够强度的卡具，慎重选择理想的密封剂。

③ 使用正确的钻孔和密封剂注射工艺方法，不能盲目增加注入压力，否则将使装置紧固件的附加应力急剧增大。

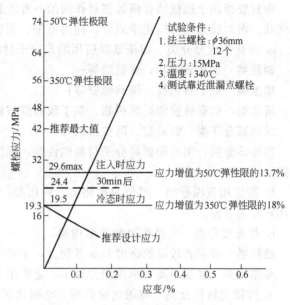

图 3-65　堵漏时的螺栓应力-应变曲线

④ 不停车堵漏技术并不能适用于所有泄漏的处理。当由于紧固件损坏造成连接处泄漏、焊缝连接部位大面积脱开、失去连接强度或当部件腐蚀严重、产生裂纹、装配不正确、螺栓材质低劣造成泄漏时，不可采用该密封方法。

⑤ 对于反复注射，次数达到五次之多，仍不能堵漏时，需对情况做出重新估计。对于级别较低的紧固件，一般只允许注射一次。对于四个螺栓的法兰连接进行堵漏操作，特别是用软钢作为连接件时，应考虑连接结构的强度。

⑥ 装设卡具和用填隙凿工作时，应注意不得增加法兰面附加力。填隙只能在卡具上进行。

⑦ 在阀门上钻孔时，孔眼不可通过任何应力集中的地方。

⑧ 注射密封剂应在所有排放接头（也是注入接头）都打开的排放情况下进行，并以距泄漏点最远的一处开始注射。待各注射点密封剂固化并充分热膨胀后，方可在最终注射点注射。

⑨ 密封易燃易爆介质时，应采用惰性气体保护并用无火花工具施工，防止火灾及爆炸事故发生。

⑩ 施工人员应注意防火、防爆、防毒、防灼伤、防噪等，使用专用工作服及防护用品。

3.2.2　带压粘接密封技术

3.2.2.1　密封胶的分类及其特性

（1）密封胶的分类

密封胶指用于机械结合面起密封作用的一种胶黏剂，亦称液态垫片。密封胶一般呈液态或膏状。密封胶通常可按化学成分、应用范围、固化特性、强度及涂膜特性予以分类。

a. 按化学成分分类　即按基料所用的高分子材料予以分类。

树脂类　如环氧树脂，聚氨酯等；

橡胶类　如丁腈橡胶、聚硫橡胶等；

混合类　如聚硫胶和酚醛树脂、氯丁胶和醇酸树脂等；

天然高分子类　如虫胶、阿拉伯胶等。

按照该分类，则可根据高分子材料的性能，推测密封胶的耐热性、机械强度及对介质的稳定性。

b. 按应用范围分类　可分为耐热类、耐压类、耐油类以及耐化学腐蚀类等等。该分类对用户较为方便。

c. 按强度分类　有结构类和非结构类。

结构类　胶层有较高的强度和承载能力，主要用于耐压密封；

非结构类　强度不高，承载能力较小，主要用于低压密封。

d. 按固化特性分类　有固化密封胶、非固化密封胶和厌氧型密封胶。

固化密封胶　其固化方法有以下几种。

① 一元系加热催化固化法：加热状态下实现固化过程，固化过程中密封胶组分发生化学变化，固化时间取决于配方和固化温度。

② 一元系水蒸气催化固化法：将密封胶置于水蒸气的环境中，经化学变化实现固化。相对湿度增加通常会加速固化过程。

③ 二元系固化法：室温下将密封胶与固化剂或催化剂混合，使之发生化学变化而实现密封胶的固化。

④ 溶剂挥发固化法：使用时因密封胶中的溶剂挥发而固化，无化学变化。

⑤ 水乳化固化法：将密封胶置于水中使之乳化，乳化后水蒸发过程即为固化过程。

非固化密封胶　这类密封胶是软质凝固性密封胶，施工后仍保持不干性状态。

厌氧型密封胶　以丙烯酸酯为主，添加少量引发剂、促进剂和稳定剂配制而成。胶液在空气中不固化，在隔绝空气即无氧情况下发生聚合遂从液态转变为坚韧结构的固态。油、水和有机溶剂均可促进固化。

e. 按涂膜特性分类　有不干性黏接型密封胶、半干性黏弹型密封胶、干性固化型密封胶和干性剥离型密封胶。

① 不干性黏接型密封胶：一般以合成树脂为基体，成膜后长期不固化，保持黏接性和浸润性，基体材料为聚醋酸乙烯酯和有机硅树脂，部分以聚酯树脂、聚丁二烯及聚氨酯树脂为基体。

② 半干性黏弹型密封胶：其介于不干性和干性密封胶之间，溶剂迅速挥发后成软皮膜，其黏弹性均保持在剥离之前。

半干性黏弹型密封胶一般采用柔韧而富有弹性的线型合成树脂作基体，主要有聚氨酯树脂、石油树脂和聚四氟乙烯树脂，部分采用聚丙烯酸酯和液体聚硫橡胶为基体。

③ 干性固化型密封胶：胶液涂敷后，溶剂迅速挥发而固化，膜的黏弹性及可拆性较差。

干性固化型密封胶的基体主要有酚醛树脂、环氧树脂和不饱和聚酯等热固性树脂，部分采用天然树脂（如阿拉伯胶）等。

④ 干性剥离型密封胶：液态胶涂敷后，溶剂挥发成膜，快干并可剥离。

干性剥离型密封胶一般以合成橡胶或纤维素树脂等为基体，主要有氯丁橡胶和丁腈橡胶，部分采用纤维素树脂（如乙基纤维素）和聚酰胺树脂（如醇溶性共聚尼龙）。

为直观起见，现将上述分类方法列于图 3-66 中。

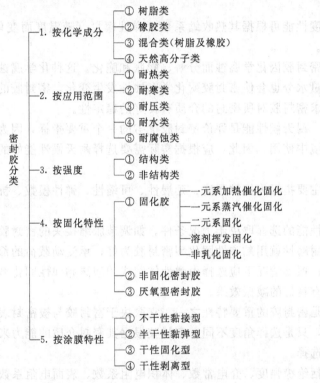

图 3-66　密封胶的分类

（2）密封胶的特性

密封胶的特性是通过它的固化特性、化学性能、温度性能、耐天候性能、力学性能、耐磨性、黏附性、动载荷性能、电性能、色泽稳定性、可燃性、毒性、可修复性、可回用性以及对生产工艺的适应性等进行综合评价的。

密封胶的固化特性　固化型密封胶其固化时间、温度、固化方式和相对湿度等是固化过程的主要影响因素。

固化型密封胶的固化时间随着基本材料的固化方式、温度和相对湿度不同而不同，可从不足几小时到几天甚至几星期。

加入催化剂虽可加速固化，但却缩短了密封胶的有效期。相对湿度对一元系密封胶固化时间的影响比对二元系的影响明显。

密封胶大多采用室温固化方法，提高温度不但可缩短某些密封胶的固化时间而且可能提高其工作强度。

以热塑性树脂为基体的密封胶通过加热软化，固化过程中不发生化学变化。以热固性树脂为基体的密封胶，热影响很小，固化时伴有化学变化。

温度性能 包括密封胶的工作温度极限，承受温度变化的能力及温度变化频率。密封胶的长期工作温度一般为$-93.6\sim204.6$℃，有些硅酮密封胶可在$260\sim371$℃范围内连续工作数小时。

密封胶的温度性能可根据其热收缩系数、弹性模量（随温度而变化）、延展性的降低和弹性疲劳来估计。

化学性能 密封胶因化学腐蚀而分解、膨胀和脆化。这种化学腐蚀往往又会污染被密封的工作介质。微量水分也会使密封胶耐化学腐蚀性发生变化。密封胶的可透气性也影响化学性能。因此，要求密封胶对所密封的介质有良好的稳定性。

耐天候性能 耐天候性能是评价密封胶优劣的一个重要指标，因为密封胶常在日光、冷热和某种自然环境中使用。因此，应根据实际需要选择耐天候性能好的密封胶，防止其早期龟裂老化。

力学性能 主要指标为抗拉强度、延展性、可缩性、弹性模数、抗撕裂性、耐磨及动态疲劳强度性能等。

密封胶力学性能的选择取决于工况条件。如调节胀缩接头的密封胶应具备高的延展性和弹性模量；考虑耐磨性就用黏弹性固化型密封胶为好；承受动载荷的部分应选择黏弹性较大的固化型密封胶；振动情况下应选择由弹性体制成的泡沫黏弹性固化型密封胶；少数的非固化型密封胶也具有良好的减振效果。

黏附性 它是密封胶的重要特性之一。它取决于密封胶与被密封表面的相互作用力，与胶黏剂作用相似，只是选择角度不同。密封胶根据其密封介质的能力来选择，而胶黏剂则根据其黏结能力来选择。

电性能 包括绝缘强度、介电常数、体积电阻系数、表面电阻系数和介电损耗常数。考虑密封胶的绝缘强度时，应说明密封胶的使用条件，如温度、湿度以及与密封胶相接触的介质。

色泽稳定性、可燃性和毒性 当对外观有一定要求时，密封胶应具备良好的色泽稳定性，而不应被环境污染。对于易燃场合必须选用阻燃密封胶。密封胶本身无毒，但有的密封胶有强烈的气味，如丙烯酸酯类和环氧树脂类密封胶等。也有的密封胶所用的催化剂有毒，如以环氧树脂为基体的干性附着型固化密封胶所使用的催化剂可导致皮炎。

可修复性和可回用性 非固化型密封胶在使用后易于清理，而塑料和橡胶型密封胶比较困难。在回用性方面，许多密封胶特别是橡胶型密封胶在固化后不可回收利用；而有些溶剂型固化密封胶通过加入溶剂，加热或通过搅拌可重复使用。

工艺性能　工艺性能好的密封胶是指贮存期长、活性期适宜、流动性好、涂覆简单、施工方便、修整容易的密封材料。因此，工艺性能是选用密封胶必须考虑的重要内容。

3.2.2.2　密封胶的密封机理

填塞接合部分的间隙，即可获得密封，而密封胶是理想的填塞剂，它具有良好的填充性、贴合性、浸润性、成膜性、黏附性、不渗透性及耐化学性等，可较容易地把接合面间隙填塞、阻漏而获得良好的密封效果。

如图 3-67 所示，接合部表面往往存在微观的凹凸不平，当用密封胶填充时，由于其良好的浸润能力，很容易把凹凸处填满及粘贴于接合面上，阻塞流体通道，达到密封的目的。而用无黏性的固态垫片时，即使紧固力较大，也

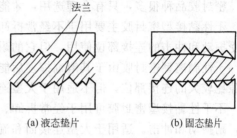

(a) 液态垫片　　　　　(b) 固态垫片

图 3-67　垫片在密封面中状态

难于填满微观的凹凸处。在紧固力的长期作用下，垫片会产生永久变形、蠕变、回弹力变小，流体介质就会从结合面处泄漏出来。

密封胶一般呈液态或膏体，由于配方不同，使用时表现的性状各异，密封机理也有不同。

（1）半干性黏弹型和不干性黏接型

这类密封胶在接合面间的最终状态为黏稠物质。众所周知，液态物质是不可压缩的，呈液膜形态的密封层发生泄漏，通常是由于内部介质压力将胶液从接合面间挤出所致。这种泄漏称为黏性流动泄漏，根据第 2 章所述的不可压缩流体的流动理论，密封层的泄漏量可按下式计算

$$Q = \frac{h^n}{\eta L} \Delta p \tag{3-56}$$

式中　Q——密封胶在间隙中的流量（$Q>0$ 即说明发生泄漏），m^3/s；

　　　η——密封胶的黏度，$Pa \cdot s$；

　　　L——密封间隙接合面长度，m；

　　　h——间隙大小，m；

　　　Δp——密封面内外的压差，Pa；

　　　n——常数。

由上式可以看出：密封胶的黏度 η（这里指密封胶涂后最终状态的黏度）越大密封性能越好；接合面间隙 h（这里指间隙名义值）越小则越有利于密封；密封间隙接合面长度 L 越大泄漏越小。

不干性密封胶能长期不蒸发，不汽化，永久维持液态，且有很大的黏性和较好的浸润能力，易堵塞间隙，把它填塞在结合面内，便能长期形成液膜得到较好的密封效果。

（2）干性固化型和干性剥离型

这类密封胶使用前均为黏稠液，涂覆后，一旦溶剂挥发，成为干性薄层或弹性固状膜，牢固地附着于接合面上，它们在使用过程中所表现的形态与固体垫片有些相似。故可结合分

析固体垫片来解释其密封机理。不同的是密封胶是靠液态时的浸润性填满密封面的凹凸不平来实现密封。同时，还存在胶与密封面的附着作用及胶本身固化过程中的内聚力。因此，固化胶的密封是浸润、附着和内聚力综合作用的结果。

3.2.2.3　密封胶的选用

密封胶品种很多，只有合理选用，才能达到预期密封效果。

干性黏接型密封胶主要用于不经常拆卸的部位。由于它干、硬，缺少弹性，不宜在经常承受振动和冲击的连接部位使用，但它的耐热性较好。

干性剥离型密封胶由于其溶剂挥发后能形成柔软而具有弹性的胶膜，适用于承受振动或间隙比较大的连接部位，但不适用于大型连接面和流水线装配。

不干性黏接型密封胶可用于经常拆卸、检修的连接部位，形成的膜长期不干，并保持黏性，耐振动和冲击。适用于大型连接面和流水线装配作业，更适用于设备的应急检修。此类胶在高温下会软化，间隙大，效果不佳。与固态垫片联合使用效果较好。

半干性黏弹型密封胶干燥后具有黏合性和弹性，受热后黏度不会降低，复原能力适中，密封涂层比较理想，可单独使用或用于间隙大的接合面。此类密封胶介于干性及不干性之间，兼有二者的优点，较为常用。

密封胶虽然是一种很好的密封材料，但是选用不当，仍可造成泄漏，故合理选用密封胶是获得良好的密封效果的关键。

3.2.2.4　密封胶的涂胶工艺

预处理　预处理的目的是除去密封面上的油污、漆皮、铁锈及灰尘等。柴油、汽油是常用的清洗液，精密的或小面积机械零件可用丙酮、乙酸乙酯及香蕉水等溶剂洗刷，大的密封面常用氢氧化钠、碳酸钠、偏硅酸钠和偏磷酸钠等碱溶液清洗。

比较理想的是用三氯乙烯蒸气进行处理。漆皮可用火焰喷灯烧焦后再用除锈剂或上述方法洗涤。

机械处理　密封面上的金属氧化物皮层可采用机械处理的方法除去。其中以喷砂效果最佳。砂粒材质根据被处理材料的软硬程度合理选择。硬金属可用铁砂；而铝类软金属可用沙子或氧化铝。

化学处理　化学处理的目的也是除去氧化膜，经化学处理后的密封面，形成致密、均匀的新氧化膜，有利于胶液浸润，加上表面极性增大，黏附力显著提高。

密封面经化学处理后，需烘干处理，烘干温度和时间要严格控制，切勿久放，烘干后应立即涂胶。

预装　为了检查密封件在预处理后是否有变形而影响装配，要进行预装。对变形的密封面要进行修整，密封间隙要均匀，间隙最好在 0.1～0.2mm 之间，最大不超过 0.8mm，以适合密封装配要求。

调胶　严格按照配方及操作顺序进行，调和要均匀。

涂胶　在预处理后立即进行，要注意涂匀。常用方法有手涂、喷涂、滚涂、压注、压力浸胶和真空浸胶等。单件、少量的涂胶多用手工，采用各种形状的毛刷、刮勺和滚轮，如图

3-68 所示。大面积涂敷可采用喷枪，但胶液要稀。用高黏稠胶修补缝隙可采用压注法。大批量铸件的涂胶采用压力或真空浸胶法。

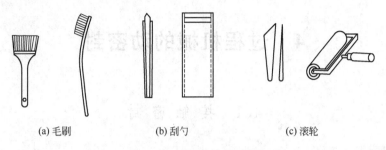

(a) 毛刷   (b) 刮勺   (c) 滚轮

图 3-68　手工涂胶用工具

固化　在胶层固化过程中温度和时间起重要作用。同时需要一定的压紧力。加热温度取决于胶的固化特性。室温固化胶大多需放置 24h，才能达到较好的性能；热固化胶固化时间一般为 1～3h；厌氧胶需隔绝空气方能固化，室温固化需 24h，若加入固化促进剂数分钟即可固化。

检验　检查胶层涂敷是否均匀，厚薄是否一致，固化是否完全充分。常用的检验方法有超声波、声发射、X 射线辐照、红外线以及全息摄影等。

修整　修整是为了除去加压固化后挤出的多余胶边，提高外观质量，修整时勿使胶层剥离。

3.2.2.5　密封胶的使用注意事项

使用密封胶时要注意下列问题。

① 结合面间隙不可过大或翘曲不平。通常当间隙大于 0.2mm 时，单用密封胶难于保证密封，需与固态垫片联用。小而粗糙的结合面应选用黏度大的密封胶；大而光洁的结合面则选用低黏度的密封胶。

② 控制胶层厚度、保证胶层均匀。一般无机胶黏剂厚度为 0.1～0.2mm；有机胶黏剂厚度则为 0.03～0.1mm。胶层中的溶剂要充分挥发，采用稀释剂时应注意用量。

③ 密封胶型号选择恰当，密封胶与接触介质不应相溶。介质为气体时应选用成膜性的密封胶。选择毒性小且与工作条件相适应的胶种，当必须采用有毒胶种时应采取防护措施。

④ 多组分的胶种配制时应按比例，在规定时间内使用并一次用完，现用现配。超过有效期或变质凝固的密封胶不能使用。

⑤ 购买和使用胶种时要注意组分（量）、使用方法和贮存时间。

⑥ 在振动较大的地方，不宜进行涂胶工艺。还必须避免紧固转矩不足、螺丝松动、结构不合理等。

⑦ 使用温度和压力不应超过密封胶的使用范围。

⑧ 高温固化剂要注意保持稳定的固化温度。室温固化时要注意季节以及相对湿度。热固性胶在固化后应逐渐自然冷却以免胶层收缩过快。

⑨ 应采用恒温箱、红外灯、烘道等固化加温设备。严禁用明火烤胶。尽量避免胶层长时间处于高温或日晒夜露。

4　过程机械的动密封

4.1　接触密封

4.1.1　软填料密封

4.1.1.1　引言

填料密封又称压盖填料（Gland Packings）密封，俗称盘根（Packing），主要用于过程机器和设备运动部分的密封，如离心泵、真空泵、搅拌机、反应釜等的转轴和往复泵、往复压缩机的柱塞或活塞杆，以及做螺旋运动阀门的阀杆与固定机体之间的密封。它是最古老的一种密封结构，中国古代的提水机械，就是用填塞棉花的方法堵住泄漏的。世界上最早出现的蒸汽机也是采用这种密封形式。而19世纪石油和天然气开采技术的产生与发展，使填料密封的材料有了新的发展。到了20世纪，填料密封因其结构比较简单、价格不贵、来源广泛而获得许多工业部门青睐。然而，随着现代工业，尤其是宇航、核电、大型石油化工等工业的发展，对密封的要求越来越高，在许多苛刻的工况下，填料密封被其他密封形式所代替。尽管如此，由于填料密封本身固有的特点，至今在较多场合仍是普遍使用的密封形式，特别是近年来许多新材料和新结构的出现，赋予了填料密封新的生机，获得了新的发展。

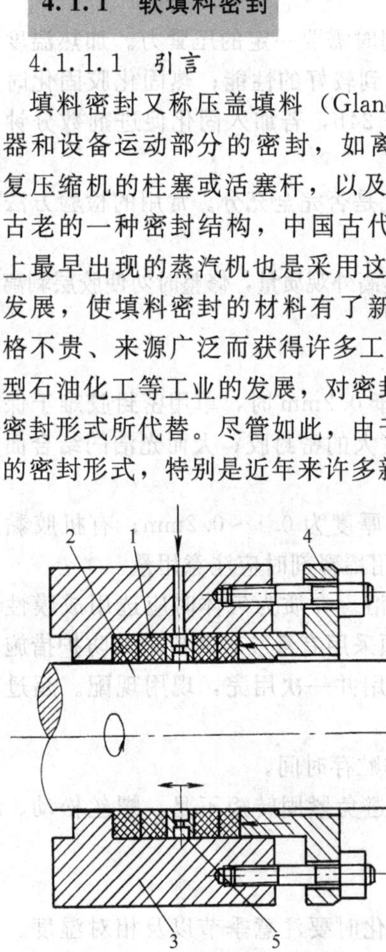

填料密封依其采用的密封填料的形式分成软填料密封和硬填料密封，后者主要用于高压、高温、高速下工作的机器或设备。因软填料密封构造简单并容易更换，应用十分普遍，也可作为预密封与硬质填料密封、迷宫密封或机械密封联合使用，限于篇幅，本节仅讲述软填料密封。

（1）基本结构

图4-1为一旋转轴与泵体之间采用的软填料密封。如图所示，该填料密封是首先将某种软质材料1填塞轴2与填料函3的内壁之间，然后预紧压盖4上的螺栓，使填料沿填料函轴向压紧，由此产生的轴向压缩变形引起填料沿径向

图4-1　填料密封和基本结构

1—填料；2—转轴；3—填料函；
4—压盖；5—液封环

内外扩胀，形成其对轴和填料函内壁表面的贴紧，从而阻止内部流体向外泄漏。为了使填料起更可靠的密封作用，或对填料进行润滑或冷却，以延长填料的寿命，有在填料中间放置液封环5，通过它向环内注入有压力的中性介质、润滑剂或冷却液。有时在填料顶部和（或）底部加装衬套，目的是使轴与本体不直接接触，底衬套磨损后，就更换新的。它与轴保持较小的间隙，以防止填料挤出。此外，也有在各段填料之间放置隔离环，起传递压紧载荷的作用等结构。对于在高温介质中工作的填料函，为了将其冷却，其本体全部或局部装设冷却夹套。

与机械密封相比，软填料密封有结构简单、价格便宜、加工方便、装拆容易和使用范围很广的优点，缺点是软填料密封因依靠压紧力使填料与轴（杆）紧密接触而填塞泄漏通道的，故填料与轴（杆）表面的摩擦和磨损较大，造成材料和功率消耗也大。而为了润滑摩擦部位并携出摩擦热，降低材料磨损，延长使用寿命，填料密封要允许有一定的泄漏，因此对于机器转速高、密封要求严、寿命要求长的场合，软填料密封就显得力不从心了。

（2）软填料的分类、材料和结构

a. 分类　由于软填料密封应用面广、历史悠久，软填料的形式和品种众多，可以按功能、材料和加工方法等分类。如按功能分有阀门用填料、离心泵用填料和往复压缩机用填料等。如按材料可分有橡胶、柔性石墨、纤维填料、（软）金属填料和复合填料（金属丝或箔和纤维配合）。纤维填料有以下几种分类法：按纤维的材质分为天然纤维、合成纤维和混合纤维（各种纤维复合）填料；按采用的浸渍材料分为干的、浸矿物油、浸油脂、浸合成树脂等；按制造方法（结构）分为绞合、编结、叠层和模压的填料（图4-2）。绞合填料是将几股棉线或石棉线绞合在一起，将其填塞在填料函内即可起密封作用，多用于低压蒸汽阀门，很少用于旋转或往复运动轴；编结填料则将填料材料加工成线或丝，在专门的编织机上以一定的方式进行编结，天然或合成纤维填料通常都编织而成，也有柔性石墨经编织而成的填料；叠层填料是在石棉或其他纤维编织的布上涂抹黏结剂，然后将一层层叠合或卷绕，再加热、加压成型，其使用温度与压力不高，主要用于往复泵和阀门的密封，也可用于密封低速回转轴；模压填料主要用在将柔性石墨材料或软金属材料经模压制成填料环使用。为了适应不同的需要，这些填料可将不同材料进行混合编织或将不同材料的填料环组合起来使用。

(a) 绞合填料　(b) 编结填料　(c) 叠层填料　(d) 模压填料

图4-2　典型的填料结构型式

b. 材料　实际软填料由基体材料和辅助材料组成，基体材料用于满足耐热性、化学稳定性方面的要求，而辅助材料则满足润滑性、致密性或防腐蚀的要求，表4-1列出常用的软填料材料。

表 4-1　常用的软填料材料

基 体 材 料					辅 助 材 料			
橡　胶	纤　维				金属	润 滑 剂		防腐蚀剂
	矿物类	植物类	动物类	合成类		干	湿	
天然橡胶 合成橡胶： 　NBR、CR、SBR、 EPDM 等	石棉 柔性石墨	棉花 亚麻 黄麻 苎麻 剑麻	皮革 羊毛 头发	人造丝 尼龙 PTFE 碳纤维 玻璃纤维 芳纶纤维 酚醛纤维 陶瓷纤维	铝箔 铜箔 铅箔 黄铜 蒙乃尔 因科镍 不锈钢	石墨 云母 滑石 二硫化钼	牛脂 矿物油 石蜡 石油产品 PTFE 分散剂或乳液	铝粉 锌粉 镁粉

c. 编结填料结构　编结填料按编织方式分为夹心套层式编结填料、发辫式编结填料和穿心式编结填料等三种。

夹心套层式编结填料　夹心套层结构的填料 [图 4-3 (a)]，是用套层编结机编织而成，也如同穿心编结机有不同绽子数，根据填料断面尺寸大小而定，其断面形状为圆形，直径尺寸从 10～50mm，一般为 1～4 层。这类填料致密性好，密封性能也较好，然而由于套层之间易发生脱层而失去密封作用，故只适合低参数场合，如管道法兰的静密封或阀门杆密封等。

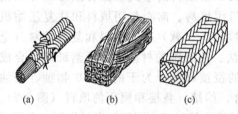

图 4-3　编结填料
(a) 夹心套层式；(b) 发辫式；(c) 穿心式

发辫式编结填料　发辫式编结填料由八股绞合的线束按人字形进行编织而成。断面呈方形 [图 4-3 (b)]。因其编结断面尺寸过大造成织构粗大松弛，致密性差，故仅作为规格不大 (6mm×6mm 以下) 的阀门等的密封填料。

穿心式编结填料　图 4-3 (c) 所示为穿心式编结填料，它是用专门的穿心编结机编织而成。根据填料规格大小分别选择不同绽子数量的编织机进行编织，如 18 绽或 36 绽穿心编结机等。填料断面也与发辫式编结填料一样呈方形，断面尺寸从 6mm×6mm～36mm×36mm，但其结构比较致密、均匀，因而弹性好、强度高、耐磨性和密封性好，适用范围广。

d. 常用编织填料

亚麻填料　亚麻填料由长纤维亚麻捻成粗线并加以编织，然后浸渍不同的润滑剂而成。可满意地使用在中低压力 (<1.6MPa)，温度≤120℃ 的淡水或海水场合。适用于采矿、钢铁、污水处理、造船和造纸等工业的设备中。

石棉填料　石棉因其耐热性、耐磨性、耐化学品和强度均较好，而价格又低，所以长久以来一直被作为泵和阀门的填料材料。为了提高石棉纤维本身的致密性和减少其对轴的磨损，通常也浸渍不同的润滑剂，如用矿物油并混合石墨或二硫化钼等固体润滑剂。此外也采用浸渍 PTFE 乳液的方法，一方面增强它的化学稳定性，另一方面 PTFE 的自润滑性减轻轴的磨损。但石棉填料使用后会发生体积减少和变硬的现象，从而影响密封性能，尤其是它的致癌性危害人体健康，近年来工业上已经被如下多种无石棉密封填料所取代。

聚四氟乙烯(PTFE)填料　PTFE 填料由纯聚四氟乙烯塑料加工成纤维再经编织而成。它除了几乎耐一切化学品外、还具有良好的尺寸稳定性，较宽的温度范围（−200～260℃）和自润滑性，因此广泛应用于化学、石油、食品、医药等工业。主要缺点是传热性能差、热膨胀大以及容易产生蠕变或冷流现象，从而降低其密封作用，故其最高线速度大约 8～10m/s。

膨胀 PTFE/石墨填料　膨胀 PTFE/石墨填料系由膨胀聚四氟乙烯纤维和极细微的石墨混合后经编织加工而成，并经高温硅油润滑剂浸渍。它克服了上述纯 PTFE 填料的弊端，具有良好的导热性、抗化学品、耐高速、低摩擦系数和低膨胀系数，因此它可以在非常广泛的介质中使用，并在泵、混合器和搅拌器的填料密封中有着极好的应用。

芳纶纤维填料　芳纶纤维又称芳香族聚酰胺纤维（Aramid），其商品名为 Kevler 纤维。这种纤维强度高、密度低（1.44g/cm³）、弹性好、耐燃烧和耐磨损，因此由其编织的填料具有很好的化学稳定性、耐磨性和耐热性。也有将其纤维丝编织在其他泵用填料的四角，既发挥了芳纶材料的高强度和耐磨耗的优点，又弥补了其导热性、润滑性差和价格较高的不足，尤其适用在有磨粒介质的场合。

玻璃纤维填料　玻璃纤维编织的填料具有很好的耐热性、尺寸稳定性和较高的拉伸强度。玻璃纤维不会燃烧，并且其散热性能优于有机纤维。在密封填料中应用最为广泛的是"E"（电气级）和"S"（强度级）的玻璃纤维。另外，玻璃纤维不受一般溶剂、油类、石油分馏液、漂白剂和大多数有机物的侵蚀。其主要的缺点是材料有脆性倾向，编织加工较困难。

碳素纤维或石墨纤维填料　它们分别由碳素纤维或石墨纤维编织而成。碳素纤维含 95％以上的碳。碳素纤维与同类产品相比，具有很好的耐热性能。因其摩擦系数低，对轴的磨损小，从而延长了使用寿命，降低了维修和更换费用。石墨纤维含碳量在 99％以上，因而有极好的抗化学性和散热性，可在 400℃以上的温度、很高的压力和速度条件下工作。

e. 柔性石墨填料　如前面垫片密封的章节中已经介绍过柔性石墨具有优异的耐高低温性、耐辐射性、耐腐蚀性、自润滑性、导热性、密封性和摩擦系数低等特性外，还具有柔软性、回弹性好的优点。作为密封填料有两种形式：编织填料和模压填料。编织填料是以其他纤维作为骨架，再结合柔性石墨编成绳状的填料，因而比模压填料强度高、弹性和柔软性好、装填及拆除方便。此外，柔性石墨编织填料还采用 Arrmid 纤维或因科镍金属丝增强的方式，以提高其耐温性和强度，用于高速、高压的场合。在一般应用场合，尤其是阀门，多数采用将柔性石墨薄板或带材直接进行模压制成矩形截面或其他形状截面的环状填料后，填装在阀杆的填料函内进行密封。对于速度较高的转轴密封，必须与其他填料组合使用，如图 4-4（a）和（b）分别示出一特殊的非矩形截面组合柔性石墨填料，专用于阀门和旋转泵，其密封性比一般的矩形截面的柔性石墨填料要好。

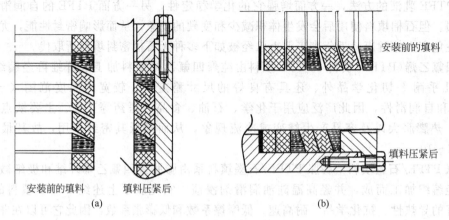

安装前的填料　　填料压紧后　　　　　安装前的填料

填料压紧后

(a)　　　　　　　　　　　　　　(b)

图 4-4　柔性石墨组合填料

(a) 阀门用填料；(b) 泵轴用填料

f. 金属软填料　在高温（≥450℃）、高压（≥20MPa）、高速（≥20m/s）条件下，通常采用软金属类填料。软金属类填料除了用各种软金属丝（因科镍丝、铜丝、镍丝等）加强或软金属箔（铜箔、铅箔、铝箔等）包卷上述石棉、合成纤维或柔性石墨填料，以及多层金属波纹片加强石棉线的波形填料外，还有单纯用软金属箔折叠或缠绕制成全软金属填料。至于在化学工业中的蒸汽机、往复压缩机、循环机和高压釜的活塞杆或转轴的填料密封则属于硬填料密封，不在本节讲述的范围，读者可参阅 4.1.2.3.2 节。

4.1.1.2　软填料密封的原理

(1) 应力特征

在预装填料的填料函中，流体可能的泄漏通道，与前述的垫片密封相似，主要是穿过软填料材料本身的渗漏和通过填料与轴外表面，以及填料与填料函内壁表面之间的间隙的泄漏。填料材料本身的渗漏，一方面由于压缩时软填料被压实，另一方面通过改变填料材料或结构得以减少或杜绝；其次由于工作时填料与填料函内腔无相对运动，因此阻止填料与运动的轴（杆）之间的泄漏或逸散成为填料密封成功的关键。

如前所述，软填料密封依靠拧紧压盖螺栓所形成的轴向压紧力，使填料产生弹塑性变形，从而形成紧贴轴的径向接触应力（以下简称径向应力），以致流体沿轴表面的流动受阻，起到了密封作用。显然这种径向应力在填料密封过程中扮演了重要角色，因此下面将分析这些径向应力的成因、特征和大小。

图 4-5 是软填料密封的安装状态。即预紧压盖螺栓，轴是静止的，没有密封介质压力存在。此时，由于螺栓伸长时产生一轴向力 F_g，填料受到的压盖压力为 $\sigma_g = F_g/A$，式中 A 是填料函的环形截面积，$A = 0.785(D^2 - d^2)$。要是填料与填料函之间配合紧密，又假设填料是不可压缩的，那么填料与轴之间的径向应力 σ_r 等于填料的轴向应力 σ_a。可实际填料具有粗糙的表面，且是可压缩的材料，因此 σ_r 小于 σ_a，或写成 $\sigma_r = K\sigma_a$，K 称为侧压系数，$K < 1$。K 的大小取决于填料的类型、结构和润滑情况，σ_a 对其也有一定的影响。与此同

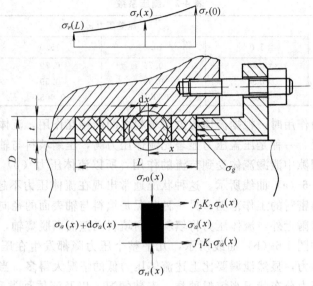

图 4-5　填料的径向应力分布

时，由于填料与轴和填料函壁之间的摩擦作用，使填料沿填料函轴向长度的压缩程度各不相同，从压盖向填料函底递减。因此上述填料的 σ_r 也沿填料函轴向长度递减，其分布规律可作如下的分析。

假设所有的填料环是一样的，K 和压缩无关。令距离压盖 x 处填料的轴向应力为 $\sigma_a(x)$，取一 dx 微元的填料，则该微元的径向接触应力为 $\sigma_r(x) = K\sigma_a(x)$。当压紧填料时，$dx$ 将发生轴向位移，则横过微元的轴向应力差 $d\sigma_a(x)$ 与填料两侧的摩擦力将保持平衡，因此

$$-\pi(D^2 - d^2)/4 \cdot d\sigma_a(x) = \pi(K_1 f_1 d + K_2 f_2 D) \cdot \sigma_a(x)dx \qquad (4-1)$$

式中　f_1，f_2——填料与轴和填料与填料函壁的摩擦系数；

　　　K_1，K_2——填料与轴和填料与填料函壁的侧压系数。

将上式积分，取 $x=0$，$\sigma_a = \sigma_g$，则可得到径向接触应力沿填料长度的分布状况，即

$$\sigma_a(x) = \sigma_g \exp(-\beta x) \qquad (4-2)$$

式中　β——系数，$\beta = 4(f_1 K_1 d + f_2 K_2 D)/(D^2 - d^2)$；

　　　σ_g——压盖处的轴向压力。

于是

$$\sigma_{ri}(x) = K_1 \sigma_a(x) = K_1 \sigma_g \exp(-\beta x)$$

$$\sigma_{r0}(x) = K_2 \sigma_a(x) = K_2 \sigma_g \exp(-\beta x) \qquad (4-3)$$

式中，$\sigma_{ri}(x)$、$\sigma_{r0}(x)$ 分别为填料与轴和填料函之间任意 x 处的径向应力。上式表明填料与轴和填料函之间的径向应力在压盖处最大，并以指数规律向填料函底递减，如图 4-5 所示。表 4-2 为一 PTFE 浸渍的石棉填料的 K_1 和 K_2 实验值，$K_1 > K_2$。

表 4-2　侧压系数

系　数	压盖压力 σ_g/MPa			
	5.0	10.0	15.0	20.0
K_1	0.66	0.75	0.79	0.81
K_2	0.54	0.58	0.59	0.60
β	0.010	0.0075	0.0053	0.0034

当泄漏流体压力作用时，根据流体压力与填料之间的相互作用，流体压力沿轴向的分布出现两种不同的状况。一种是压盖压力显著比流体压力高，压缩填料与轴表面形成微小的迷宫接触状态，密封间隙中泄漏流体受到节流的作用，所以流体压力（p）沿填料长度呈非线性规律分布，如图 4-6（a）曲线所示。这种状况通常出现在流体压力不超过 1.5～2.5MPa，即大多数离心泵填料密封的工作范围。另一种状况是填料与轴表面的径向接触应力比流体压力低，于是除了压盖附近外，流体压力将填料推向填料函壁面而脱离轴，所以流体压力沿填料长度的分布状况如图 4-6（b）曲线所示，几乎整个压力降都发生在压盖处，而密封也仅靠该处填料的径向应力，显然泄漏要比上述流体压力低的情况大得多。当然这是一种极端的情况，实际的流体压力分布状况视填料种类、安装情况，以及流体种类和压力的大小而定。而且，填料运转一段时间后，由于润滑剂烧失，填料体积减小，以及应力松弛等，这种分布状况也将发生改变。

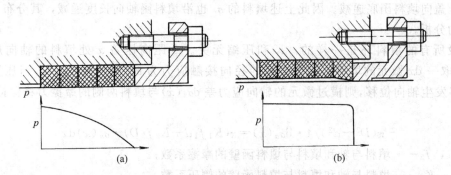

图 4-6　填料密封的两种工作状态

由以上讨论可知，填料预紧后的径向接触应力与泄漏流体压力的分布规律恰恰相反。为了保证填料的密封作用，要求填料与轴和填料与填料函之间的径向应力足以使介质不可能沿其流动，即填料函底部的径向应力不小于泄漏流体的压力 p。

$$\sigma_{ri}(L) = K_1\sigma_a(L)\exp(-\beta L) \geqslant p$$
$$\sigma_{r0}(L) = K_2\sigma_a(L)\exp(-\beta L) \geqslant p \qquad (4-4)$$

和

$$\sigma_a(L) = \sigma_g\exp(-\beta L)$$

式中，$\sigma_{ri}(L)$、$\sigma_{r0}(L)$ 分别为填料函底部处（$x=L$）的填料与轴和填料与填料函之间的径向应力。

由式（4-4）可得到保证软填料密封所需要的压盖压力为

$$\sigma_g \geqslant p\exp(2\beta L)/K_1 \qquad (4-5)$$

由上式可见，密封介质的压力越高，需要的压紧压盖的力也就越大，其大小和填料特性、填料函尺寸等有关。

当轴回转时，填料与轴摩擦的轴向分量为零（$f_1=0$），仅有填料与填料函内壁的摩擦（$f=f_2$），并假设 $K=K_1 \approx K_2$，$(D+d)/2 \approx D$，则式 (4-3)、式 (4-5) 可简化为

$$\sigma_r(x) = \sigma_{r0}(x) = \sigma_{ri}(x) = K\sigma_g \exp(-fKx/t) \tag{4-6}$$

和

$$\sigma_g \geqslant p\exp(2fKL/t)/K \tag{4-7}$$

若一 PTFE 纤维编织填料的 $K \approx 0.4$，$f=0.15$，$\sigma_g=1\sim2\text{MPa}$，$L/t=6$，则按上式计算的结果表明在填料函底部的径向应力只有压盖处的 70%，是轴向压盖压力的 28%。

（2）摩擦力和摩擦力矩

如同其他接触式密封，摩擦同样是影响填料密封的一个突出问题。所以本节介绍摩擦力与摩擦力矩的计算。

如图 4-5 作用在填料轴向微元上的摩擦力 $\mathrm{d}F_t$ 为

$$\mathrm{d}F_t = \pi f_c \mathrm{d}\sigma_r(x)\mathrm{d}x = \pi f_c \,\mathrm{d}K\sigma_g \exp(-fKx/t)\mathrm{d}x$$

式中　f_c——填料与转轴表面的滑动摩擦系数。

对上式从 $x=0$ 至 $x=L$ 积分，得到填料与轴的总摩擦力 F_t

$$F_t = \pi f_c K d \int_0^L \sigma_g \exp(-fKx/t)\mathrm{d}x \tag{4-8}$$

摩擦力矩则为

$$M_t = F_t d/2 = (\pi/2)d^2 t\sigma_g(f_c/f)\left[1-\exp(-KfL/t)\right]$$
$$= (\pi/2)d^2 f_c K\sigma_g L(1-fKL/2t+\cdots) \tag{4-9}$$

由上式可见，摩擦力矩与压盖压力成正比。对于矩形截面填料，L/t 即是填料圈数，因此，实际应用时，式 (4-9) 可改写为以下形式

$$M_t = \eta p L d^2 \tag{4-10}$$

式中　η——系数，由 f_c、f、K 和 σ_g/p 决定。

对回转轴密封，由 M_t 产生的功率消耗为

$$P = \pi n M_t/30 \tag{4-11}$$

式中　n——轴的转数，r/min。

现取同上 PTFE 编织填料，其 $K \approx 0.4$，$f=0.15$，$f_c=0.05$，$\sigma_g=(1.0\sim2.0)p$，$x/t=3$，取 $\eta=0.03\sim0.06$。若 $L=24\text{mm}$，$d=50\text{mm}$，$p=1\text{MPa}$，$n=1600\text{r/min}$，则 $M_t=1.8\sim3.6\text{N}\cdot\text{m}$，$P=300\sim600\text{W}$。

（3）泄漏率

密封介质沿填料与轴之间的环形间隙的泄漏，可视为流体作层流流动，理想条件下的泄漏量可按式 (2-43) 计算。由公式可知，泄漏量与填料两侧的压力差、轴的直径成正比，与介质黏度、填料安装长度成反比，而与半径方向间隙的三次方成正比。所以，调节填料轴向压紧力，使其沿径向与轴紧密接触，是保证软填料达到密封的关键。

一般转轴用填料密封的允许泄漏率如表 4-3 所示。而与机械密封相比，后者的泄漏率通常在 1mL/h 以下。而实际使用中，软填料密封要达到最低的泄漏率，与设计、制造和安装的好坏有直接关系，如轴存在与箱体的不同轴度或不圆度，以及横向振动等情况，泄漏率将迅速增加。此外，由于填料本身的蠕变导致接触应力松弛，泄漏率同样会随时间推移而增加，所以软填料密封需要根据实际操作情况，定期给予压紧填料，重新调整压缩载荷。

表 4-3　一般转轴用填料密封的允许泄漏率

允许泄漏率/(mL/min)	轴　　径/mm[①]			
	25	40	50	60
启动 30min 内	24	30	58	60
正常运行	8	10	16	20

① 转速 3600r/min，介质压力 0.1～0.5MPa。

　　如 1.2 节所言，由于环境保护的要求，控制从阀门的阀杆和阀体接头逸出的易发挥物和有害流体已经提到议事日程，因此国外正在制定阀门逸出物的测量、试验和性能评价的标准，如 ISO/DIS 15848《工业阀门——易挥发逸出物的测量、试验和品质评价》。其中，对阀杆密封系统和阀体接头密封件的紧密性进行了分等。对阀杆密封件系使用氦质谱检漏仪，采用真空法测量氦气的总逸出量，据此分为 A、B 和 C 三个紧密性等级，分别对应的泄漏率为 $\leqslant 1 \times 10^{-6}$、$\leqslant 1 \times 10^{-4}$ 和 $\leqslant 1 \times 10^{-2}$［mg/(s·m) 阀杆外周边］；而对于阀体接头，采用局部吸气法测量氦气的逸出浓度，要求控制在 50ppmv 以下。

　　（4）磨损与润滑

　　由于摩擦引起的磨损是软填料密封中的一个突出问题。除了填料磨损外，转轴或往复杆也同样发生磨损。磨损与填料与轴（或轴套）本身的耐磨性、轴的转速或往复速度、填料的润滑与冷却以及装填状况等较多因素有关，由于前述的填料径向接触应力沿轴向长度分布的不均匀，正常装填的填料在压盖处磨损较大，向内逐渐减小，而装填不好的填料出现如图 4-7 所示的异常磨损状况，填料和轴在短时间内产生剧烈的磨损。

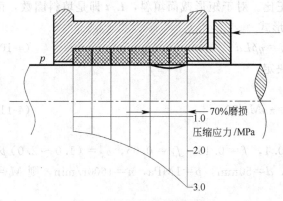

图 4-7　填料的异常磨损状况

　　填料的润滑对磨损有很大的影响，并直接影响填料的寿命和密封能力。如前所述大多数编织填料浸渍各种自润滑性和耐温性能好的润滑材料，也有从外部供给或直接利用泄漏液体作为润滑剂。润滑剂在起润滑作用的同时，还具有带走摩擦热，减少填料的热磨损的功能。因此，强制的润滑与冷却措施在高温、高压、高转速工况的泵、反应釜搅拌轴和压缩机活塞杆等填料密封中处于十分重要的地位。

4.1.1.3 软填料密封结构的设计

(1) 软填料密封结构的基本要求

由上述分析可知，填料对轴的径向应力沿填料函长度的分布规律与泄漏流体压力分布恰好相反，因此解决这一不协调关系，对软填料密封结构提出从以下几方面进行变革的要求：

① 填料沿填料函长度方向的径向应力分布均匀，且与泄漏介质的压力分布规律一致，以减小轴的磨损及其不均匀性，并满足密封的要求；

② 根据密封介质的压力、温度和轴的速度大小，考虑冷却和润滑措施，及时带走摩擦产生的热量，延长填料的使用寿命；

③ 设置及时或自动补偿填料磨损的结构；装拆方便，以能及时更换填料，缩短检修停工时间；

④ 在填料函底部设置底套，以防止填料被挤出；为防止含固体颗粒介质的磨蚀和腐蚀性介质的腐蚀，采用中间封液环，注入封液（自身或外来封液），起冲洗和提高密封性的作用；

⑤ 采用由不同材质的填料环组合的结构，如上述图 4-4 中柔性石墨和碳纤维填料环的组合，其综合提高了填料的密封性能。图 4-8 示出了近年来出现的部分填料密封的新结构，这些结构正是以上概念的实际应用。

图 4-8 (a) 的右半图采用在各个软填料环之间加入金属环以获得均匀的径向应力分布；而左半图则是在此基础上改进的一种结构，即用碟形弹簧代替上述的金属环，且弹簧的刚度向填料函底方向逐渐增加。

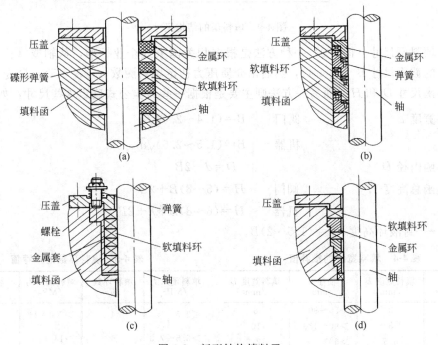

图 4-8 新型结构填料函

图 4-8（b）由金属环、软填料环和圆柱形弹簧交替组合而成。通过分别调节各层软填料环的压缩力，从而得到最佳的径向应力分布。弹簧还起着补偿径向应力松弛的作用。

图 4-8（c）系将一组软填料环安装在一可轴向移动的金属套筒之中，预紧力由套筒螺栓调节。操作时由于介质压力作用在套筒底上，进一步压缩软填料，增加了底部软填料与对轴的抱紧，从而使径向应力与密封流体压力的分布相配合。

图 4-8（d）填料函中的金属环和软填料环的截面沿填料函底方向逐渐减小，从而在压盖作用力下，软填料的径向应力相应逐渐增加，同样使径向应力获得合理分布。

（2）填料函主要结构尺寸

填料函的结构尺寸主要包括填料厚度、填料高度（或长度）、填料函总高度，以及压盖和底套尺寸等。

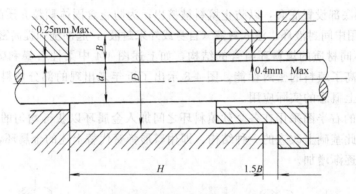

图 4-9 填料函的结构尺寸

设计填料函尺寸（图 4-9）一种方法是根据相关国家或企业标准，从轴或（杆）直径 d 选取填料的截面尺寸 B（表 4-4），然后由介质压力初定填料圈数 n（表 4-5），最终由 B 和 n 确定填料函尺寸 D 和 H，而另一方法则主要是根据一些经验公式确定这些尺寸，如

填料宽度 B 阀门 $B=(1.4\sim2.0)\sqrt{d}$

                     机器 $B=(1.5\sim2.5)\sqrt{d}$

填料函内径 D $D=d+2B$

填料函总高度 H 阀门 $H=(5\sim8)B+2B$

                      机器 $H=(6\sim8)B+h+2B$

式中 h——封液环高度，$h=(1.5\sim2)B$。

表 4-4 填料宽度的推荐值

轴径 d /mm	填料宽度 B /mm	轴径 d /mm	填料宽度 B /mm
≤16	3	>50~90	8
>16~25	5	>90~150	10
>25~50	6.5	>50	12.5

表 4-5 填料环数的推荐值

填料函压力 /MPa	填料环数 n	填料函压力 /MPa	填料环数 n
≤3.5	4	>7.0~14	8
>3.5~7.0	6	>14	10

填料函内壁的表面粗糙度 $R_a < 1.6\mu m$，轴（杆）的表面粗糙度 $R_a < 0.4\mu m$，除金属填料外，轴（杆）表面的硬度 $>180HB$。

应当指出，过大的填料截面尺寸和过多的填料环数目，将引起过分的摩擦热量，减弱散热效果，造成安装调整的困难。如前所述，实际起密封作用的仅仅是靠近压盖的几圈填料，因此除非密封介质为高温、高压、腐蚀性和磨损性，一般 4～5 圈填料已足够了。

4.1.1.4 填料的选择、安装和使用

填料密封最基本的要求是确保在使用中达到规定的密封要求和较长的使用寿命，此不仅取决于正确选用填料材料，而且与填料的合理装填、施加的压盖载荷，以及运行过程中良好的维护休戚相关。

（1）填料材料的正确选择

选择填料材料要考虑以下因素：①设备的种类和运动方式；②介质的物理和化学性质；③工作温度和压力；④运动速度。这些因素的数值特征主要是反映磨损和发热程度的工作温度 T 和压力与线速度的乘积 pv 值，以及标志介质腐蚀性强弱的 pH 值。表 4-6 和表 4-7 分别列出了阀门、旋转或往复运动主要软填料的适用范围。

表 4-6　软填料的选用[54]

主要结构材料	旋转	往复	阀门	pH值	水	蒸汽	氨	空气	氧	石油	合成油	气体	溶剂	辐射	泥浆
石棉、浸渍 PTFE 乳液				2～14	●	●	●	●		●	●	●	●		
金属丝增强石棉、石墨润滑剂				2～11	●	●	●	●		●	●	●			
石棉、MoS₂、石蜡润滑剂	●	●	●	4～10	●	●	●	●		●	●	●			
石棉、石墨润滑剂				2～11	●	●	●	●		●	●	●			
Aramid 纤维、浸渍 PTFE 乳液	●	●	◐	2～12	●	●	●	●		●	●	●	●		●
PTFE 纤维、浸渍 PTFE 乳液	●	●	●		●	●	●	●	●	●	●	●	●		
PTFE 纤维、石墨、油润滑剂	●	●	●	0～14	●	●	●	●	●	●	●	●	●		●
碳素纤维、石墨润滑剂	●	●	●		●	●	●	●	●	●	●	●	●		
石墨纤维、石墨润滑剂	●	●	●		●	●	●	●	●	●	●	●	●	●	
柔性石墨组合环（泵用）	●				●	●	●	●		●	●	●	●		
柔性石墨组合环（阀用）			●	0～14	●	●	●	●		●	●	●	●		
柔性石墨（编织）	●	●	●		●	●	●	●		●	●	●	●		
膨胀 PTFE/石墨、硅油润滑	●	●	◐		●	●	●	●	●	●	●	●	●		

（2）填料的合理安装

填料的不正确的安装，包括填料切割尺寸不正确、填装不良、压盖预紧过度或不均匀等，是软填料密封产生过量泄漏和提早磨损失效的主要原因之一。填料的合理安装（以更换为例）应遵循以下步骤。

表 4-7　软填料的选用[54]

主要结构材料	轴速/(m/s)			压力/MPa			温度/℃
	旋转	往复	阀门	旋转	往复	阀门	
石棉、浸渍 PTFE 乳液	10			2	4	7	−75～260
金属丝增强石棉、石墨润滑剂	12			2	10	20	−40～540
石棉、MoS$_2$、石蜡润滑剂	12			1.5	4	7	−40～150
石棉、石墨润滑剂	15			2	4	7	−40～450
Aramid 纤维、浸渍 PTFE 乳液	15	2		1.5	10	20	−75～260
PTFE 纤维、浸渍 PTFE 乳液	10		2	2	20	37	−40～260
PTFE 纤维、石墨、油润滑剂	18			2	20	35	−75～260
碳素纤维、石墨润滑剂	20			3.5	5	17	
石墨纤维、石墨润滑剂	30			3.5			−200～455(大气)
柔性石墨(编织)	20			3.2		20	−200～650(蒸汽)
柔性石墨异形组合环(阀用)						69	
柔性石墨异形组合环(泵用)	20			3.5			260

a. 阀杆填料的安装

① 除去填料函中所有的旧填料，彻底洁净填料函和阀杆，检查阀杆表面的磨损和擦伤情况。如果阀杆的磨损情况较为严重，就应该更换阀杆。

② 测量并记录阀杆直径，填料函深度和内孔直径。内孔直径减去阀杆直径，将差值除以二就可以得到要求的填料截面尺寸。

③ 把成卷连续的填料切割成单个圆环。切割时可使用一根芯棒，其直径和阀杆相同。

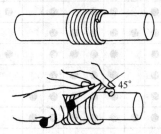

图 4-10　填料的切割方法

如图 4-10 所示，紧握住绕在芯棒上的填料，但不要过长，将圆环以与轴线成 45°斜面割开，小心将圆环沿轴向分开，并逐个从切口处套入轴上，置于填料函内。检查其和填料函腔是否贴合良好。安装每个环时用填塞工具将其压紧，安装后一个环之前一定要检查前一个环是否已压实和平整。环与环之间的接缝应该相互错开，并保持至少 90°以上。当所有的环被逐个安装完毕后，放下压盖，使压盖前端与填料环端面接触。

④ 用压盖螺栓进行预加载。对整个填料组件压缩 25%～30%。如果可能记下压盖螺母的转矩值。将阀门转动 5 整圈（最终阀杆处于向下的位置）。每次转动后都要重新将压盖螺母拧紧至原先记录下的转矩值。

b. 泵用填料的安装

① 清理旧填料和切割安装填料环同上述安装阀门填料的步骤相同。但如果需要安装封液环，应将它安置在接管丝扣孔处。

② 所有的环都安装完成后，把压盖放至填料上，用手指拧紧压盖螺母。开动泵，把螺

栓拧紧直至渗漏减小到允许的最小泄漏程度为止；重新安装后的填料在设备开动时发生泄漏是允许的。在设备开动后的 1h 内将压盖螺栓分步拧紧，以减少到允许的滴漏和发热程度，如此做能使填料在以后的长期运行中具有良好的密封性能。

尽管安装填料时十分仔细，但严格控制轴（杆）与填料函孔的同心度，以及轴的径向跳动量和轴向窜动量是保证填料良好密封性能的先决条件。

c. 阀门压盖螺栓载荷的确定　有两种方法确定阀门填料函压盖的预紧载荷，即控制填料压缩量法和压盖螺栓转矩法。

控制填料压缩量法　即预先确定达到密封必须压缩填料的距离，此对不同的填料材料具有不同的数值，且当系统压力提高时，压缩量要相应增加。如对普通的编织填料可取 20%～25%，对柔性石墨模压填料，根据不同密度最高可达 30%。

控制压盖螺栓转矩法　这是比较精确的一种方法。螺栓转矩与填料尺寸、螺栓尺寸、系统压力和螺栓数量有关，而螺栓与螺母必须处于洁净和良好的润滑状态。如下式可用于估算螺栓预紧转矩

$$M = 0.785(D^2 - d^2) \times d_B \times F/n \tag{4-12}$$

式中　d_B——螺栓名义直径；

　　　F——载荷系数，取 1.5 倍系统压力或 38MPa（编织填料）、26MPa（柔性石墨填料）两者中的较大值；

　　　n——螺栓数量。

（3）填料密封失效的原因与正确的使用维护

引起填料泄漏主要有以下诸多方面的原因：

① 编织填料使用中发生体积损失和发硬变脆；

② 填料环安装中损坏；

③ 切割后的填料环装配时其端部不密封；

④ 填料环缝未错开，形成泄漏通道；

⑤ 压盖载荷不足；

⑥ 轴（杆）支承条件差；

⑦ 填料耐热冲击性能差；

⑧ 填料磨损、松弛、体积损失造成压盖载荷降低；

⑨ 轴（杆）/填料/填料函三者尺寸公差不正确；

⑩ 填料函深度太大；

⑪ 轴（杆）表面粗糙度过大；

⑫ 轴（杆）与填料函不同心；

⑬ 运转中轴（杆）腐蚀或填料磨损；

⑭ 封液环前端填料环过多。

因此，在使用中要注意从以下方面进行维护：

① 正确设计填料函尺寸；

② 仔细安装填料环；

③ 填料函深度恰当；

④ 有必要的表面粗糙度；

⑤ 有适当的压盖加载和载荷调节能力；

⑥ 有补偿填料磨损的措施，如压盖螺母加碟形弹簧垫圈；

⑦ 轴（杆）有良好的支承；

⑧ 对蒸汽和热流体的阀门，特别推荐用柔性石墨密封环填料；

⑨ 填料与填料函有正确的配合间隙；

⑩ 运行前，正确安装和压紧填料。

4.1.2　往复轴密封

往复轴密封是指用于过程机械作往复运动机构处的密封，包括液压密封、气动密封、活塞环密封（压缩机、发动机等）、柱塞泵密封等。用于往复运动的软填料密封上节已作了介绍，本节主要介绍往复运动的其他密封的基本原理和技术特征等。

4.1.2.1　液压密封

（1）对液压密封的基本要求

液压传动是以液体为工作介质，实现有控制地传递和转换能量的传动系统，图4-11示出一液压缸往复运动密封系统。一般的液压密封指液压缸活塞密封和活塞杆密封。当范围更广、要求更严时，还包括防止灰尘或外界液体进入系统的防尘密封。液压密封由弹性体或塑料等材料制造。液压缸中的支撑环起到类似滑动轴承的作用，支撑侧向载荷，维持液压密封同心的作用，由聚合物材料或金属制成。往复运动密封

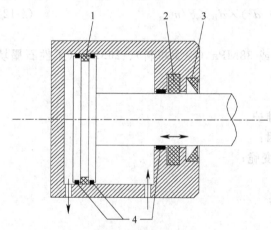

图 4-11　液压往复运动密封系统

1—活塞密封；2—活塞杆密封；3—防尘密封；4—支撑环

与纯粹旋转运动密封不同之处在于，往复运动密封的泄漏率在构成一个循环的两个行程中是彼此不相同的。

对液压密封的基本要求如图 4-12 所示。

（2）弹性体密封的基本原理

最常见的弹性体密封件是橡胶 O 形圈，它除了用作静密封件外，还广泛用作液压气动往复运动的密封。其他形式的液压弹性体密封（如唇形密封）也具有某些 O 形圈密封的典型特征，如自密封机理等。本节将以典型的橡胶 O 形圈密封为代表，介绍弹性体密封的基本原理。

a. 自密封机理　弹性体密封的"自动密封"或称"自密封"是依靠弹性体材料的弹性、

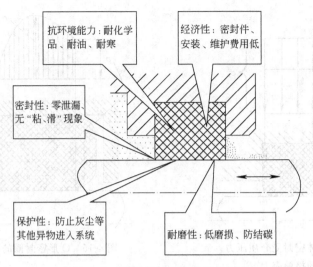

图 4-12 液压密封系统的基本要求

并存在初始装配过盈量或预加载荷来实现的，此可以通过一矩形截面密封环来说明其原理。如图4-13所示密封环在自由状态下的截面初始厚度为d，将其安装在深度为T的沟槽内时，被压缩为Δd，即密封环与安装空间的过盈量。因此，在安装之后，介质加压之前，密封接触表面受到预载荷的作用，或者说产生了接触应力σ_0，此接触应力并不像螺栓法兰连接中密封垫片中的初始预紧力那样要求很大。

在操作过程中，流体压力p作用在密封环暴露于介质的表面，使得密封面的接触应力增加到σ_p（图4-14）。密封面的接触应力σ_p超过了被密封的流体压力p，从而实现了密封。

接触应力σ_p与介质压力p的关系可通过分析三维应力应变关系获得[4]，其表达式为

$$\sigma_p = \sigma_0 + \frac{\mu}{1-\mu} \cdot p \qquad (4\text{-}13a)$$

式中，μ为弹性体材料的泊松比。对于弹性体材料，$\mu \approx 0.5$，代入式（4-13a）得

$$\sigma_p = \sigma_0 + p \qquad (4\text{-}13b)$$

这表明只要弹性体材料的泊松比μ维持在0.5附近（弹性体在其玻璃化温度以上，即处于高弹态时就几乎都具有这一特征），密封的接触

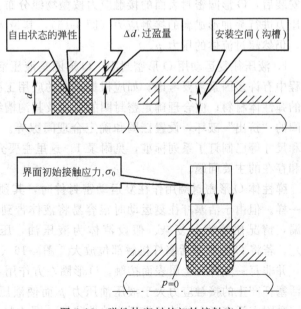

图 4-13 弹性体密封的初始接触应力

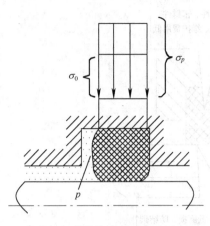

图 4-14　弹性体密封受介质压力
作用后的接触应力

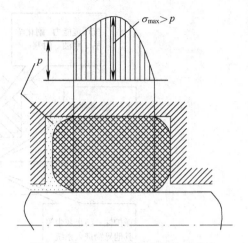

图 4-15　O 形密封圈的接触应力分布

应力 σ_p 总比介质压力 p 高 σ_0，因此具有自动适应流体压力变化的能力。

对上述现象的物理解释是，可以认为具有初始挤压力和暴露于流体的弹性体密封，就像一具有非常高表面张力的液体，在维持预紧力作用的同时，将介质压力传递给了密封接触面。

值得注意的是，如发泡橡胶，其泊松比明显小于 0.5，故不能产生自动密封作用。

O 形圈的自密封机理并不像上述的矩形截面环那么直观，但其基本原理是一样的。当密封安装后，O 形圈密封表面的接触应力按抛物线分布，介质压力作用后，初始接触应力与介质压力进行叠加形成新的接触应力（图 4-15），其最大接触应力 σ_{max} 几乎维持在接触面的中点，仍然超过流体的压力 p。

b. 液压往复运动用 O 形密封圈　O 形圈是液压活塞和活塞杆常用的密封件，但在应用过程中有许多因素需要考虑。如应根据不同的应用工况（介质、温度、压力等）选用不同种类的弹性体材料；应合理确定密封圈的尺寸及其沟槽结构和尺寸；在压力较高时，为防止 O 形圈的"挤出"破坏，设置挡圈和确定合理间隙等。中国对液压用 O 形橡胶圈及其沟槽结构和尺寸等已制订了系列标准，见附录 1。这里主要介绍 O 形密封圈用作往复运动密封的机理和存在的主要问题。

弹性体 O 形密封圈用作往复运动密封件时，其预密封作用和自密封作用与用做静密封时一样。但由于活塞杆往复运动时很容易将液体带到 O 形圈和活塞杆之间，导致发生黏附泄漏，情况比静密封复杂。假设流体为液压油，压力只作用在 O 形圈的一侧 [图 4-16（a）]。若将 O 形圈与活塞杆接触部位放大 [图 4-16（b）]，可以看出其接触表面是凹凸不平的，并非每一点都与金属表面接触。O 形圈左方作用着油压 p，由于自紧密封作用，O 形圈与活塞杆产生的接触应力大于液压油压力 p 而使液压油得到密封。当活塞杆开始向右运动时，黏附在活塞杆上的油被带到收敛性狭缝 [图 4-16（c）]。由于流体动压效应，这部分油

的压力比 p 大，当它大于 O 形圈与活塞杆的接触应力时，油被挤入 O 形圈的第一凹坑处［图 4-16（d）］。活塞杆继续向右移动时，油又进入下一凹坑，依次向右推移，油便沿着活塞杆运动方向流动。当活塞杆反向向左运动时，不可能将右行程带到外侧的油全部带回，残留在外侧的油液则形成了泄漏量，泄漏量随往返次数和行程距离的增大而增多。

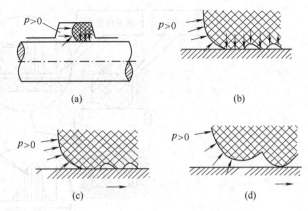

图 4-16　往复运动中橡胶 O 形圈的泄漏
（a）介质压力作用于 O 形圈的一侧；（b）放大的接触部位；
（c）油被带入收敛形狭缝；（d）油被挤入 O 形圈第一凹处

　　c. 活塞杆密封　活塞杆密封是液压设备最关键的元件，因为从活塞杆处的泄漏液体将直接进入环境，不仅会引起液压设备的操作问题，还会导致环境污染。活塞杆密封首先必须保证静态密封效果。如果活塞杆运动之前，密封处就发生泄漏，说明密封尺寸有问题，或者是密封件或活塞杆已经破坏。可是，静态性能良好的密封，在活塞杆往复运动时可能发生可观的泄漏，这表明动密封机理和静密封机理不同。当往复运动时，密封是依靠密封件与运动活塞杆之间流体膜的弹性流体动压效果来实现的。

　　动力密封机理　活塞杆的动密封及润滑机理决定于由活塞杆带入密封界面液压流体的行为。首先，在外行程过程中，密封件应能将大部分液压流体刮离液压杆表面，但不可避免地总有一层很薄的液体被带入密封件与液压杆间的界面，形成一充满液体的密封"间隙"，这一间隙很少超过 $1\mu m$。如果每一个运动方向的该间隙可以计算确定，则流体通过密封件的流量可以确定，泄漏率和摩擦力则可预测。

　　与流体动压轴承把固体表面看作刚体不同的是，浮在润滑膜上的弹性体密封柔性表面就像一张被界面间流体膜压力支撑的薄膜。该薄膜形状可通过逆向求解流体动压润滑方程获得。

　　弹性体密封件与活塞杆之间的径向接触力，由过盈产生的接触预紧力和介质压力作用而产生的附加接触力构成，这在弹性体自动密封机理部分已作了解释。

　　值得注意的是，预载荷下密封件产生的初始变形是十分之几毫米，而界面间流体膜的厚度仅十分之几微米，由于流体膜渗入而增加的微小变形并不会明显改变密封界面间的接触应力。因此，无论密封件是直接与活塞杆接触，还是被一流体膜分隔，其界面间的接触应力是一样的。弹性流体动压模型的一个基本假设是，接触压力的分布规律与界面间流体膜压力的分布规律一样。换句话说，密封间隙是根据流体膜压力与径向接触载荷平衡确定的，如图 4-17 所示。

　　接触压力的分布，可以根据密封件的初始过盈量通过计算或实验确定，它等同于界面间流体膜压力的分布。因此，流体膜压力分布 $p(x)$ 也认为已知。当然，如果密封表面因摩擦

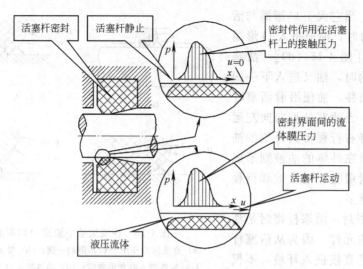

图 4-17　密封界面间的接触压力和流体膜压力分布

而发生明显变形，其接触压力分布是会发生改变的。

图 4-18 表示了活塞杆外行程的情形，活塞杆以速度 u_0 沿 x 轴的正向运动，即从充满液压液体的空间向空气侧运动。内侧的液体压力为 p_0，变化的液膜厚度为 $h(x)$，液膜的压力 $p=p(x)$，液膜的黏度为 η，并认为是常数。定义最大液膜压力处的膜厚为 h_0^*，则准一维流动的雷诺润滑方程为

$$h^3 \frac{\mathrm{d}p}{\mathrm{d}x} - 6\eta u_0 (h - h_0^*) = 0 \tag{4-14}$$

对于柔软的弹性体表面，液膜压力 $p(x)$ 和压力梯度 $\mathrm{d}p/\mathrm{d}x$ 被认为是已知的，问题成为求解方程（4-14）确定 $h(x)$，即获得沿密封接触面的膜厚分布规律。方程式（4-14）即为逆向雷诺方程，是一个 $h(x)$ 的立方抛物线方程。

对式（4-14）进行微分得

$$h^3 \cdot \frac{\mathrm{d}^2 p}{\mathrm{d}x^2} + \frac{\mathrm{d}h}{\mathrm{d}x} \cdot \left(3h^2 \frac{\mathrm{d}p}{\mathrm{d}x} - 6\eta u_0 \right) = 0 \tag{4-15}$$

可以直接计算出图 4-18 拐点 A 处的膜厚 h_A。在拐点 A 处，$\mathrm{d}^2 p/\mathrm{d}x^2 = 0$，将方程式（4-15）应用于 A 点，简化为

$$\frac{\mathrm{d}h}{\mathrm{d}x} \cdot \left[3h_A^2 \cdot \left(\frac{\mathrm{d}p}{\mathrm{d}x} \right)_A - 6\eta u_0 \right] = 0 \tag{4-16}$$

由于 A 点的膜厚梯度 $\mathrm{d}h/\mathrm{d}x \neq 0$，上式中方括号内的项必为零，定义 $w_A = (\mathrm{d}p/\mathrm{d}x)_A$，$A$ 点的液膜厚为

$$h_A = \sqrt{\frac{2\eta u_0}{w_A}} \tag{4-17}$$

将这些结果代入方程式（4-14）可求得最大液膜压力处的膜厚 h_0^*，即

$$h_0^* = \frac{2}{3} h_A = \sqrt{\frac{8}{9} \cdot \frac{\eta u_0}{w_A}} \tag{4-18}$$

在最大膜压力处（$\mathrm{d}p/\mathrm{d}x=0$），液体膜速度按线性分布，即从活塞杆的移动速度 u_0 线性下降至密封面的零（图 4-18）。在界面之外的空气侧，液膜的速度整体与杆的速度一致，即为均匀的 u_0。根据质量守恒定律，可得空气侧的膜厚 h_0 为最大压力处膜厚 h_0^* 的一半，即

$$h_0 = \frac{1}{2} h_0^* = \frac{1}{3} h_A = \sqrt{\frac{2}{9} \cdot \frac{\eta u_0}{w_A}} \tag{4-19}$$

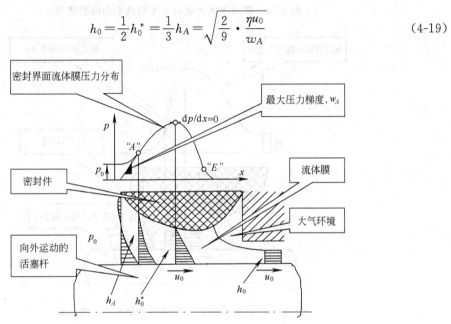

图 4-18　活塞杆向外运动时密封界面的压力分布和流体膜的速度分布

活塞杆的直径为 d，黏附于活塞杆表面移动到空气侧的液压液体的体积流量为

$$Q_0 = \pi d h_0 u_0 \tag{4-20}$$

可以看出，一旦操作参数 d、η、u_0 给定，通过活塞杆外行程带到外侧的液体流量取决于密封件的最大压力梯度 w_A，而这主要决定于密封件的结构和材料。压力梯度越大，即压力分布曲线越陡，流体膜越薄。

流体通过密封处的量仅决定于流体压力分布曲线的最大斜率，似乎不可思议，不过考虑图 4-19 的类比，将会获得直观的理解。如图 4-19 所示，装满液体的敞口卡车翻越一座小山，最大的斜坡度控制着能被带过小山的液体量。坡度越陡，所能带过的液体越少。

对于液压密封的回程，"山"的形状并不一样。图 4-20 显示出了回程，即内行程的情形。携带液膜的活塞杆以 u_i 的速度向充满液压液体的腔体移动。内行程的液膜压力分布一般不同于其外行程的液膜压力分布，这是因为内行程时腔体液压液体的压力 p_i 不同于外行程时的 p_0，活塞杆的运动速度也可能不同，密封件的导入边也有差异。

内行程带回的液体量取决于两种条件。第一，外行程带到密封外侧的液体量。不管密封

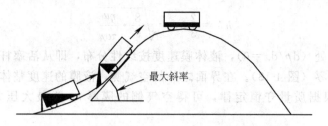

图 4-19　装满液体的敞口卡车翻越小山时的情形

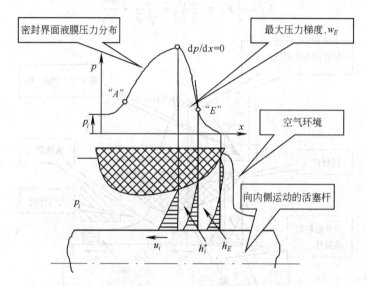

图 4-20　活塞回程时的液膜压力分布和速度分布

如何工作，被带回的液体量不可能超过外行程带出的液体量；第二，压力分布在空气侧拐点 E 处的最大压力梯度 $w_E = \mathrm{d}p/\mathrm{d}x$。能否将外行程带出的液体由内行程全部带回，很大程度上就决定于该处的压力梯度。通过与外行程类似的分析方法，可以得出内行程速度为 u_i 时，最大回送液膜厚度为

$$h_i = \frac{1}{2}h_i^* = \frac{1}{3}h_E = \sqrt{\frac{2}{9} \cdot \frac{\eta u_i}{w_E}} \tag{4-21}$$

如果黏附在即将回程液压杆上的残留液膜厚度 h_0 至少有 h_i 厚，即有足够的液体由返程带回，否则，将会形成缺乏润滑液体的状态。根据式（4-21）即可确定能被带回的液体量。即回程携带的液体流量为

$$Q_i = \pi d h_i u_i \tag{4-22}$$

如果 h_i 小于 h_0，每一循环将产生净泄漏量。如果行程长度为 H，则每一往复循环产生的泄漏量为

$$Q = \pi d H(h_0 - h_i) = \pi d H \sqrt{\frac{2\eta}{9}} \cdot \left(\sqrt{\frac{u_0}{w_A}} - \sqrt{\frac{u_i}{w_E}} \right) \tag{4-23}$$

从该式可以看出，往复运动的泄漏量正比于活塞杆直径 d、行程 H，如果括号内的数值为零或为负数，则实现了零泄漏。

式（4-23）表明，要维持低的泄漏量要求接触压力分布在靠近液体侧较陡，即具有较大的 w_A，而在空气侧较平缓，具有较小的 w_E。式（4-23）中的第一项小（外行程速度 u_0 小，压力曲线陡，w_A 大）意味着外行程仅允许很薄的液膜通过密封；式（4-23）中的第二项大（内行程速度 u_i 大，压力曲线平缓，w_E 小），意味着回送能力强。

总之，要减少泄漏，活塞杆密封应具有最大压力点靠近液体侧的三角形接触压力分布。

典型的活塞杆密封 O 形圈是活塞杆常用的密封件，但从其接触压力分布（图 4-15），根据上面的分析可以看出其密封性能并不理想，接触压力分布在空气侧的压力梯度甚至大于在液体侧的压力梯度，它阻止形成厚液膜的能力（靠近液体侧的压力梯度）和将液体反向带回的能力（靠近空气侧的压力梯度）都很弱，即靠近液体侧的压力梯度小、靠近空气侧的压力梯度大，因此产生和存在泄漏的可能性很大。

Y 形圈是活塞杆密封常用的一大类密封件，它是按上述分析的弹性流体动压原理进行特殊设计，具有密封性能好，摩擦阻力小等优点。现代 U 杯形密封也具有类似的结构特征，但更为紧凑，图 4-21 为其断面形状，其前部倒角 α 是为了容易形成润滑液膜，后部倒角 β 是为了提高密封的耐压能力，一般均有 $\alpha > \beta$。图 4-22 显示了现代 U 杯形密封的接触压力分布，并与趋于淘汰的传统 U 形密封圈的接触压力进行了比较。可以看出现代 U 杯形密封圈的接触压

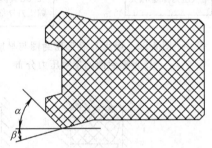

图 4-21 现代 U 杯形密封圈端部形状

力分布明显符合弹性流体动压模型的原理，靠近液体侧压力分布曲线陡直，而靠近空气侧压力分布曲线平缓。但在高压下其根部会与活塞杆接触，造成根部的接触压力梯度增大，回送能力减弱。丁腈橡胶 U 杯形密封圈不加挡圈的使用压力可达 14MPa，而聚氨酯橡胶 U 杯形密封圈不加挡圈的使用压力可达 30MPa，但温度不超过 80℃，线速度不超过 0.5m/s。

另一种典型的液压活塞杆密封是聚四氟乙烯同轴密封。这种密封件是由塑料圈和橡胶圈套在一起并全部或大部分由塑料圈作摩擦密封面的组合密封件。最典型的为阶梯形密封圈（Stepseal）。它是由一个截面形状为梯形的青铜填充聚四氟乙烯（PTFE）环和 O 形橡胶密封圈组合而成。O 形圈提供足够的密封预紧力，并对 PTFE 环的磨损起补偿作用。图 4-23 为其结构和接触压力分布，适用于高压液压系统的活塞杆密封，使用压力为 0～60MPa，往复运动线速度为 5m/s，温度为 -50～225℃。阶梯形密封圈完全是按弹性流体动压润滑的原理设计的，密封唇边靠近中心平面，并由弹性 O 形圈加载。密封唇边为不对称结构，靠近液体侧有 55°～60°陡锥，靠近空气侧有约 7°的锥面，这两锥面提供了设计所需的接触压力分布，并易于安装。图 4-24 显示了其在不同液压流体压力作用下的界面形状和接触压力分布，随着压力的增加，靠近空气侧的浅楔逐渐减小，在高压下可能闭合，其接触压力分布仍维持理想的三角形形状。

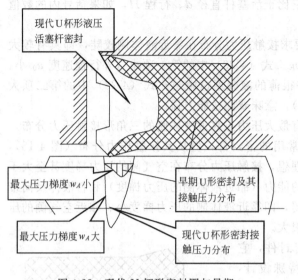

图 4-22　现代 U 杯形密封圈与早期
U 形密封圈的接触压力分布

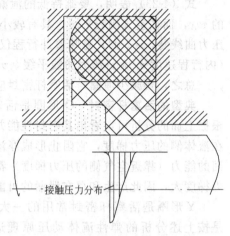

图 4-23　阶梯形密封圈的结构和
接触压力分布

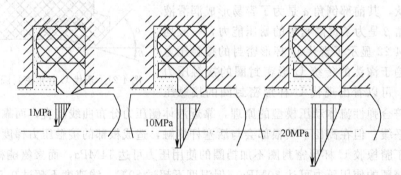

图 4-24　不同介质压力作用下阶梯形密封圈的接触压力

d. 活塞密封　活塞环密封的泄漏没有活塞杆处的泄漏问题严重，因为泄漏的液体仍处于液压缸内。不过这将导致机械效率的降低，严重时会导致设备的完全失效，必需引起足够的重视。

对于单作用活塞，高压流体作用在一侧，低压流体作用在另一侧，其密封的原理与活塞杆密封并无太大区别，只不过密封唇口在外侧，以实现活塞与液压缸壁的密封。用于密封活塞杆的密封件形式，经适当改变，将密封唇口置于外侧，即可用于活塞密封。事实上有孔用密封圈和轴用密封圈两种形式，孔用密封圈的密封唇口在外侧，用于活塞；轴用密封圈的密封唇口在内侧，用于活塞杆的密封。

对于双作用活塞，两侧均会遭遇高压流体，要求密封结构对径向平面对称。当然，可以成对采用单作用活塞密封，如背靠背布置的两只 Y 形密封圈，来密封双作用活塞，如

图 4-25 所示。可是，有许多专门为液压双作用活塞设计的
可靠而经济的密封。图 4-26 为两种由聚氨酯密封环和橡胶
弹性体辅助密封构成的复合密封结构，其中图（a）的结
构，密封唇边靠近密封的边缘，而靠近中部有一浅锥。利
用浅锥的流体动压作用将中间空间的流体泵出，避免中间
流体压力的建立而形成较大的液膜厚度，该类密封的流体
膜薄，泄漏量小；图（b）结构具有两个靠得很近的密封
唇边，中间有一小空腔，浅锥朝向外侧，在中间空腔内会
产生足够的流体动压力来减轻密封面的接触压力，从而减少摩擦。

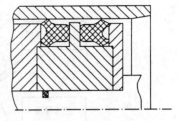

图 4-25　用作双作用
活塞的 Y 形密封圈

　　e. 防尘密封　活塞杆的外伸表面暴露于各种环境条件。在活塞杆的内行程时，黏附于
活塞杆表面的灰尘、冰碴、水滴及其他外界杂物必须被除去，因此必须安装防尘密封以避免
活塞杆密封被损坏、液压系统被污染。

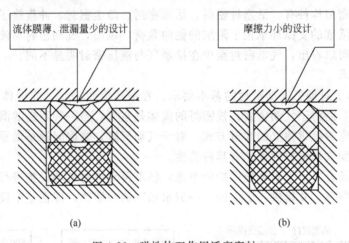

(a)　　　　　　　　　　　　　　　(b)

图 4-26　弹性体双作用活塞密封

　　值得注意的是，防尘密封接触压力分布的最大斜率（最大压力梯度）应当得到适当控
制。在外行程时，防尘密封应当允许残留的流体润滑膜通过，而在内行程时该流体膜不能被
除掉，允许流体膜通过，维持十分之几微米的润滑膜对减少摩擦和磨损是十分必要的。图
4-27 显示了一种防尘密封的典型结构，其防尘唇口的接触压力分布，满足了防尘密封的功
能要求。

4.1.2.2　气动密封

　　气动是"气动技术"或"气体传动与控制"的简称。该技术是以空气压缩机为动力源，
以压缩气体为工作介质，进行能量传递或信号传递的工程技术，是实现各种生产控制、自动
控制的重要手段之一。气动元件（气缸、气动马达、气阀）的密封技术是气动技术的一项关
键技术，其中尤以往复运动的气缸密封技术更为关键。与液压密封相比，气动密封的压力较
低，一般为 0.6~0.7MPa，有时可达 1.6MPa，且其滑动速度多为 0.2~0.5m/s，有时可达

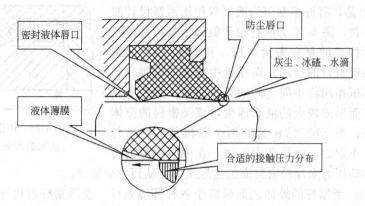

図 4-27 防尘密封的典型结构

2m/s。气动密封的寿命，按其滑动距离要求达到 5000～20000km。图 4-28 表示了气动气缸的主要构件，其密封构件有：活塞杆密封、活塞密封、防尘密封、冲程终了刹车系统的衬垫密封。活塞杆和活塞的支撑环承担了附加的侧向载荷。以前，气动密封与液压密封采用同一类型，但从本节可以看出，气动密封至少在接触区与液压密封明显不同。

（1）基本要求

图 4-29 表示了对理想气动密封的基本要求。在液压密封中，工作液体对密封件提供了良好的润滑作用，而对于气动密封，被密封的流体是空气，是一种不良的润滑剂，通常的解决方案是对气动密封提供独立的润滑方式。对于气动气缸，摩擦问题是最重要的，气体的泄漏降为其次，从而气动密封的设计有其特殊性。

在许多应用场合，出于对环境保护的考虑，已不再允许对气动设备进行油雾润滑。解决方案是采用无油空气，并提供一层保证"一劳永逸"的润滑膜，即在整个设备周期内，润滑

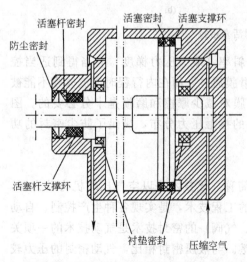

图 4-28 气动气缸主要构件和密封系统

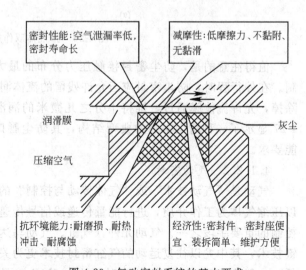

图 4-29 气动密封系统的基本要求

膜均存在而无需维护。例如，在装配过程中，在气缸和活塞杆表面涂以一层润滑脂，在这种情况下，保证密封件、支撑环不把所有的润滑脂刮完是至关重要的。在运行过程中，密封件要在润滑剂薄膜上来回运行几千米，因此要有能储存润滑剂，对密封件提供重复润滑功能的结构。

（2）气动密封典型唇口结构

图4-30为典型弹性体气动密封唇口部位的两种结构，其初始接触应力决定于密封与其耦合密封面的过盈量。密封的接触应力随气体压力的增加而增加，即具有自紧作用，不过这也将导致摩擦力的增加。

现代气动技术的发展，要求气动密封的润滑持久、有效和抗腐蚀，能实现无油润滑。实践证明石墨、二硫化钼等固体润滑剂应用于气缸中并不很理想，气动密封常采用乳化脂作为润滑剂。在液压密封中，已清楚地解释了液压往复密封需要在外行程时把油膜刮离密封而在内行程时允许残留的液膜返回以实现很低的泄漏，甚至实现零泄漏，实现后一功能，即允许油膜返回的功能，要求接触应力的压力梯度小。这一概念为设计性能良好的气动密封提供了基础。在气动密封中，润滑脂在两个方向运动过程中应尽可能不受到干扰，因此活塞杆密封和活塞密封应具有对称的接触压力分布。理想情况下，在接触的中点具有适度的压力峰，而在两侧压力尽可能缓慢下降。图4-30所示的两种结构均可获得较理想的接触压力分布。

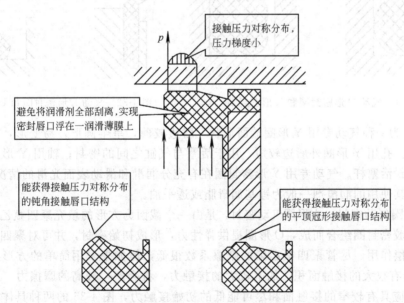

图4-30　典型气动密封唇口形状和接触压力分布

唇口接触长度可按弹性流体动压润滑理论进行优化设计，一般情况为1～1.5mm。接触面间的润滑膜厚度安装时较大，但稳定运行时较小。值得注意的是润滑膜随往复循环的进行，会一直减少下去，造成润滑剂的匮乏，所以结构上需要考虑对润滑剂的储存。

（3）常见气动密封形式及特点

a. O形圈　O形圈是应用广泛的密封元件，除了应用在静密封、液压往复运动密封等领域外，也广泛应用于气动往复运动密封。中国对气动用O形橡胶圈的尺寸系列和公差、沟槽尺寸和公差、需满足的技术条件等均制定了标准，见附录1。与液压往复运动O形圈密封相比，相同断面尺寸的O形圈，气动密封的沟槽尺寸要窄、要深，其目的是减少对密封圈的压缩作用，以降低摩擦阻力。选用时应根据使用的工况条件（温度、压力、速度、介质等）选用不同的材料并提出胶料的物理力学性能。值得注意的是O形圈对沟槽尺寸敏感，易发生扭转、翻滚，其接触应力高，摩擦阻力大，易发生粘滞作用。X形密封圈减少了接触面，并在两接触角间可储存润滑剂，有利于减少摩擦和改善润滑，如图4-31所示。

b. 唇形气动密封　用于液压的唇形密封圈，如U形圈、Y形圈、V形圈、L形圈和J形圈等，也可以用于气动往复密封，实际上它们是液气通用的，只不过气动密封的沟槽深度要大一些，其目的是减少密封圈的压缩率以降低摩擦。但由于普通唇形密封的唇部设计是按液压条件进行，当使用在气压上时，效果并不理想，动摩擦阻力较大，影响气缸工作的灵敏度。为解决这些问题，出现了气动专用的唇形密封圈，与液压密封圈相比，唇口较薄，接触部位隆起（图4-30）。图4-32为气动用L形密封圈和U形密封圈。

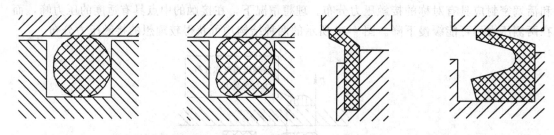

图4-31　气动O形密封圈和X形密封圈　　　　图4-32　气动L形密封圈和U形密封圈

图4-33为一种气动专用Y形圈端面形状，唇边较薄，呈半圆形，易变形，有孔用和轴用两种形式。孔用Y形圈外唇边较短，用于活塞与气缸之间的密封；轴用Y形圈内唇边较短，用于密封活塞杆。气动专用Y形密封圈在有充分润滑和滑动表面光滑的情况下工作时，寿命很长，其使用的润滑剂一般为锂基润滑脂或透平油。

c. 方形圈气动密封　方形圈气动密封，是由一个截面为方形的填充聚四氟乙烯（PTFE）环和O形橡胶密封圈组合而成，O形圈提供弹性力，形成初始密封，并可对聚四氟乙烯圈的磨损起到补偿作用。尽管聚四氟乙烯的摩擦系数很低，但如果采用简单的方形截面环（图4-34），将具有很大的接触面积，加上较大的接触力，将会产生较高的摩擦力。因此实际应用的方形圈应具有较窄的接触面和尽可能低的初始接触力，图4-35的两种具体结构实现了这一目的，密封面的浅锥部分有利于形成和保持润滑膜。

（4）无油润滑气动密封

考虑到环境污染以及电子、医疗、食品等行业的要求，环境中不允许有油，因此无油润滑是气动密封的发展趋向，同时无油润滑可使系统简化。聚四氟乙烯、耐磨聚氨酯常用作无油润滑气动密封材料，但聚氨酯密封的使用温度应低于80℃。以聚四氟乙烯为主体的复合

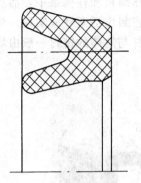

图 4-33　气动专用 Y 形密封圈

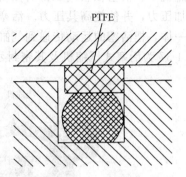

图 4-34　简单的方形截面气动密封圈

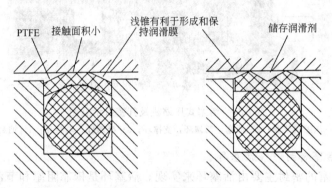

图 4-35　方形气动密封圈

材料制造的气动密封件耐热、耐寒和耐磨，使用场合越来越多。

　　图 4-36 为一种无油润滑气动密封结构，有活塞用密封和活塞杆用密封两种形式，其开口的 O 形凹槽用以存储一次性加入的润滑脂，对密封表面进行润滑，实现在不供油的状态下工作。密封用聚氨酯材料制造，适用于各类气缸及不供油润滑气缸活塞或活塞杆密封，可双向密封。

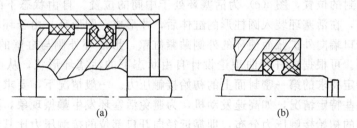

图 4-36　无油润滑气动密封圈
（a）活塞用结构形式；（b）活塞杆用结构形式

4.1.2.3　活塞和活塞杆密封[58,60]

活塞是装于气缸内并沿气缸内表面作往复运动的圆盘形或圆筒形机件，起传递动力作用。在内燃机中，活塞在燃气压力的推动下对外做功；在压缩机和柱塞泵中，活塞对气缸内的流体施加压力，并使提高其压力。活塞与气缸内表面的密封由活塞环来实现。活塞杆是与活塞结成一体，把活塞的运动传递到气缸外的机件。活塞杆与缸体的密封一般由填料密封来实现。图 4-37 为活塞式压缩机及其密封示意图。

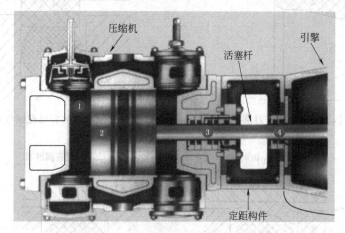

图 4-37　活塞式压缩机及其密封示意图

1—压缩机气阀；2—活塞，活塞环，支撑环；3—活塞杆，填料环；4—油封

4.1.2.3.1　活塞密封——活塞环

作往复运动活塞的密封主要由活塞环来实现。活塞环是依靠阻塞和节流机理工作的接触式动密封。在过程工业中，它广泛用作气体压缩机、液压柱塞泵等的密封。

用油润滑的内燃机、压缩机、柱塞泵等所用的活塞环通常是金属材料制作的，而无油润滑压缩机所采用的活塞环则采用炭-石墨或二硫化钼填充的聚四氟乙烯制成。活塞环经设计和不断改进，已能满足许多特殊应用场合的要求，现还在进一步的发展中。

（1）活塞环密封的基本原理

图 4-38 为一种典型的矩形截面的活塞环密封。图（a）为自由状态的活塞环，图（b）为活塞环处于密封的位置，图（c）为活塞环处于中间的位置。自由状态下的开口活塞环的形状并非一正圆，在活塞环装入圆柱形的缸体后，才形成一圆形环。由于环本身所具有的张力，迫使环的开口端向外扩张而使环的外侧贴紧缸壁，形成环外侧与缸壁的一次接触密封，构成第一密封面。可根据曲杆弯曲理论设计自由状态下的活塞环形状，从而使活塞环安装后，达到符合特定要求的第一密封面上的初始接触压力。一般情况下，要求该压力沿圆周均匀分布；但对某些特定情况，如高速发动机，为避免活塞环发生颤振现象，要求活塞环安装后，形成一梨形的初始接触压力分布，即靠近径向开口部位的接触压力比其他地方高，如图4-39 所示。

当施加系统压力 Δp 后，环被推向泄漏的方向，与活塞环槽的侧面形成二次接触密封 [图 4-38（b）]，构成第二密封面。如果活塞环处于中间位置，不与槽的侧壁形成第二密封面，则发生泄漏 [图 4-38（c）]。

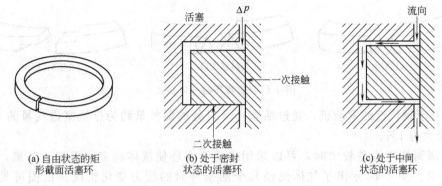

(a) 自由状态的矩形截面活塞环

(b) 处于密封状态的活塞环

(c) 处于中间状态的活塞环

图 4-38　活塞环及工作状态

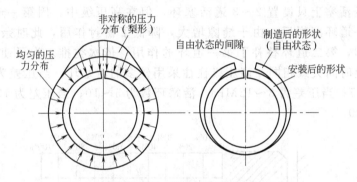

图 4-39　活塞环第一密封面初始接触压力分布

　　当气体压力 Δp 起作用时，作用在环外侧的气体压力增强了一次接触密封（图 4-40）。如果系统压力 Δp 的值适中，则一次密封接触压力和二次密封接触压力都不会太大。但随着活塞两端总压力差的增加，接触压力也相应增加，当超过一定限度，就应采用多个活塞环。总接触压力包括环的初始接触压力和气体压力产生的接触压力。通常气体压力产生的接触压力较大，是形成轴向和径向密封阻力的主要原因。当气体压力高时，环张力（初始接触压力）的影响可以忽略不计；而当气体压力很小时，则环的张力可能是主要的。

　　在理想工作状态下，活塞环的第一密封面与第二密封面均处于良好的密封状态，此时气体的唯一泄漏通道就是环的开口间隙处。环开口间隙处的形状和间隙大小影响泄漏量。常用的活塞环

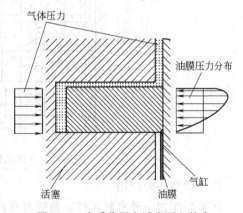

图 4-40　介质作用在活塞环上的力

开口形式有直切口、斜切口和搭切口，如图 4-41 所示。根据活塞的大小和最高的操作温度，活塞环室温下的开口间隙为 $0.2 \sim 0.5 \mathrm{mm}$，但必须确保工作状态下，活塞环受热膨胀后不完

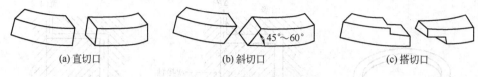

| (a) 直切口 | (b) 斜切口 | (c) 搭切口 |

图 4-41　活塞环的开口形式

全闭合。对于现代汽油发动机，通过活塞环开口处的漏气量约为燃烧室进气量的 0.3%～0.5%，最大为 1%。

当活塞两侧压力差较大时，可以采用多道活塞环使流体经多次阻塞、节流，以达到密封的要求。图 4-42 示出了气体流经几个活塞环时的压力变化情况。由图可见，经第一道活塞环后，气体压力约降到了气缸压力的 26%，经第二道活塞环后，约降到 10%。一般低压活塞上只设置 2～3 道活塞环，但在高压级中，因第一道环压力差大，磨损也大。第一道环磨损后，由于缝隙增大，降低了密封作用，此时余下的压力差由第二道环来承担，第二道环替补了第一道环的作用，依次类推。为了使高压级和低压级活塞环的更换时间大致相同，高压级往往采用较多的活塞环。当压差为 0.5～3MPa，活塞环数为 3～5；当压差为 3～12MPa，活塞环数为 5～10；当压差为 12～24MPa，活塞环数为 12～20。

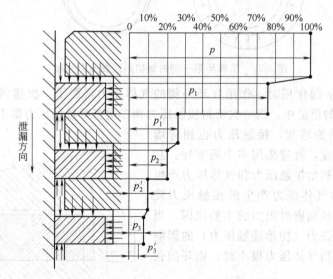

图 4-42　气体通过多个活塞环的压力变化

（2）活塞环的应用

活塞环作为一种密封元件，是随着蒸汽机的发明而首先发展起来的，后来其应用不断扩展，终于大规模地应用于内燃机上，最后还被应用于压缩机、泵和增压器上。下面简要介绍用于活塞式压缩机的活塞环密封。

在过程工业中，常要求对某些气体，如空气、合成氨的气体、二氧化碳等进行压缩。活塞式压缩机由于流量、压力范围广,而被广泛采用。活塞式压缩机分为油润滑压缩机和无油润滑压缩机。

(a) 油润滑活塞环　除无油润滑压缩机之外,绝大多数活塞式压缩机气缸都采用矿物油作润滑剂,润滑方式有飞溅润滑、喷雾润滑和压力润滑。保证活塞环和气缸表面得到良好的润滑,对活塞环的密封性能和使用寿命都是十分重要的。

活塞环应有一定的使用寿命,其材质应具有较好的耐磨性,如无特殊要求,油润滑活塞环一般由灰铸铁或合金铸铁制造。考虑到小直径活塞环比大直径活塞环的受力情况要苛刻些。直径较小的活塞环或高转速用的活塞环,选用强度较高的灰铸铁,或合金铸铁,如铌铸铁、铬铸铁、铜铸铁等。当活塞环直径小于或等于 200mm 时,选用 HT300 或 HT250 铸铁;当活塞环直径在 200～300mm 之间时,可选用 HT250 或 HT200;当活塞环直径大于 300mm 时,选用 HT200。除了强度要求外,对铸件的金相组织也有较高的要求,不允许有游离渗碳体存在。活塞环外表面不允许有裂痕、气孔、毛刺等缺陷。高压级,尤其是级差式中的高压级活塞环,可对活塞环表面进行多孔性镀铬,以提高含油及耐磨性,但缸套不需镀铬。

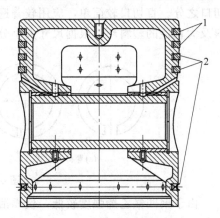

图 4-43　筒形活塞组件
1—活塞环;2—刮油环

在一些小型或单作用气缸中,活塞上除配有活塞环外,还配有刮油环。刮油环的工作面有刃边,以便把过多的润滑油刮去。此外,刮油环还可以起到分布油的作用。刮油环应安装在活塞环组的大气侧。图 4-43 为装有活塞环和刮油环的筒形活塞组件。

有时,为了承受活塞的重量或起导向作用,需要设置支撑环,以起到保护活塞环的作用,并对提高活塞环的密封能力和使用寿命也有较好的效果。图 4-44 为带有支撑环的级差活塞组件。

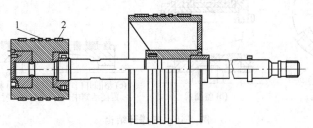

图 4-44　带有支撑环的级差活塞组件
1—活塞环;2—支撑环

过程工业生产中,有时需要对气体进行超高压压缩。例如在聚乙烯的生产过程中,需要对乙烯气体压缩至 350MPa。对于这类压缩机一般采用柱塞,即活塞在静止的活塞环内侧滑动,密封面为活塞环的内侧和柱塞的圆柱表面。该类活塞环常做成分瓣形式,也常称为分瓣环密封或硬填料密封，由卡紧弹簧进行径向加载，以提供初始密封接触压力。由于绝热压缩导致的高温环境和密封环高压载荷形成的高摩擦力，分瓣活塞环一般由金属材料制作。常用的有特殊铸造合金、轴承用青铜、炭-石墨、增强聚四氟乙烯等。

（b）无油润滑活塞环　某些特殊的工艺和设备，要求压缩机无油润滑，例如氧气压缩机、食品和饮料加工设备等。活塞式压缩机实现无油润滑，可避免油对气体的污染、改善操作环境及简化密封系统，是活塞式压缩机技术发展的一个重要方向。

无油润滑压缩机主要指活塞环、支撑环、活塞杆密封填料都实现无润滑油润滑。

无油润滑活塞环通常由增强聚四氟乙烯（PTFE）制作。按结构可分为整体开口式和分瓣式两种，如图 4-45 所示。整体开口式的形状与油润滑金属活塞环相同，也有直切口和斜切口之分。直切口较简单，应用较普遍。斜切口尖端易断，应用较少。分瓣环多用于石墨材料及大直径的塑料环，根据尺寸大小分为三瓣环、四瓣环或六瓣环。

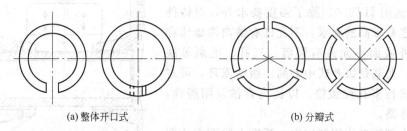

（a）整体开口式　　　　　　　　　（b）分瓣式

图 4-45　无油润滑活塞环

由于聚四氟乙烯强度较低，仅靠活塞环无法独立承担整个活塞重量。无油润滑活塞组件一般均配有支撑环。图 4-46 为常见支撑环的结构。支撑环通常是单层环，可以按操作条件和介质的不同，采用不同配方的填充聚四氟乙烯制成。支撑环表面具有泄放槽，从而使支撑环不会起密封作用。具有径向切口的单层环是最常用的一种结构，它便于安装和拆卸。

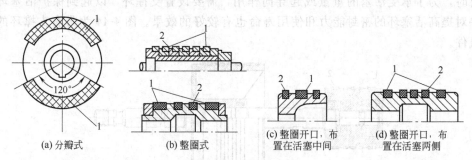

（a）分瓣式　　　（b）整圈式　　　（c）整圈开口，布置在活塞中间　　　（d）整圈开口，布置在活塞两侧

图 4-46　支撑环结构

1—支撑环；2—活塞环

4.1.2.3.2　活塞杆密封——硬填料密封

活塞杆的密封一般由填料密封来实现。在压缩机中，由于密封的是高压气体，极少采用软质填料，一般采用硬填料，常用的填料有金属、填充硬质材料的塑料或石墨等。为了解决硬填料磨损后的补偿问题，往往采用分瓣式结构。在分瓣密封环的外圆周上，用拉伸弹簧箍

紧，填料环将紧贴在活塞杆圆柱面而建立起密封，当填料磨损后，能起到自动补偿的作用。

硬填料密封的原理和活塞环类似，即在填料和活塞杆相配合面上，利用阻塞和节流作用，达到密封气缸内气体的作用。

活塞杆密封用的填料环形式主要分为两类，即平面填料环和锥面填料环。

（1）平面填料环

平面填料环广泛应用于低压、中压或压力不很高的高压级气缸上，有三瓣六瓣型、切向切口三瓣型或其他形式。

三瓣六瓣型的平面填料环结构示意图如图 4-47 所示。在一个填料函内装有两种平面填料环，一个三瓣环、一个六瓣环。朝向气缸侧（即高压侧）的是具有沿径向直切口的三瓣环，它的作用是在遮住六瓣环的径向切口。高压气体由本身的三个径向切口流入填料函的外腔（密封室），并作用于填料环的外侧面。朝向曲轴侧（即低压侧）的是六瓣环，由三个鞍形瓣和三个半月形瓣组成。六瓣环的径向切口和三瓣环的径向切口相互错开 60°，由定位销来保证。三瓣环封盖在六瓣环的径向切口上，六瓣环起着主要的密封作用。填料环的外部都用圈形弹簧把环箍紧在活塞杆上。环的径向切口与弹簧的作用是产生密封需要的预紧力。环磨损后，环能自动抱紧活塞杆而不致使密封间隙增大。工作时，沿活塞杆来的高压气体可沿三瓣环的径向切口导入密封室，从而把六瓣环均匀地箍紧在活塞杆上而达到密封作用。气缸内压越高，六瓣环与活塞杆抱得越紧，自紧密封作用越强。

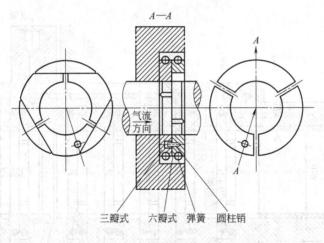

图 4-47　三瓣六瓣型平面填料环

三瓣六瓣式平面填料环主要用在压差在 10MPa 以下的中压密封。对压差在 1MPa 以下的低压密封，也可采用图 4-48 所示的沿切向切口的三瓣型平面填料环。

平面填料环不适用于密封高压力，一般压力差不应超过 10MPa。压力高时，由于每组填料承受的压力差较大，填料与活塞杆的比压相应较大，很容易磨损。所需要的填料函组数可根据不同的活塞杆直径和密封的气体压力来选取，一般为 3～8 组，平面填料环的材质一般采用灰铸铁 HT200，特殊情况可用锡青铜 ZQSn8-12 等。

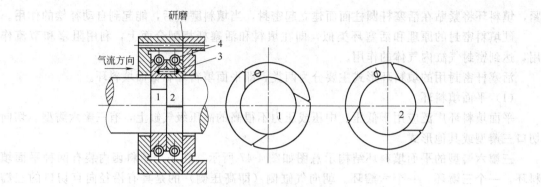

图 4-48 三瓣切向切口型平面填料环

1,2—三瓣斜口密封环；3—圆柱销；4—镯形弹簧

图 4-49 是一常用的低、中压平面填料函密封结构。它有由五组填料函构成的主密封和一组用于密封泄漏气的后置填料密封。由于活塞杆的偏斜与振动对填料工作影响很大，故在前端设有导向套 1，内镶轴承合金。压差较大时可在导向套内开沟槽起节流降压作用。填料环和导向套靠压力注油润滑，并带走摩擦热和增加密封性。注油点 A、B 一般设在导向套和第二组填料上方。主密封填料右侧有气室 6，由填料漏出的气体和油沫自小孔 C 排出并用管道回收。气室的密封靠其右侧的后置填料 7 来保证。带后置填料的结构一般用于密封易燃或

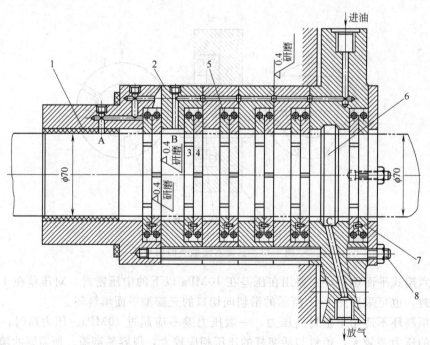

图 4-49　平面填料函密封结构

1—导向套；2—填料盒；3—闭锁环；4—密封环；5—镯形弹簧；6—气室；7—后置填料；8—螺栓

有毒气体，必要时采用抽气或用惰性气体通入气室进行封堵，防止有毒气体漏出。

　　活塞杆密封平面填料环尚有活塞环式密封圈。这种硬填料密封，每组由三道开口环组成，如图4-50所示。内圈1、2是密封环，用铂合金、青铜或填充聚四氟乙烯制成。外圈是弹力环，并用弹簧抱紧。装配时，三环的切口要错开。这种平面填料环的结构和制造工艺都很简单，已成功应用在密封压差为2MPa的场合。

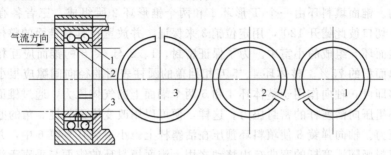

图 4-50　活塞环式密封圈
1,2—内圈（密封圈）；3—外圈（弹力环）

　　对于无油润滑压缩机活塞杆的填料密封，普遍采用填充聚四氟乙烯平面填料环，其常用的结构形式如图4-51所示，图（a）所示甲、乙填料环均为开口环，而乙填料环的径向切口用小帽盖住。该填料环的结构简单，加工、安装方便，但磨损后径向补偿不够均匀，会使填料环产生变形，导致密封性能下降；图（b）中的两填料环结构相同，只是在两填料环外侧增加一围环，可以克服图（a）结构的不足；图（c）为O形填料环结构，主填料环无切口，活塞杆与塑料填料环的配合略有过盈量，经过跑合和温升会使填料环内径稍有膨胀，使它们之间的配合趋于合理。这种结构比较简单，但磨损后得不到补偿。如果操作条件较好、磨损

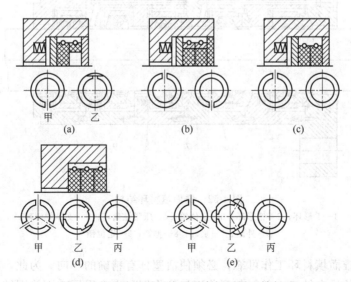

图 4-51　无油润滑压缩机活塞杆用平面填料环

速度较低，这种结构仍具有较长的使用寿命；图（d）结构较复杂，填料环甲、乙分别为不同形状的三瓣结构，丙环是限流环。无轴向弹簧，一般用于中、低压密封；图（e）结构与图（d）相似，仅乙填料环为六瓣结构，以使磨损较为均匀。

（2）锥面填料环

在密封高压力差时，为了降低填料作用在活塞杆上的比压，采用了如图 4-52 所示的锥面填料环结构。锥面填料环由一个 T 形环 1 和两个锥形环 2 所组成，三者各有一个径向切口。安装时，切口彼此错开120°，用定位销 3 来保证，并放置在具有锥面的整体的压紧锥面环 4 和支撑锥面环 5 组成的小室中。为了保证密封，1、2 与 4、5 的锥面应互相贴合，接触面积不少于总面积的 75％。整体环 4、5 互相挡盖的圆柱表面的径向间隙应很小，只要使两者能互相滑移即可。轴向作用于整体环 4 和 5 两个端面上的气体压力，通过锥面的作用转化为梯形截面环组压向活塞杆的密封压力。这样，便可以用改变锥面斜度 α 角的办法来减少环对活塞杆的压力。轴向弹簧 8 使填料环预压在活塞杆上。小室装在外匣 6 中，并与外匣有径向间隙，供填料函随活塞杆的弯曲自由移动之用。锥面填料环的锥面与垂直于活塞杆中心线的平面夹角 α 一般有 10°、20°和 30°三种。锥形填料环的组数可根据密封压力差，在 3～7 范围内选取。填料环的材质可采用 ZQSn8-12 铸造锡青铜，或 ChSnSb11-6 轴承合金，或 ZQMn5-21 铸造无锡青铜。

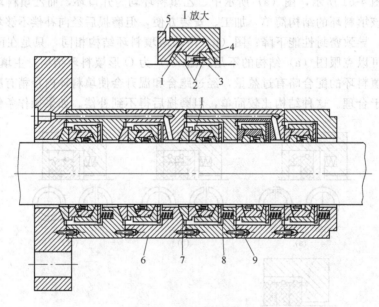

图 4-52　锥面填料环结构

1—T 形环；2—锥形环；3—定位销；4—压紧锥面环；5—支撑锥面环；
6—外匣；7—底环；8—弹簧；9—定位销

为了使高压锥面填料环工作可靠，必须使活塞杆有精确的导向。为此，在填料函的一端设一巴氏合金制的导向轴套，并能起到节流气体作用。也有采用球面垫圈结构，自动调整填料与活塞杆的垂直位置，以取代较长的轴套结构。

锥面填料密封的压力差大，填料与活塞杆之间的接触压力也较大，因此要求润滑油供应充分。压力差在 10MPa 以上的活塞杆密封，一般除从气缸算起的第一组与第二组密封元件之间导入润滑油外，在第三组与第四组密封元件之间也要导入润滑油。

4.1.3 旋转轴弹性体密封[59,60]

旋转轴的密封有很多形式，如软填料密封、机械密封和弹性体密封等。本节主要介绍旋转轴用弹性体密封，重点介绍旋转轴唇形密封和 O 形圈密封。

唇形密封由于结构简单、紧凑，摩擦阻力小，对无压或低压环境的旋转轴密封可靠，因而获得了广泛应用。在无压环境中，常用于防止机械润滑油的向外泄漏，故又称为"油封"，它有多种结构形式，其主要功能是封堵润滑剂（润滑油或润滑脂），多用于轴承密封。早期的油封用皮革制作，故又称为"皮碗"。现在，绝大多数油封的主体材料为橡胶等弹性体，密封面制作成唇口形状，故称为唇形密封，或称为旋转轴唇形密封。如果密封的主要作用是防止外界的灰尘等有害物质进入机械内部，则称之为"防尘密封"。同一种密封，根据安装位置的不同，其作用可能是"油封"或是"防尘密封"，如图 4-53 所示，图（a）的主要功能是保持润滑剂，图（b）的主要功能是排除灰尘、污物或其他杂物。

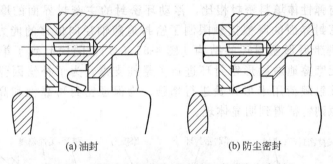

(a) 油封　　　　　　　　　　　　(b) 防尘密封

图 4-53　唇形密封圈作为"油封"或"防尘密封"

为了进一步提高保护轴承的效果，防止润滑剂的漏出和灰尘的进入，出现了专门设计的轴承隔离圈。图 4-54 即为一种专门设计的轴承隔离圈，它包含一个静止环和一个旋转环。随轴旋转的润滑剂由于受到静止环的限制、回流作用将被保持在密封腔内；污物由于受到旋转环离心作用无法进入密封腔中。轴承隔离圈起到了"隔离"润滑剂和外界污物的作用。轴承隔离圈可以卧式安装，也可以立式安装，并有不同的形式，但均包含有一旋转件和一静止件。

4.1.3.1　唇形密封

（1）无压旋转轴唇形密封

在大多数带有油润滑旋转轴的过程机器中，润滑油并没有压力，或者密封处并没有完全浸没于润滑油中。密封处或者部分或者暂时浸没于润滑油中，或者直接处于一种飞溅润滑的

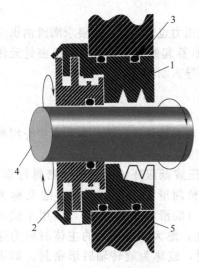

图 4-54 轴承隔离圈

1—静止环；2—旋转环；3—O 形环；

4—轴；5—箱体

环境中，如汽车发动机和齿轮箱的转轴密封。早期的汽车发动机，速度很低，采用简单纤维或皮革材料来完成密封工作；但后来，随着转轴速度和温度的提高，研制开发了各种弹性体径向唇形密封结构。在现代发动机和齿轮箱中，要求转轴密封能够满足 30m/s 的线速度和 130℃ 润滑油温度的工况要求，同时要求无泄漏操作。与此同时，密封必须要能够防止外界的灰尘、水滴等进入机械内部。

a. 基本概念 对润滑油的密封，最早形式为纤维、皮革等材料的填料密封，随着耐油和耐磨性能良好合成橡胶出现，逐渐发展了密封性能良好的径向唇形密封。图 4-55 表示出了从填料密封到唇形密封的发展过程。弹性体填料密封（夹持密封环）由于填料本身与旋转轴的接触面积大，摩擦、磨损相当严重，并且对轴的径向跳动补偿能力很弱 [图 4-55 （a）]。采用弹性体浮动环结构后，接触宽度减少，情况得到了很大改善 [图 4-55 （b）]，浮动密封环被撑大装于轴上，密封环内径与轴的过盈配合形成了接触载荷。与弹性体填料密封相比，浮动环密封的主密封界面的摩擦功耗和温升得以降低，但轴向密封界面的摩擦接触限制了密封追随轴径向位移的能力。最后，发展到了柔性隔膜顶端携带唇形密封环的结构 [图 4-55 （c）]，隔膜起到了第二密封功能的作用，并有效地、无摩擦地对唇形密封环进行了悬挂支撑。为了补偿因弹性材料老化而发生的应力松弛，接触载荷用卡形弹簧进行增强。为保证密封可靠性和高效率，在现代唇形密封中，这些原则特征得到明显体现。

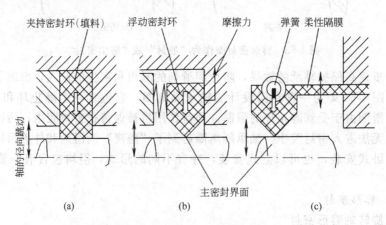

图 4-55 弹性体唇形密封的主要构件及其发展过程

b. 密封唇的几何形状 图 4-56 为现代弹性体径向唇形密封的结构图，柔性环状隔膜的一端为密封唇口，另一端与金属骨架固联。密封唇口的接触面为 0.1～0.2mm 宽的环带。多年的研究和开发结果表明，要获得无泄漏的唇形密封，除了选择合适的弹性材料外，密封带的形状和位置、密封带与弹簧的相对位置具有十分重要的作用。

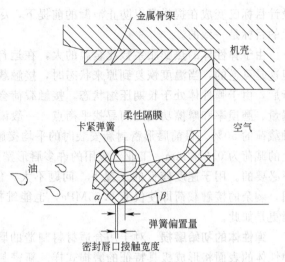

图 4-56　弹性体唇形密封的构成及其唇部结构

密封面由两个相交的锥面形成。在安装后，油侧的接触角 α 要明显大于空气侧的接触角 β，即要求 $\alpha > \beta$。α 角度面和弹簧处于密封的同一侧，暴露于被密封的流体中，否则，当轴旋转密封就会发生泄漏。图 4-57 分别表示了唇形密封正常安装和反向安装的情况。在静止时，两者均能密封；但当轴旋转时，正常安装的唇形密封保持无泄漏，而反向安装的唇形密封发生泄漏，转速越高，泄漏越严重，其物理机理后面将进行解释。

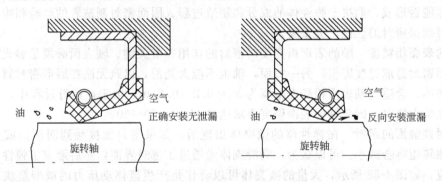

图 4-57　唇形密封的正确安装和反向安装

为使唇形密封获得良好的密封效果，油侧的接触角 $\alpha = 40°\sim60°$，空气侧的接触角 $\beta = 20°\sim35°$。弹簧中心与密封唇口中心要有一轴向偏置量，其值一般为 0.4～0.7mm，弹簧偏向隔膜侧。密封唇口接触宽度典型值为 0.1～0.15mm，经 500～1000h 的跑合运转后，接触宽度增至 0.2～0.3mm。在含磨粒性的介质环境中，接触宽度可能进一步增加至 0.5～0.7mm，甚至更多。

c. 密封界面特征　主要有密封界面接触载荷、弹性体的初始磨损、轴的表面粗糙度及密封接触面的润滑。

密封界面接触载荷　早期的唇形密封技术理论认为，为了防止泄漏，密封唇口与轴之间的接触力应很大。这一观点现在已被放弃，因为根据这一概念设计的唇形密封磨损率很高，且随着技术发展，机械转轴速度的提高，经常出现唇形密封因严重过热而迅速失效。现代的设计目标已变成在提供足以防止泄漏的前提下，尽量减少唇口的接触载荷，这与减少能量损耗的目标是一致的。

由于弹性体的热膨胀系数比金属的大，在运行时，密封高速轴的接触载荷会迅速减小，但这是可逆的，当温度恢复到原来状态时，接触载荷会恢复到原来水平。可是，经长时间运行后，由于弹性体处于长期压缩状态，接触载荷会渐渐衰减。确定衰减后的极限值，应在泄漏量、磨损率和摩擦功耗之间寻找平衡点。一般说来，衰减后的接触载荷至少应维持初始接触载荷的 50%。目前唇形密封新安装时的平均接触载荷大约为 1MPa，相当于单位周向长度上的载荷为 0.2N/mm。工业上应用的许多唇形密封的接触载荷较高，对于实现密封来说是不必要的。用于速度较低的工况下，问题不大；但在高速时，常常发生过热现象。经验表明，剩余的接触载荷即使仅有 0.05MPa，也能维持良好的密封，具有流体动压槽的唇形密封更是如此。

弹性体的初始磨损　对于用合适材料制造的唇形密封，新安装后，仅经过几转的摩擦，弹性体的表面将形成极具特征的磨损式样。新密封的弹性体表面很光滑，但经跑合磨损后，表面出现了大量的几微米高的微突体，在显微镜下可以明显看出。微突体的形状和分布有时是随机的，有时形成了轴向排列的棱脊。如果唇形密封由不能形成微突体或棱脊的材料制成，将会发生泄漏。微突体起到了微型泵的作用，将可能泄漏的流体返送回油侧。这些有用的微突体能否形成，取决于弹性体的成分和制造过程。因而密封制造者的经验和生产过程的一致性对确保密封的性能至关重要。

轴的表面粗糙度　轴的表面粗糙度对密封的作用非常关键。轴表面必须足够光滑，不至于对唇形密封造成过度磨损。另一方面，轴也不能太光滑，以致无法在唇形密封唇口形成有用的微突体。合适的轴表面粗糙度范围为 $R_a = 0.2 \sim 0.6\mu m$。由于在运行过程中，唇形密封不停地在轴上擦移，因此轴的表面硬度要求达到 HRC $= 30 \sim 50$。

密封接触面的润滑　在弹性体的微突体出现后，如果密封面接触到润滑油或其他润滑剂，摩擦转矩将会减小。可以认为，润滑流体渗透进了密封界面，然后形成了弹性流体动力润滑效应。如图 4-58 所示，大量的微突体可以看作是产生流体动压力的微型垫块。一旦微突体产生的流体动压力总和足以平衡外界施加给密封的载荷，密封就处于完全的油膜润滑状态。弹性流体动力润滑的计算结果和实验测量摩擦力的结果表明，油膜的厚度为十分之几微米，大致为可见光的波长范围。因此，唇形密封是依靠微突体和周向剪切流联合作用形成的油膜进行润滑的。从混合润滑状态过渡到全流体膜润滑状态的转轴线速度低到只有 10mm/s。油膜向密封面的初始渗透是依靠表面能的作用，如毛细管作用。

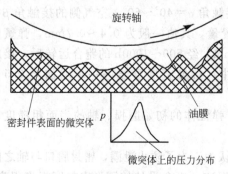

图 4-58　密封界面产生流体
动压效应示意图

d. 动力密封机理　图 4-59 描述了一种简单实验，它可以揭示，甚至定量地查明弹性体唇形

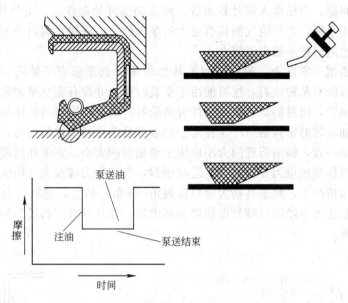

图 4-59　唇形密封圈泵回送效应的实验演示

密封的动密封能力。实验过程中，对摩擦转矩进行了监控测量。稍许干运转以测量其干摩擦转矩，然后停止运转，在空气侧注以一定量的润滑油，开始时在密封的空气侧轴与密封的锥面上形成一弯月似的油膜；但当轴重新开始运转后，摩擦力矩明显降低，同时油膜被渐渐地泵送到密封的另一侧，即通常情况下的油侧。只要轴上未留有加工形成的螺纹线，泵送过程与轴的旋转方向无关。最后，当所有的油被送到油侧一边后，摩擦力矩又突然增加。既然所加的油量是已知的，油的泵送速率可以很容易地根据泵送时间计算出来。对于轴径为 80mm 的唇形密封，泵送一滴油（约等于 0.03mL）通过密封界面，大约需要 1000 转。

　　一般说来，如果唇形密封是近似对称的（$\alpha \approx \beta$），或者接触面不能形成必需的微突体或棱脊，那么，唇形密封并不会产生明显的回泵送现象。由于回泵送的方向与泄漏方向相反，可以认为"回泵送"就是唇形密封的"动力密封机理"，它起源于密封接触界面的流体动压效应。为了解释唇形密封的回泵送效应，提出了不同的物理模型。下面将介绍两种模型：微观微突体变形模型和宏观偏斜唇模型。

　　微观微突体变形模型　　当密封安装后，径向载荷使密封唇口的微突体变平与轴接触，由于 $\alpha > \beta$，接触压力分布并不对称，如图 4-60 所示，压力分布曲线形状为准三角形，最大接触应力靠近油侧。轴的旋转在密封界面产生周向摩擦剪力，该力使弹性体的表面发生切向变形，变形的大小与接触应力的大小相对应。因此切向变形的分布由接触应力的分布反映出来。在微观水平上，微突体被拉伸变斜，在接触应力峰值的两侧，其变斜的方向相反。这些相反方向的倾斜的微观结构起到了液体流动的导向作用，将周向流动的剪切流导向了最大接触应力对应的接触线处。由于空气侧的导向微观结构比油侧的更多，导致其泵送能力更强。

　　因此，可以这样认为，在正常操作时，由于毛细管和油侧微突体泵送的联合作用，将润滑油送入了密封间隙。当油渗入密封界面后，回送功能开始起作用。空气侧的"梯级微泵"开始工作，将液体泵回，由于空气侧具有更大的泵送能力，将建立起内外的流体动平衡，密封唇口就无泄漏地运行在一稳定油膜上。

宏观偏斜唇模型　实际上，唇形密封的接触带很少真正垂直于轴线，如图 4-61 所示，整个密封对轴线可能有某种倾斜，这可能由于安装时密封并没有完全精确定位；或者是由于密封制造本身的偏差，密封唇口与密封基体有角偏斜；或者装密封的腔体与轴不同轴等。这些误差将导致在轴旋转时密封唇口产生相对于转轴的轴向小幅度往复运动，该往复运动的频率与轴的旋转频率一致，轴向行程的大小取决于角偏斜的大小。正像在前面解释往复运动密封那样，具有非对称接触应力分布的往复运动密封，有向压力梯度大（曲线陡）一侧泵送液体的能力。在图示情况下，泵送是朝大唇口接触角（α 角）的方向进行。台架试验已证实旋转轴唇形密封的泵送速率随唇口倾斜度的增加而增加，并且唇口"扫过"的轴面积越大，润滑和冷却效果越好。

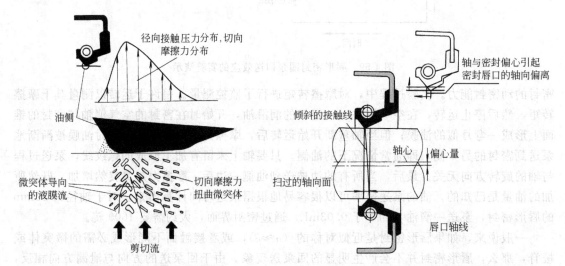

图 4-60　弹性体的微突体变形导致　　　图 4-61　轴与密封的偏心引起接触线的倾斜
剪切流转向流向接触压力最大处

事实上，微观上倾斜的微突体和宏观上整体倾斜的密封唇都对旋转轴唇形密封的密封作用、润滑作用有所贡献。这两种机理共同解释了旋转轴唇形密封的动力密封作用。

e. 流体动力型唇形密封　普通唇形密封实现回流效应微突体或宏观偏斜不是特意制造的，为了进一步提高唇形密封的回流效应，在唇形表面的空气侧特意构造能产生流体动压效应的螺纹、波纹、三角凸块等有规则的花纹，形成了流体动力型旋转轴唇形密封。这类密封泄漏量小，工作寿命长，对轴及密封自身的某些缺陷不敏感，能用于低黏度介质及高线速度等较苛刻的场合。有单向流体动力型唇形密封和双向流体动力型唇形密封两种形式，见表 4-8。

f. 带副唇的唇形密封　为了保护唇形密封免受外界流体、灰尘、泥浆等的侵害，有许多措施可供选择，其中最简单的解决方案是在唇形密封的空气侧配置一面向空气的副密封唇，见表4-8。

（2）耐压旋转轴唇形密封

对介质压力超过0.1MPa旋转轴的密封，主要采用机械密封来实现，但设计者往往出于降低成本或节省结构空间的考虑，采用唇形密封结构。旋转接头、旋转式压缩机、混合器、液压泵、离心泵、急冷或备用密封装置等往往要求尽量节省结构空间，结构紧凑的耐压旋转轴唇形密封不失为一种良好的选择。

与无压唇形密封相比，耐压唇形密封由于被密封的介质具有较高的压力，将带来许多新问题。图4-62表示出了应用耐压唇形密封的基本条件或要求。为了能够维持很低的泄漏率，密封界面的间隙要小于$1\mu m$，同时要能允许轴较大的径向跳动。密封唇口宽度要尽量小，且应得到良好润滑以降低摩擦功耗和摩擦热。流体压力一定不能引起唇口接触力增加过大。由于耐压旋转轴唇形密封的摩擦转矩较大，要采取有效措施防止唇形密封的翻转或随轴转动。填充聚四氟乙烯（PTFE）唇形密封就容易发生密封随轴旋转而迅速破坏的现象。填充聚四氟乙烯由于具有较大的热膨胀系数和良好的塑性，起始时，密封因摩擦受热而膨胀，然后由于流

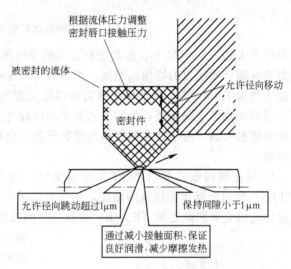

图4-62　耐压旋转轴密封的要求

体的压力作用而使聚四氟乙烯（PTFE）发生塑性流动，部分补偿了热膨胀变形；但当轴停止旋转，密封冷却到环境温度后，其唇口的径向载荷将增加到一个新的水平，随后而来的重新启动，摩擦力将非常高。由于这种收缩适配效应，密封将被拖曳而随轴旋转，导致密封的迅速破坏。

a. 橡胶弹性体唇形密封　前面讨论的无压旋转轴唇形密封（图4-56）并不能应用于介质有压力的场合。由于它具有较长的腰部膜片，流体作用面积较大，从而使得有压流体通过膜片作用在密封唇口处的接触力很高，即使在中等速度下，密封也会因过大的摩擦而损坏。为了减少压力的影响，需要对结构进行修改。图4-63为两种经过修改而适用于带压环境的旋转轴橡胶弹性体唇形密封结构。弹性体材料可为丁腈橡胶（NBR）或氟橡胶（FPM）。与无压唇形密封相比，其腰部的轴向长度较短，减少了被密封流体压力的作用面积；但是相应地也降低了密封唇部的回弹能力，进而减少了密封对轴径向跳动的追随适应能力。这类唇形密封的径向载荷比普通唇形密封的大，如图4-63（a）所示带弹簧加载唇形密封的唇口接触压力一般为$0.2\sim0.4N/mm$，而如图4-63（b）所示无弹簧唇形密封的唇口

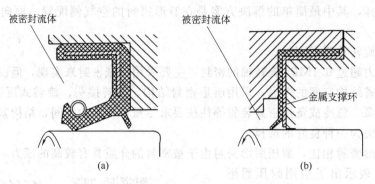

图 4-63 耐压弹性体唇形密封的典型结构

接触压力大约为 0.05N/m。这类密封适应的介质压力小于或等于 0.1MPa。允许密封唇口的接触宽度随介质压力的增加而增加，在压力为 0.1MPa 情况下，带弹簧加载唇形密封的接触宽度大约为 1mm，而无弹簧唇形密封的接触宽度为 0.5mm。前者在正确安装和使用的条件下，可以实现无泄漏运转，其实现无泄漏的机理与无压唇形密封相同，即返回泵送机理。而无弹簧唇形密封，由于存在弹性体的受热升温老化现象，可能丧失唇口的过盈接触能力而发生泄漏。

b. 填充聚四氟乙烯（PTFE）唇形密封　与橡胶弹性体密封相比，填充聚四氟乙烯（PTFE）密封能够承受较高的温度，从而可以承受较高的压力。图 4-64 为一适用于密封带压流体的填充聚四氟乙烯（PTFE）唇形密封的典型结构，PTFE 密封唇片夹持在两金属骨架之间，装配于密封腔内。这类唇形密封的典型特征是唇部较短，其短唇的径向刚度大，从而所适应的轴静态偏心值和动态径向跳动值较小。未加压时，唇口的接触载荷一般为 0.6～1.2N/mm；在 150℃时，由于 PTFE 弹性模量的下降和热膨胀效应，接触压力维持在其初始值的 40%～50%。未加压时，其接触宽度大约为 0.5mm；在压力为 1MPa 时，其接触宽度增加至 1.5mm。值得注意的是，这类密封并不能实现零泄漏运转。由于普通唇口的 PTFE 密封不能在唇口部位产生能将泄漏液体反向送回，泄漏将不可避免地发生。旋转轴和粗糙的 PTFE 表面之间，将会产生

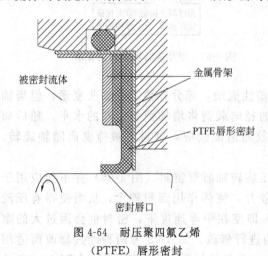

图 4-64　耐压聚四氟乙烯
（PTFE）唇形密封

一弹性流体动压膜，随着接触压力的增加，膜厚会减少，但仍然较厚，大约为十分之几微米。受压的 PTFE 唇形密封可以看作是一个间隙很小的衬套密封，在压力的作用下，将不可避免地引起流体沿界面的流动，从而形成泄漏。假设平均径向间隙为零点几微米，介质压力为 3MPa，估计的泄漏率数量级为 mL/h。另外，在高压的作用下，密封唇会发生轴向变

形，介质侧唇口端小曲率弯曲将形成密封唇口的喇叭状，而与轴不再接触，这进一步增加了泄漏。

为了提高 PTFE 唇形密封的耐压能力，降低摩擦功耗和泄漏量，开发出了反向 PTFE 唇形密封，图 4-65（a）显示了其密封原理，与普通唇形密封不同的是，反向唇密封唇口朝向空气侧，唇与轴间隙中的流体压力向外作用使唇与轴分离，而密封外周和 O 形圈处的流体压力向内作用，使密封唇与轴闭合；同时，O 形圈从轴向支撑着 PTFE 唇形密封。这种结构使得密封内外的径向力得到很大程度上的平衡。为了限制介质压力作用增加的唇口径向载荷处于一相对低的范围内，需要精心设计选择密封接触点的位置。为了获得较低的泄漏率，提高由过盈产生的初始接触压力。利用塑性记忆效应来补偿操作时唇口摩擦升温后的热膨胀效应。由填充碳石墨聚四氟乙烯制造的反向唇形密封，初始接触宽度为 $0.2\sim0.3$mm；每增加 500h 的运转，接触宽度大约增加 0.2mm。图 4-65（b）为将反向唇密封原理应用于普通 PTFE 唇形密封的结构，很明显，这种结构的唇口接触宽度比机加工的密封楔宽度大，不过可以通过选择合理断面直径的 O 形环来弥补。这种密封的介质压力可达 3MPa，而泄漏小于 1mL/h。与普通 PTFE 唇形密封相比，反向唇密封的优点在于当在介质压力较高时，其摩擦功耗和泄漏率都很低。

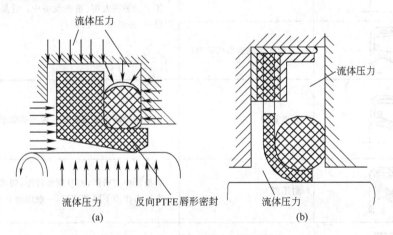

图 4-65　聚四氟乙烯反向唇形密封

（3）常用旋转轴唇形密封的结构与特征

表 4-8 为中国常用旋转轴唇形密封的结构形式与技术特征，标准目录参见附录 1。

4.1.3.2　O 形圈密封

密封元件中用得最早、最多、最普遍就是 O 形密封圈，简称 O 形圈。它具有很多优点，例如密封性好，寿命长，结构紧凑、所占空间小，动摩擦阻力小，对介质、温度和压力的适应性好，制造简单，装拆方便，成本低廉等。其密封的基本原理在 4.1.2 节往复轴密封中的“弹性体密封的基本原理”中已进行介绍。O 形密封圈可用作静密封、往复轴密封或旋转轴密封。O 形圈的截面直径 d_2 和截面压缩率 X 是衡量 O 形密封圈密封性能和寿命的重要参数指标。截面压缩率的表示见图 4-66。

表 4-8 常用旋转轴唇形密封的结构形式与技术特征

端 面 形 状	类 型	技 术 特 征 及 用 途
	内包骨架无副唇形(B型)	这是一种最普通的油封结构,用于无尘埃的环境。耐压 0.02～0.03MPa
	内包骨架有副唇形(FB型)	带有防尘副唇,用于有尘埃、泥、水的环境。安装时两唇之间最好填充润滑脂
	外露骨架无副唇形(W型)	定位准确,同轴度高,安装方便,骨架散热性好
	外露骨架有副唇形(FW型)	
	装配式无副唇形(Z型)	用于安装在大型、精密设备中。骨架刚性大,外圆导向好,不易变形,不易偏心
	装配式无副唇形(FZ型)	
	无弹簧型	用于密封润滑脂或防尘。可与单唇形并用
	耐压型	骨架延伸到唇部,而且唇部较厚,腰部也厚且短,可防止在压力作用下腰部变形,一般能耐 0.3MPa 的压力
	抗偏心型	腰部呈 W 型,可在偏心较大的部位起密封作用
	双副唇形	有两个副唇,用于低速旋转轴且防止泥水浸入,密封矿物油、水等介质
	贴唇口型	主唇刃口贴 PTFE 薄膜,提高密封唇口耐热性,耐磨性,降低唇口与轴的摩擦提高其使用寿命。这种产品特别适用于温度高、润滑不充分的旋转轴的密封,使用温度－40～250℃

144

端 面 形 状	类 型	技术特征及用途
	装配 PTFE 型	密封唇是用 PTFE 片制成,用装配的方法夹在两个骨架之间,形成密封。用于密封化学药品、溶剂、热油及水、海水、蒸汽等介质,可作为化工机械、鼓风机、干燥机、电动机械等设备的密封,用于泵轴的密封,可耐 0.5MPa 的压力
	单向流体动力型	唇口外侧面上设有螺纹等浅花纹。正转时由于流体的动压原理产生"回流效应",把漏出的油泵回油腔。但反转时却漏油
	双向流体动力型	唇口外侧面上设有对称的浅花纹,如凸△块凹△块、V 字形、8 字形等浅花纹。原理和效果同单向动力型,但正反转均不泄漏,润滑油的"回送"能改善唇口的润滑条件,使唇口温升和摩擦转矩下降,对轴的局部磨损也大大减轻,适应于更高转速和较大的轴跳动量或偏心,提高了密封的可靠性和工作寿命

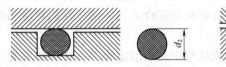

图 4-66 O 形圈截面压缩率图

截面压缩率表示为:

$$X = \frac{d_2 - t}{d_2} \times 100\%$$

式中 d_2——O 形圈自由状态下的截面直径;

t——O 形圈槽底与被密封表面的距离,即 O 形圈压缩后的截面高度。

对于 O 形圈截面压缩率的推荐值,国内外的经验基本是一致的。对于静密封而言,圆柱面静密封,截面压缩率 X 一般为 10%～15%;对于平面静密封,X 一般为 15%～30%。对于液压往复运动,截面压缩率 X 一般取 12%～20%;对于气动密封,截面压缩率取 5%～6%。原则是,压力高时,截面压缩率取较大值,压力低时,取较小值。同时,应考虑到压力的变化、密封介质的种类、工作温度及其变化、机加工精度及 O 形圈材料等因素。

旋转轴用 O 形密封圈,必须考虑"焦耳效应",即橡胶在拉伸状态下受热会剧烈收缩。为了排除该影响,O 形圈在旋转轴上绝对不允许呈拉伸状态。通常取旋转运动用的 O 形圈的内径比轴径大 3%～5%,O 形圈的外径具有 3%～8%的压缩率。要求 O 形圈的内径比轴径大,这是 O 形圈在旋转轴上成功应用的关键。如果 O 形圈的内径比轴径小,O 形圈在轴上处于拉伸状态。当轴旋转时,轴与 O 形圈内表面摩擦生热,使得处于拉伸状态的 O 形圈产生收缩,对旋转轴进一步抱紧。而对轴抱得越紧,产生的摩擦热越多;摩擦热越多,则对轴抱得越紧。如此恶性循环下去,则将引起导热性能极差的橡胶 O 形圈烧坏。

旋转运动用 O 形圈的材质可选用硬度(邵尔 A)为(75±5)度的丁腈橡胶(NBR)、氟橡胶（FPM）或聚氨酯橡胶（AU）等材料。根据轴的转速确定 O 形圈的截面直径。研究表明，截面直径越小越好。对转轴表面线速度 $v<1m/s$ 时，截面直径的选取通常是不严格的。当速度 $v=1\sim2m/s$，O 形圈的截面直径最大取 $d_2=3.53mm$；当速度 $v=2\sim3m/s$，O 形圈的截面直径最大取 $d_2=2.62mm$；当速度 $v=3\sim7.62m/s$，O 形圈的截面直径最大取 $d_2=1.78mm$。

工作温度的大小是影响 O 形圈性能与寿命的重要因素。在设计密封圈沟槽时，应尽量使之具有好的散热性能。旋转密封处的润滑，是影响 O 形圈性能与寿命的另一重要因素，应保证密封处能得到良好润滑。例如，可设置两个 O 形密封圈，在两个 O 形圈之间开设润滑油槽，并提供润滑油或润滑脂，使旋转轴 O 形圈得到良好润滑。

4.1.4　机械密封

4.1.4.1　机械密封的基本原理

（1）基本概念

机械密封是一种旋转机械，如离心泵、离心机、反应釜和压缩机等的轴封装置。机械密封，又叫端面密封，按国家有关标准定义为：由至少一对垂直于旋转轴线的端面在流体压力和补偿机构弹力（或磁力）的作用以及辅助密封的配合下保持贴合并相对滑动而构成的防止流体泄漏的装置。

如上节所述，最早应用的转轴密封为软填料密封。但随着工业技术的发展，被密封流体压力增加和转轴线速度的提高，两平面间较短的径向密封面比软填料密封较长的两圆柱面间的轴向密封面更有效，出现了机械密封。

目前机械密封几乎应用于工业的各个领域。在机动车冷却水泵、家用洗衣机、加工机床、齿轮减速（增速）箱等机械设备上应用着大量的机械密封。但更多的机械密封应用于化工、石油化工、造纸、制药、食品等过程工业的机械装备（如泵、压缩机、反应釜等）上。在某些要求严格控制泄漏量的场合，需要采用复杂的多级密封及辅助密封系统，其初始投资可能很大，甚至超过机泵本身。

中国机械密封技术起步较晚，但发展速度较快。在 20 世纪 50 年代末，兰州炼油厂开始研制泵用机械密封的配件，应用在前苏联进口的离心泵上。在 20 世纪 60 年代，沈阳水泵厂、上海水泵厂和天津机械密封件厂等相继开始生产机械密封。1965 年，由原第一机械工业部组织通用机械研究所等单位开展泵用机械密封联合设计。1970 年由机械、化学工业、石油三部联合组织，制订了《泵用机械密封标准》，并以部标 JB 1472—75 颁布（该标准 1994 年进行了更新，以 JB/T 1472—94《泵用机械密封》颁布，目前仍然有效）。该标准共设计了 24 个系列，定型 7 个系列产品。1973 年原化工部组织制订了《釜用机械密封标准》，以部标 HG 5—748—78～HG 5—751～756—78 公布。自 20 世纪 80 年代以来，中国主要机械密封制造厂相继引进了美、英、日和德国的机械密封技术，使中国机械密封技术水平迅速提高。在此期间，初步完成了机械密封的技术标准体系（见附录 1），对中国机械密封技术的发展起了指导和推动作用。

本节将简要介绍用于密封液体的普通机械密封的基本原理，端面开槽气体润滑或液体润滑非接触机械密封将分别在 4.2.3 节和 4.2.4 节中介绍。

（2）基本结构和工作原理

机械密封的结构多种多样，最常见的结构如图 4-67 所示，机械密封安装在旋转轴上，密封腔内有补偿环 1、补偿环辅助密封圈 2、弹簧 3、弹簧座 4、紧定螺钉 5，它们随轴一起旋转。机械密封的其他零件，包括非补偿环 6、非补偿环辅助密封圈 7 和防转销 8 安装在压盖内，压盖与机体用螺栓连接。轴通过紧定螺钉、弹簧座、弹簧带动补偿环旋转，此时的补偿环也称为旋转环或动环。非补偿环由于防转销的作用而静止于压盖内，此时的非补偿环也称为非旋转环或静环。旋转环在弹簧力和介质压力的作用下，与非旋转环的端面紧密贴合，并发生相对滑动，阻止了介质沿端面间的径向泄漏（泄漏点 1），构成了机械密封的主密封。该密封端面有时也称

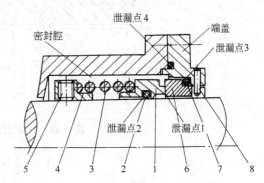

图 4-67　机械密封的基本结构
1—补偿环；2—补偿环辅助密封圈；3—弹簧；
4—弹簧座；5—紧定螺钉；6—非补偿环；
7—非补偿环辅助密封圈；8—防转销

为摩擦副，是机械密封的核心。摩擦副磨损后在弹簧和介质压力的推动下实现补偿，始终保持两密封端面的紧密接触。补偿环辅助密封圈 2 阻止了介质可能沿补偿环与轴之间间隙的泄漏（泄漏点 2）；而非补偿环辅助密封圈 7 阻止了介质可能沿非补偿环与压盖之间间隙的泄漏（泄漏点 3）。工作时，辅助密封圈无明显相对运动，基本上属于静密封。压盖与机体连接处的泄漏点 4 不属于机械密封，常用 O 形圈或垫片来密封。

图 4-68 为两种旋转式机械密封（工作时补偿弹簧随轴一道旋转）的实物照片，分别为大弹簧和小弹簧结构。

图 4-68　旋转式机械密封（大弹簧和小弹簧）

（3）力学分析

机械密封的使用性能主要取决于由两密封端面构成的主密封。起主密封作用的密封端面是由一层极薄的流体膜来润滑，以保证其正常工作，而这又取决于端面的摩擦状态。因此，对端面的力学分析极其重要。图 4-69 为机械密封端面力学分析的示意图。

密封环带面积 A　指较窄的密封端面外径 d_2 与内径 d_1 之间的环形区域的面积，即与另一个密封端面的有效接触面积。

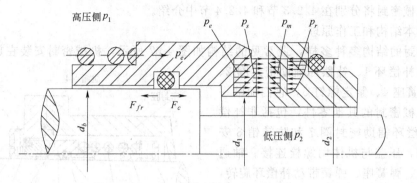

图 4-69 机械密封端面力学分析

$$A = \frac{\pi}{4}(d_2^2 - d_1^2) \tag{4-24}$$

弹簧比压 p_s 指单位密封面上的弹性力，单位是 MPa。计算方法是总的弹性力 F_s 除以密封环带的面积 A。其计算式为

$$p_s = \frac{F_s}{A} = \frac{F_s}{\frac{\pi}{4}(d_2^2 - d_1^2)} \tag{4-25}$$

密封流体压力有效作用面积 A_e 指密封流体压力作用在补偿环上，使之对非补偿环趋于闭合的有效作用面积。

$$A_e = \frac{\pi}{4}(d_2^2 - d_b^2) \tag{4-26}$$

式中，d_b 为滑移直径，也称为平衡直径，指密封流体压力作用在补偿环辅助密封圈处的轴（或轴套）的直径。

密封流体压力作用比压 p_e 单位密封面上承受的流体压力所施加的使密封端面闭合的力。

$$p_e = \frac{pA_e}{A} = \frac{p\frac{\pi}{4}(d_2^2 - d_b^2)}{\frac{\pi}{4}(d_2^2 - d_1^2)} = p\frac{d_2^2 - d_b^2}{d_2^2 - d_1^2} \tag{4-27}$$

式中 p——密封流体压力，指机械密封内外侧流体的压差。

$$p = p_1 - p_2 \tag{4-28}$$

载荷系数 K 指密封流体压力作用在补偿环上，使之对于非补偿环趋于闭合的有效作用面积 A_e 与密封环带面积 A 之比。其物理本质是密封流体压力作用比压 p_e 与密封流体压力 p 之比。

$$K = \frac{p_e}{p} = \frac{A_e}{A} = \frac{d_2^2 - d_b^2}{d_2^2 - d_1^2} \tag{4-29}$$

当 $K \geqslant 1$ 时，即 $A_e \geqslant A$，密封流体压力作用面积大于或等于密封环带面积（承载面积），称为非平衡型机械密封；当 $K < 1$ 时，即 $A_e < A$，密封流体压力作用面积小于密封环带面积

（承载面积），称为平衡型机械密封。

平均流体膜压力 p_m 指密封端面间流体膜的平均压力。

$$p_m = \frac{\int_A p_r \mathrm{d}A}{A} \tag{4-30}$$

式中 p_r——在半径为 r 处密封端面上的流体膜压力，即流体膜压力沿密封端面半径方向的压力分布。

反压系数 λ 指密封端面间流体膜平均压力 p_m 与密封流体压力 p 之比。

$$\lambda = \frac{p_m}{p} \tag{4-31}$$

闭合力 F_c 指由密封流体压力 p 和弹簧力 F_s 等引起的作用于补偿环上使之对于非补偿环趋于闭合的力。

$$F_c = p_e A + p_s A \pm (F_{fr} + F_i) \tag{4-32}$$

式中 F_{fr}——补偿环辅助密封与滑移面之间的摩擦力；
F_i——补偿环组件轴向加速运动时产生的惯性力。

在稳定工作条件下，可不考虑轴向摩擦力和惯性力的影响。

开启力 F_o 指作用在补偿环上使之对于非补偿环趋于开启的力。

$$F_o = p_m A = \lambda p A \tag{4-33}$$

端面比压 p_c 指作用在密封环带上单位面积上的净闭合力。

$$p_c = \frac{F_c - F_o}{A} = \frac{(Kp + p_s)A - \lambda p A}{A} = p_s + (K - \lambda)p \tag{4-34}$$

上述分析是针对图 4-50 所示的基本结构而进行的，不同的具体结构，某些参数计算式会有所不同。

4.1.4.2 机械密封的分类

机械密封可按不同的分类方法进行分类。

① 按使用密封的工作主机可分为：泵用机械密封、釜用机械密封、压缩机用机械密封等。

② 可按不同的工作参数分类，如表 4-9 所示。

③ 按结构型式分类，如表 4-10 所示。

4.1.4.3 机械密封的设计

（1）机械密封的设计原则

对于大多数工程技术人员，是选择和使用机械密封。但当无法选择到满足使用要求的机械密封时，会面临设计问题。而对于密封技术的研究与开发，则常面临机械密封的设计。

机械密封设计涉及面很广，这里主要关注设计中必须特别引起注意的基本问题。首先，通过合理的密封腔设计、密封腔内流体状态（温度、气体含量、汽化情况、固体颗粒含量等）的控制来尽可能提供一个有利于密封良好工作的外部环境；其次，在设计和选择机械密封辅助系统时，应充分考虑到影响密封性能因素的复杂的相互作用关系。

表 4-9　机械密封按工作参数分类

分类原则	工况参数	分类
按密封腔温度	$t>150℃$	高温机械密封
	$80℃<t≤150℃$	中温机械密封
	$-20℃≤t≤80℃$	普通机械密封
	$t<-20℃$	低温机械密封
按密封腔压力	$p>15MPa$	超高压机械密封
	$3MPa<p≤15MPa$	高压机械密封
	$1MPa<p≤3MPa$	中压机械密封
	常压$≤p≤1MPa$	低压机械密封
	负压	真空机械密封
按密封端面速度	$v>100m/s$	超高速机械密封
	$25m/s≤v≤100m/s$	高速机械密封
	$v<25m/s$	一般速度机械密封
按轴径尺寸分	$d>120mm$	大轴径机械密封
	$25mm≤d≤120mm$	一般轴径机械密封
	$d<25mm$	小轴径机械密封
按工作参数	满足下列条件之一： $p>3MPa$； $t≤-20℃$ 或 $t≥150℃$； $v≥25m/s$； $d>120mm$	重型机械密封
	满足下列条件： $p<0.5MPa$； $0<t<80℃$； $v<10m/s$； $d≤40mm$	轻型机械密封
	不满足重型和轻型的其他密封	中型机械密封
按使用介质	强酸、强碱及其他强腐蚀介质	耐腐蚀机械密封
	含固体磨粒介质	抗磨粒磨损机械密封
	油、水、有机溶剂及其他弱腐蚀性介质	耐油、水及其他弱腐蚀性介质机械密封

　　机械密封的结构、零件和材料多种多样，可以产生几万种排列组合，但这种组合多样性对解决实际问题并未提供太多的帮助。实际所需要的是满足特定要求的简洁而有效的解决方案。总之，机械密封的设计必须满足下列基本要求：

　　① 必须始终有液体与密封端面入口处保持接触；

　　② 液体在端面入口处的温度必须低于在该处压力下液体沸点；

　　③ 补偿环必须始终处于自由补偿状态，能进行轴向的自我调节；

150

表 4-10　机械密封按结构型式分类

分类		结构简图	特点	适用范围
按液体压力平衡情况分类	非平衡型		不能平衡液体压力对端面的作用,端面比压随液体压力增加而增加 载荷系数 $K \geqslant 1$ 在较高液体压力下,由于端面比压增加,容易引起磨损,结构简单	适用于液体压力低的场合 对于一般液体可用于密封压力 $\leqslant 0.7$MPa,$p_c v \leqslant 4 \sim 6$(MPa·m)/s;对于润滑性差及腐蚀性液体可用于压力 $\leqslant 0.3 \sim 0.5$MPa
	平衡型		能部分或全部平衡液体压力对端面的作用,但通常采用部分平衡 载荷系数 $0 \leqslant K < 1$ 端面比压随液体压力增高而缓慢增加,改善端面磨损情况 结构比较复杂	适用于液体压力较高的场合,对一般液体可用于 $0.7 \sim 4.0$MPa,甚至可达 10MPa,$p_c v$ 为 $90 \sim 200$(MPa·m)/s 对于润滑性较差、黏度低、密度小于 600kg/m³ 的液体(如液化气),可用于液体压力较高的场合
按摩擦副对数分类	单端面密封		用一对摩擦副,结构简单,制造、拆装容易 一般不需要外供封液系统,但需设置自冲洗系统,以延长使用寿命	应用广,适合于一般液体场合,如油品等 与其他辅助装置合用时,可用于带悬浮颗粒、高温、高压液体等场合
	双端面密封		用两对背靠摩擦副 密封腔内通入介质压力为 $0.05 \sim 0.15$MPa 的外供封液,起"堵封"和润滑密封端面等作用 结构复杂,需设置外供封液系统	适用于腐蚀、高温、液化气带固体颗粒及纤维、润滑性能差的介质,以及易挥发、易燃、易爆,有毒、易结晶和贵重的介质
按密封介质泄漏方向分类	内流式		密封介质在密封端面间的泄漏方向与离心力方向相反,泄漏量较外流式为小	应用较广,多用于内装式密封,适用于含有固体悬浮颗粒介质的场合
	外流式		密封介质在密封端面间的泄漏方向与离心力方向相同,泄漏量较大	多用于外装式机械密封中
按弹簧数量分类	单弹簧		单个大弹簧,端面比压不均匀,转速高时受离心力影响较大 因丝径大,腐蚀对弹簧力影响较小 一种轴径需用一种规格弹簧,弹簧规格多,轴向尺寸大,径向尺寸小,安装维修简单	使用广,适用于油品、液化气,腐蚀性液体及小轴径泵,但泵轴旋向应与弹簧旋向相同
	多弹簧		多个小弹簧,端面比压均匀 不同轴径可用数量不同的小弹簧,使弹簧规格减少 轴向尺寸小,径向尺寸大 安装繁琐,但更换弹簧时,不需拆下密封装置	适用于无腐蚀性介质及大轴径的泵

分类		结构简图	特点	适用范围
按结构分类	流体静压式		在两个密封环之一的密封端面上开有环形沟槽和小孔，从外部引入比介质压力稍高的液体，保证端面润滑 通过调节外供液体压力控制泄漏、磨损和寿命 需设置另外一套外供液体系统，泄漏量较大	适用于高压介质和高速运转场合，往往与流体动压密封组合使用
	流体动压式		在两个密封环之一的密封端面开有各种沟槽，由于旋转而产生流体动力压力场，引入密封介质作为润滑剂	适合于高压介质和高速运转的场合[$p_c v$ 值达 270(MPa·m)/s]，往往与流体静压密封组合使用
按弹性元件分类	弹簧压紧式		用弹簧压紧密封面，有时用弹簧传递转矩 由于端面磨损，使弹簧力在 10%～20% 范围内变化。制造简单，使用范围受辅助密封圈耐温限制	多数密封常用的型式，使用广泛
	波纹管式		用波纹管压紧密封端面 由于不需要辅助密封圈，所以使用温度不受辅助密封圈材质的限制	多用于高温或腐蚀介质场合

④ 补偿环和非补偿环必须有可靠的防转措施，防止在扭转载荷的作用下，发生相对于轴或壳体的周向滑动或转动；

⑤ 必须具有足够的弹簧力始终维持密封端面的接触。

为了提高密封的可靠性，某些其他要求也应尽量满足，如：

① 至少一个密封环应采用高导热材料；

② 高压流体处于密封环的外圆周，即密封结构采用内流式；

③ 一个密封端面的材料必须耐磨，且在磨损过程中能保持端面的平滑；

④ 对高速场合，非补偿环旋转，即采用静止式结构，并且旋转环的外周尽量简洁，避免对流体的激烈搅动；

⑤ 窄环的端面宽度不超过 2～3mm；

⑥ 密封采用平衡式结构，载荷系数 $K=0.7～0.8$；

⑦ 避免大的拉伸应力和冲击载荷作用在石墨环和陶瓷环上。这些载荷包括离心力、突然加压，传动销、防转销的突然冲击等。

（2）机械密封的设计程序

a. 获取设计条件　设计机械密封时，必须进行周密的调查研究，并获得具体的设计条件。包括：工作主机的类型及需要密封的部位；使用工况，即介质压力、介质温度及轴的转速、转向；被密封介质的名称、成分及性质，包括密度、黏度、浓度、饱和蒸汽压、pH值，是否有腐蚀性、是否含悬浮颗粒等，是否易结晶或聚合；工作主机的运转状况，是连续运转还是间隙运转以及检修周期等；轴的振动及偏摆情况；泄漏量的允许极限值；密封部位的结构。包括轴（或轴套）的外径尺寸，密封腔结构，密封腔内径及深度，密封端面的装配尺寸和各表面的粗糙度；密封辅助系统情况。密封腔有无冷却水夹套，冷却水的温度，是否具备采取冲洗、冷却措施的条件，有无过滤装置等。

b. 确定基本结构　主要确定密封是单端面或是双端面，平衡型或是非平衡型，内装或是外装，旋转式或是非旋转式、单弹簧或是多弹簧等基本结构。

c. 确定材料　确定端面摩擦副、辅助密封圈、弹性元件及其他零件材料。

d. 密封端面设计　主要确定密封端面宽度及高度，计算载荷系数 K。

e. 补偿环和非补偿环设计　包括形状、尺寸、支撑方法、传动及防转机构、强度设计、刚度设计等。

f. 辅助密封设计　进行形状、尺寸、压缩量、密封性、浮动性等的设计。

g. 弹性元件设计　确定弹性力大小、弹性元件数量、弹性力的施加方式等。

h. 密封辅助系统设计　确定密封辅助系统的流程、器件及其运行条件。

i. 主要工作参数计算　主要计算弹簧比压、平衡系数、端面比压、pv 值、摩擦功耗等。

j. 标准化和工艺审查　对零件、结构、材料、试验等进行标准化审查；对零件的加工工艺性进行审查。

k. 进行型式试验　拟订具体的试验方案，并进行试验，按试验规范进行考核。

l. 编制零件表、使用说明书，完善设计技术文件　产品型式试验成功并定型后，编制零件表、使用说明书，并完善、归档设计技术文件。

（3）机械密封设计计算的主要内容

a. 弹簧比压的确定　弹簧比压是弹性力作用密封端面上产生的单位面积上的压力，按式（4-25）计算，是一个重要的设计参数。设计时通常是根据经验或试验确定弹簧比压，然后确定工作状态时的弹性力，进而设计弹性元件。弹簧力的主要作用是保证主机在启动、停车或介质压力波动时，使密封面能紧密贴合；同时用以克服补偿环辅助密封圈与相关元件表面间的摩擦阻力，使补偿环能追随端面的磨损沿轴向移动。弹簧比压值过小，难以起到上述作用；弹簧比压过大，则会加速端面磨损。对于内装式机械密封一般弹簧比压 $p_s = 0.1 \sim 0.2$MPa。对于外装式非平衡型密封，介质压力小于 0.1MPa，弹簧比压 p_s 取 0.3 ~ 0.4MPa。介质压力在 0.1 ~ 0.25MPa 之间时，弹簧比压 p_s 取 0.4 ~ 0.6MPa。真空条件下的弹簧比压 p_s 取 0.2 ~ 0.3MPa。补偿环辅助密封圈为 O 形橡胶圈时，p_s 取较小值；补偿环辅助密封圈为聚四氟乙烯 V 形圈时，p_s 取较大值。在反应釜、搅拌器中，由于轴偏摆较大，速度较低，可取较大的弹簧比压。

b. 端面比压的计算　密封端面单位面积上的净闭合力即为端面比压。

内装内流型密封的端面比压　图 4-69 即为一内装内流旋转式机械密封的结构。旋转组件处于介质中，对润滑和冷却较为有利，端面比压随介质压力的增加而增大，压力波动时，密封面的贴合较为稳定，是应用较多的一种形式。式（4-34）即为该类结构机械密封端面比压的计算式。根据经验，该类机械密封的端面比压 $p_c = 0.3 \sim 0.6\text{MPa}$ 比较合适，当介质黏度大，润滑性能好，摩擦副材料硬度高时，端面比压可适当高些，可达 1.0MPa，甚至 1.2MPa。

外装外流非平衡型密封的端面比压 图 4-70 为一外装外流非平衡型机械密封示意图。其闭合力仅有弹簧力 F_s，即 $F_c = F_s$，端面的开启力有端面间液膜的平均压力 $p_m A = \lambda p A$，介质的作用压力 $F_p = p A_e$，但有效作用面积 A_e 为

$$A_e = \frac{\pi}{4}(d_1^2 - d_b^2)$$

同样将 A_e 与密封环带 A 之比定义为载荷系数 K，则该类密封的端面比压的计算式为

$$p_c = \frac{F_c - F_o}{A} = \frac{F_s - (\lambda p \cdot A + p \cdot A_e)}{A} = p_s - (\lambda + K)p \tag{4-35}$$

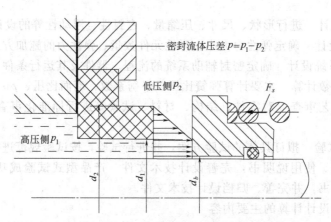

图 4-70 外装外流非平衡型密封的受力分析

由此可见，在外装式密封中，为了保持合适的端面比压，需要较大的弹簧比压，特别是当介质压力增大时，开启力也随之增大，需要更大的弹簧比压。但是，过大的弹簧比压是不允许的，特别是在设备启动和压力低的情况下运行时，将会导致端面比压过大。因此，外装式密封不能用于高压，一般不超过 0.25MPa。即使在低压的情况下，由于受弹簧施力不均匀性、离心力等不利因素的影响，密封效果也不太好，一般仅用于强腐蚀性介质工况。

外装外流平衡型密封的端面比压 为了提高外装式密封的使用压力，又不致使弹簧比压过大，出现了外装平衡式结构，图 4-71 为该类密封的结构受力示意图。由于其端面比压的构成有所改善，外装式平衡型密封使用的介质压力可达 0.4MPa。

其主要特征是闭合力除了弹簧力外，还有介质压力，即

$$F_c = F_s + p \cdot A_e \tag{4-36}$$

而有效作用面积 A_e 的计算式为

$$A_e = \frac{\pi}{4}(d_b^2 - d_1^2) \tag{4-37}$$

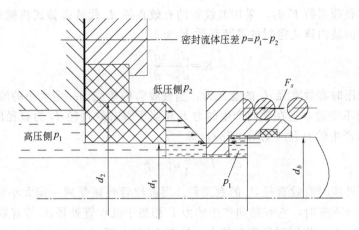

图 4-71　外装外流平衡型密封受力分析

这类密封的端面比压的计算式为

$$p_c = \frac{F_c - F_o}{A} = \frac{F_s + p \cdot A_e - \lambda p \cdot A}{A} = p_s + (K - \lambda)p \tag{4-38}$$

双端面密封的端面比压　图 4-72 是两种双端面密封的结构示意图，它们由两组摩擦副组成。摩擦副之间有润滑性能良好的封液，封液进行循环以带走热量，封液的压力 p_f 一般比被密封的流体压力 p_1 高 $0.1 \sim 0.2$MPa。图 4-72（a）两个旋转环共用一个（或一组）弹簧的"背靠背"结构，弹簧力可均匀地加到两个密封端面上。图 4-72（b）为两套密封共用一个旋转环的"面对面"结构。计算双端面密封的比压时，需要分别计算。对于上述两种结构，空气端和内装内流情形完全一样，其密封比压的计算式为

$$p_c = p_s + (K - \lambda)p = p_s + (K - \lambda)p_f \tag{4-39}$$

对于介质端，可以看作压力为 p_f 的封液介质向压力为 p_1 环境泄漏的内流单端面密封，其端面比压的计算式为

$$p_c = p_s + (K - \lambda)p = p_s + (K - \lambda)(p_f - p_1) \tag{4-40}$$

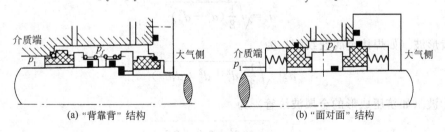

(a) "背靠背" 结构　　　　　　　　　　(b) "面对面" 结构

图 4-72　双端面机械密封

值得注意的是，应用式（4-39）和式（4-40）计算端面比压时，应根据具体结构正确确定其平衡直径 d_b、有效面积 A_e 及载荷系数 K 等。

波纹管式密封的端面比压　波纹管式机械密封端面比压的计算和弹簧式机械密封完全相

同，只是在计算载荷系数 K 时，采用波纹管的有效直径 d_e 代替弹簧式机械密封的平衡直径 d_b。例如，对于内装内流式密封的载荷系数 K 为

$$K = \frac{d_2^2 - d_e^2}{d_2^2 - d_1^2} \tag{4-41}$$

波纹管受内压时有效直径 d_e 的意义为：当波纹管内侧受到一定大小的流体压力 p 作用，而长度 L 又保持不变时，它在轴向产生的力 F 相当于以有效直径 d_e 为直径的圆形活塞端面受压力 p 作用所产生的力 F（见图 4-73），即

$$F = \frac{\pi}{4} d_e^2 \cdot p \tag{4-42}$$

当波纹管受外压时有效直径 d_e 的意义是：当波纹管外侧受到一定大小的流体压力 p 作用而长度 L 又保持不变时，它在轴向产生的力 F 相当于波纹管外径 d_o 与有效直径 d_e 之间的环形活塞端面受压力 p 作用时所产生的力（见图 4-74）。即

$$F = \frac{\pi}{4}(d_o^2 - d_e^2) \cdot p \tag{4-43}$$

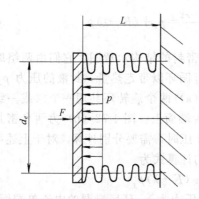
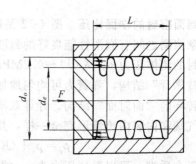

图 4-73　受内压时波纹管的有效直径　　　　图 4-74　受外压时波纹管有效直径

波纹管的有效直径 d_e 与其波形有关。对于矩形波（如车制的聚四氟乙烯波纹管）为

$$d_e = \sqrt{\frac{1}{2}(d_i^2 + d_o^2)} \tag{4-44}$$

锯齿形波（如焊接金属波纹管）为

$$d_e = \sqrt{\frac{1}{3}(d_i^2 + d_o^2 + d_i d_o)} \tag{4-45}$$

U 形波（如挤压成形的金属波纹管）为

$$d_e = \sqrt{\frac{1}{8}(3d_i^2 + 3d_o^2 + 2d_i d_o)} \tag{4-46}$$

上述三式中 d_i 和 d_o 分别为波纹管的内外直径，且计算结果 d_e 仅是近似值，因为有效直径 d_e 除与波形有关外，还与波纹管的受压状态、材料和波数有关。当其受内压时，波纹管有效直径将比计算值大，压力越高，偏差越大；当其受外压时，波纹管有效直径将比计算

值小，也存在压力越高，偏差越大的问题。因此，精确设计计算时需通过实验测定。

c. $p_c v$ 值的计算　$p_c v$ 值是设计和使用机械密封的重要参数，计算时随着选取压力的基准不同，$p_c v$ 值有不同的含义，即表达机械密封的功能特性不同。

工作 $p_c v$　它以端面密封比压 p_c 作为压力基准，即端面比压 p_c 与端面平均线速度 v 的乘积，表征密封端面实际工作状态。端面的发热量和摩擦功耗直接与 $p_c v$ 成正比，该值过大时会引起端面液膜的强烈汽化或者使边界膜失向（破坏了极性分子的定向排列）而造成吸附膜脱落，结果导致端面摩擦副直接接触产生急剧磨损。它是设计时考虑的一个重要指标，其值必须小于许用的 $[p_c v]$。

许用 $[p_c v]$　许用 $[p_c v]$ 是极限 $(p_c v)$ 除以安全系数获得的数值。所谓极限 $(p_c v)$ 是指密封失效时达到的 $p_c v$，它是密封技术发展水平的重要标志。不同材料组合具有不同的许用 $[p_c v]$ 值，表 4-11 为常用材料组合的许用 $[p_c v]$，它是以密封端面磨损速度小于或等于 $0.4 \mu m/h$ 为前提的试验结果。

表 4-11　常用摩擦副在机械密封中的许用 $[p_c v]$ 值

摩　擦　副	SiC-石墨	SiC-SiC	WC-石墨	WC-WC	WC-填充四氟	WC-青铜	Al_2O_3-石墨	Cr_2O_3 涂层-石墨
$[p_c v]$/MPa $\cdot$ m $\cdot$ s^{-1}	18	14.5	7～15	4.4	5	2	3～7.5	15

工况 pv 值　工况 pv 值是以密封腔工作压力作为压力的计算基准，是密封腔工作压力与端面平均线速度的乘积。它是密封运行工况的具体表征，密封的工况 pv 值应小于该密封的最大允许工况 pv 值。选用手册或产品样本上所给的 pv 值一般即为最大允许工况 pv 值，该值也是密封技术水平的体现。一般情况下工况 pv 值大于端面工作 $p_c v$ 值。例如泵密封腔的压力为 5MPa，取平均线速度为 10m/s，则工况 $pv = 50$MPa $\cdot$ m $\cdot$ s^{-1}，这时往往选用平衡型密封，假如端面比压 $p_c = 0.6$MPa，那么端面工作的 $p_c v = 6$MPa $\cdot$ m $\cdot$ s^{-1}。

d. 摩擦功率的计算　机械密封的摩擦功率包括密封端面的摩擦功率 N_f 和旋转组件对流体的搅拌功率 N_s。一般情况下搅拌功率很小，可以忽略，但对于高速机械密封，则必须考虑该项摩擦功率及其可能造成的危害。

端面摩擦功率的计算一般都采用摩擦系数的计算方法，即端面摩擦系数乘以端面工作的 $p_c v$ 值，再乘以端面密封环带面积。

$$N_f = f \cdot p_c v \cdot A \tag{4-47}$$

摩擦系数 f 与许多因素有关，正常运转机械密封的摩擦系数见表 4-12。

表 4-12　机械密封摩擦副正常运转时的摩擦系数 f

摩擦副组对材料	摩擦系数 f	摩擦副组对材料	摩擦系数 f
浸树脂碳石墨-铸铁	0.07	碳化硅(SiC)-碳化钨(WC)	0.02
浸树脂碳石墨-氧化铝陶瓷	0.07	硅化石墨-硅化石墨	0.05
浸树脂碳石墨-碳化钨(WC)	0.07	碳化硅(SiC)-碳化硅(SiC)	0.02
浸树脂碳石墨-碳化硅(SiC)	0.02	碳化钨(WC)-碳化钨(WC)	0.08
浸树脂碳石墨-硅化石墨	0.015		

（4）某些设计特征、问题与解决方案

a. 转矩传递 由于旋转组件需要克服搅拌和端面的摩擦转矩，保持其正常旋转，需要

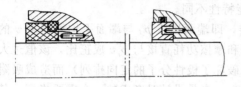

图 4-75 非旋转环的柱销防转机构

有可靠的传动方式来传递转矩。同时非旋转环需要固定，防止其随旋转环一起旋转，其防转机构将旋转环传递来的转矩传递到机体上。非旋转环防转机构最常见的是柱销机构，有轴向防转销和径向防转销两种形式，如图 4-75 所示。

转矩传递机构在有效传递转矩的同时，不能妨碍补偿机构的补偿作用和密封环的浮动减振能力。转轴将转矩传递到密封组件的常见机构有紧定螺钉、销钉、平键及分瓣环等。密封件将转轴传递来的转矩传递给旋转环的常见机构有以下几种。

① 柱销机构 ［图 4-76 (a)］，它传递转矩时仅存在轴向力，常用于多弹簧的密封中。

② 并圈弹簧机构 ［图 4-76 (b)］，它结构简单，用于传动旋转式补偿环。但其旋转方向与弹簧的旋向有关，应使弹簧越转越紧。

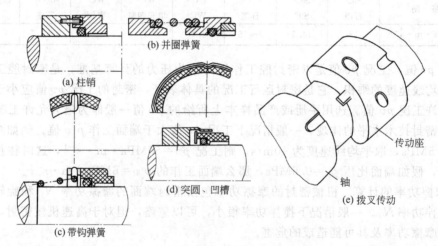

图 4-76 机械密封的转矩传动机构

③ 带钩弹簧机构 ［图 4-76 (c)］，用于旋转式补偿环的传动。其旋转方向与弹簧旋向有关。

④ 突圆（耳环）、凹槽机构 ［图 4-76 (d)］，用于补偿环的传动或防转，常与弹簧座组成整体结构。

⑤ 拨叉传动机构 ［图 4-76 (e)］，用于补偿环的传动或防转。结构简单，常与弹簧座组成冲压件整体结构。由于冲压件拨叉径向尺寸小（较薄），且冲压后冷作硬化，拨叉易断裂，常用于中性介质。

⑥ 波纹管传动机构。波纹管是集弹性元件、辅助密封和转矩传动机构于一身的密封元件。其转矩的传动方式是波纹管机械密封所特有的，波纹管的两端分别与传动座和旋转环联

接，至于连接方式依波纹管材料而定。例如，对于金属波纹管，则采用焊接；对于橡胶波纹管和聚四氟乙烯波纹管，则采用整体或其他方法连接。转轴通过紧定螺钉、键等机构将转矩传递到传动座，传动座通过波纹管即把转矩传递到旋转环。如图 4-77 所示为波纹管旋转式传动焊接金属波纹管机械密封。

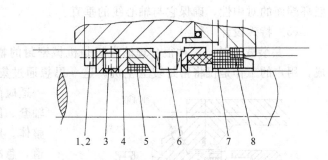

图 4-77　波纹管旋转式机械密封
1—内六角螺钉；2—垫片；3—紧定螺钉；4—传动座；
5—旋转环辅助密封；6—旋转环波纹管组件；
7—非旋转环；8—非旋转环辅助密封圈

b. 辅助密封　有滑移式辅助密封（Pusher secondary Seals）和波纹管辅助密封。

滑移式辅助密封　滑移式辅助密封必须随时能跟随浮动补偿环作轴向自由移动。最常见的滑移式辅助密封即为 O 形圈、V 形圈、楔形环等，它们均能随补偿环沿轴向进行滑移，统称为滑移式辅助密封。可是，滑移式辅助密封容易与滑移表面发生粘接作用，摩擦系数会随时间的增加而增加，有时摩擦系数 f 可达 $0.5 \sim 0.8$。例如，由于热膨胀的作用，典型的弹簧比压 $p_s = 0.1 \sim 0.2 \mathrm{MPa}$ 有可能无法使滑移式辅助密封进行轴向移动，以保持两密封端面的紧密贴合。如果有固体颗粒在滑移表面沉积，或者滑移表面因腐蚀而变得粗糙，情况变得更为严重。所以维持滑移表面的清洁和光滑是非常重要的。

波纹管辅助密封　波纹管具有辅助密封的功能。采用波纹管式机械密封几乎可以完全避免滑移式辅助密封与滑移表面粘接的问题。常见的有橡胶波纹管式密封、聚四氟乙烯波纹管密封、焊接金属波纹管式密封等，如图 4-77 所示。它们的轴向补偿依靠波纹管本身完成，不存在辅助密封圈沿密封面滑移的问题。

c. 角位移、不对中　无论是补偿环旋转还是非补偿环旋转，如果非补偿环密封面不与转轴的轴心线垂直，将会对其密封功能产生严重的不利影响。如果非补偿环稍微倾斜，它将迫使补偿环晃动，进而使滑移式辅助密封圈产生轴向摆动。如果倾斜量很小，其摆动仅引起辅助密封圈内部切应力的变化，并不至于引起辅助密封圈沿密封面的实质性移动。如果倾斜量较大，将导致辅助密封圈沿密封面的往复滑动，由于形成微振腐蚀的条件而导致辅助密封圈及其耦合的密封面严重磨损，最终形成一泄漏通道。非补偿环的倾斜同时影响到了密封界面间的流体流动。由于补偿环追随非补偿环因倾斜而形成的跳动，导致界面间液膜厚度的不均匀变化，将引起端面间流体膜压力的下降，增加了其汽化和热不稳定性的危险。

大部分非补偿环采用 O 形圈作为其辅助密封圈，许多制造和安装因素都会引起该类非补偿环的倾斜。例如，压盖本身对轴线的倾斜，O 形圈底面由于加工的原因而对于压盖的轴线存在一倾角，O 形圈本身的断面直径沿圆周不均匀等。在安装过程中，必须仔细检查非补偿环端面的对中性，确保它与轴心线的垂直。

（5）特殊设计

a. 集装式设计　一种很合理的设想是机械密封的整体组装和试验均由密封制造者来完成，用户的工作是仅将密封装上主机。这一思想通过集装式机械密封得以实现。图4-78为一适应面很广的集装式机械密封结构，它将轴套、压盖、主密封、辅助密封等集成一个整体。压盖上还布置了实现冲洗和急冷的通道，急冷液或缓冲液的密封通过唇形密封来实现。

集装式机械密封是一种结构新颖、性能可靠、安装维修方便的密封结构，尽管初始投资较高，但使用维护成本低，是很有发展前途的机械密封结构。API 682密封标准，要求密封全部采用集装式结构。

b. 旋转接头　旋转接头是一类特殊的机械密封，用它来实现由相对静止管线向运动管线或设备输送水、油、蒸汽、空气或其他气体。可根据流体压力、相对运动速度、输送介质的温度、输送流体的种类等进行设计，有相应的标准可供参考，见附录1。

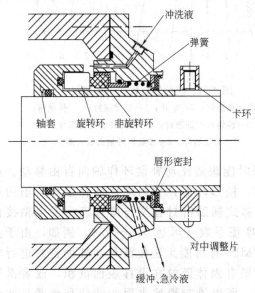

图4-78　一种用途较广的集装式机械密封

图4-79表示了一种主要用于橡胶加工机械，如压延机和辊压机的旋转接头。空心轴3转动，流体如蒸汽或水由空心轴一端流体入口8进入，在另一端流出，并经固定不动的旋转接头外壳上的流体出口4排出。非补偿环随轴转动，补偿非旋转环5固定在旋转接头外壳上，并通过弹簧9进行补偿。

4.1.4.4　机械密封材料

机械密封由若干零件所组成，各零件的材料是根据其所起的作用、结构特征和使用条件来进行选择或研制与开发。机械密封材料包括摩擦副材料、辅助密封材料、加载弹性元件材料和其他结构件材料。正确合理地选择各种材料，特别是端面摩擦副材料，对保证机械密封工作的稳定性，延长其使用寿命、降低成本等有着重要意义。材料的选择往往成为一个十分关键的问题，甚至决定密封的成败。

（1）摩擦副材料

端面摩擦副是机械密封最重要的零件，其材料的物理性能、耐腐蚀性能和摩擦性能等对密封性能的影响巨大。由于大多数机械密封是在边界润滑状态下工作，与摩擦有关的性能更为重要。

a. 摩擦副材料的主要性能　有物理力学性能、耐腐蚀性能和摩擦学性能等。

物理力学性能　端面材料的物理性能决定着端面的结构性能，并进而影响到机械密封的

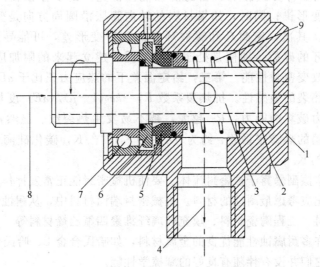

图 4-79　输送蒸汽或水等流体的旋转接头

1—旋转接头外壳；2—自润滑滑动轴承；3—空心轴；4—流体出口；
5—补偿非旋转环；6—非补偿旋转环；7—轴承；8—流体入口；9—弹簧

总体性能。主要的物理力学性能指标有强度、刚度、热性能参数等。

强度　强度是保证密封环整体完整、不发生破裂的重要指标。大多数密封环是由脆性材料制造，其抗压强度大于抗拉强度。结构设计上也考虑这一因素，使密封环在受压状态下工作。一般说来，强度并不是主要关心的问题。可是，有些应用场合，高压流体作用于密封环的内圆周，使得密封环承受拉伸载荷。在这种情况下，必须考虑可能出现的拉应力失效，可以考虑采用金属材料镶嵌结构。

刚度　刚度决定着密封环抵抗变形的能力。除密封环的结构因素外，材料的弹性模量 E 是密封环刚度的主要决定因素。密封环的刚度影响着端面的变形锥（两密封端面形成的锥角）和端面的坡度。高刚度密封环的变形很小，对密封性能的影响可以得到有效控制。浸树脂石墨的弹性模量 E 为 20GPa 左右，而碳化钨硬质合金的弹性模量可达 650GPa。

当密封含有固体颗粒的介质时，密封端面的硬度是一个关键指标。软环一般就由硬质材料，如碳化硅、碳化钨等所取代，适应硬-硬端面组合。

热性能参数　评价材料热性能的主要参数指标有导热系数 k 和热膨胀系数 α。

导热系数 k 的大小决定着将端面摩擦热量传递给周围介质的能力。导热系数越大，传递热量越快、传递一定热量所需的温度梯度越小、端面温度越低、端面液膜沸腾的危险性越小、密封环热裂的可能性也越小。浸树脂石墨的导热系数约为 6W/(m·K)，而反应烧结碳化硅的导热系数可达 42W/(m·K)，无压烧结碳化硅的导热系数更高，有时可达 92W/(m·K)。

热膨胀系数 α 以多种方式影响着密封的性能。首先，由于存在轴向和径向的温度梯度，将影响端面的变形锥；同时，如果材料的轴向膨胀沿圆周方向是变化的，则密封端面将形成波形表面。其次，密封环和镶嵌环套的相对变形差，可能导致密封环的脱落，或镶嵌环套、密封环的碎裂。即使是处于稳定情况，建立起来的附加应力将改变密封端面的对中性，从而改变密封性能。第三，给定温差下的热应力正比于 αE，而 αE 影响着发生表面裂纹和整体热裂的敏感性。抗热裂系数 $R_T = k\sigma t(1-\mu)/(\alpha E)$ 度量了材料抵抗热应力而不发生拉伸应力破坏的能力，R_T 越大，越不易发生热裂纹。显然，热膨胀系数 α 越小越好。浸树脂石墨的热膨胀系数 α 约为 $(4\sim6)\times10^{-6}/K$，碳化硅陶瓷的热膨胀系数 α 约为 $(4\sim5)\times10^{-6}/K$。

耐腐蚀性能 摩擦副暴露于被密封流体，要使机械密封能正常发挥作用，其耐腐蚀性能必须加以考虑。首先应考虑最耐蚀的材料。机械密封端面材料中，从耐蚀性的角度考虑，优秀的材料有石墨材料、工程陶瓷材料、填充玻璃纤维聚四氟乙烯材料等。

值得注意的是许多耐腐蚀性能优良的金属材料，如哈氏合金 B、哈氏合金 C 等用作摩擦副并不适宜，因为它们并没有伴随有良好的摩擦学性能。

摩擦学性能 摩擦、磨损和润滑等是评价机械密封端面摩擦副材料的摩擦学性能的重要参数。摩擦系数 f、磨损速率可以反映端面的润滑状态。润滑状态良好，则摩擦系数小、磨损速率低。摩擦系数大，则磨损速率高、密封寿命短，且端面发热严重、液膜汽化，严重时会导致端面热裂，造成密封迅速失效。低摩擦系数的获得，依靠材料本身的自润滑能力和外界能提供的润滑条件。低磨损率的获得，一种是依靠端面的高硬度而耐磨损，即抗磨；另一种则是依靠材料的自润滑、低摩擦而获得，即减磨。自润滑特性是机械密封端面材料要求的一项特性，这是因为考虑到机器在启动时，密封界面尚未形成润滑液膜，或者密封件在接近介质沸点状态下操作时，润滑液膜会发生闪蒸而破坏，这时会产生瞬时的干摩擦。

设法改善端面的润滑状态，降低其摩擦和磨损一直是机械密封的主要发展方向。从材料角度考虑，不断出现了许多性能优异的摩擦副材料，如石墨材料、碳化硅陶瓷等；从结构上考虑，出现了许多结构设计方案及其冲洗、润滑方案；同时出现了气膜润滑或液膜润滑的非接触机械密封。

b. 常用的摩擦副材料 主要有石墨、硬质合金、工程陶瓷和填充聚四氟乙烯等。

石墨 石墨是机械密封中用量最大、应用范围最广的摩擦副组对材料。它具有许多优良的性能，如良好的自润滑性和低的摩擦系数，优良的耐腐蚀性能，导热性好、线膨胀系数低、组对性能好，且易于加工、成本低。

石墨是用焦炭粉和石墨粉（或炭黑）作基料，用沥青作黏结剂，经模压成型在高温下烧结而成。根据所用原料及烧结时间、烧结温度的不同，可以制成具有各种不同物理力学性能的烧结石墨，常见的有碳素石墨和石墨化石墨两种，两者除材料的组分不一样外，主要区别是石墨化石墨是烧结石墨需经 $2400\sim2800℃$ 的高温石墨化处理。

炭素石墨，简称炭石墨，又称为高强石墨、硬质石墨等，其特点是强度高、硬度大、耐磨损，但脆性大、导热系数低。它是机械密封常选的软环材料。

石墨化石墨，又称电化石墨、软质石墨，其特点是质软、强度低、自润滑性能好、加工容易。它适宜于介质清洁，但润滑性能差，或易产生干摩擦的工况，如轻烃介质。

烧结石墨在焙烧过程中，由于黏结剂中挥发物质产生挥发，黏结剂发生聚合、分解和炭化，从而出现 10％～30％ 的气孔。烧结石墨直接用作密封环会出现渗透性泄漏，且强度较低。因此，有必要进行浸渍处理以获得不透性石墨制品，并提高其强度。浸渍剂的性质决定了浸渍石墨的化学稳定性、热稳定性、机械强度和可应用温度范围。目前常用的浸渍剂有合成树脂和金属两大类。当使用温度小于或等于 170℃ 时，可选用浸合成树脂的石墨。常用的浸渍树脂有酚醛树脂、环氧树脂和呋喃树脂。酚醛树脂耐酸性好，环氧树脂耐碱性好，呋喃树脂耐酸性和耐碱性都较好，因此浸呋喃树脂石墨环应用最为普遍。当使用温度大于 170℃ 时，应选用浸金属的石墨环，但应考虑所浸金属的熔点，耐介质腐蚀特性等。浸锑石墨是高温介质环境常选用的一种浸金属石墨。

硬质合金　硬质合金是一类依靠粉末冶金方法制造获得的金属碳化物。它依靠某些合金元素，如钴、镍、钢等，作为黏结相，将碳化钨、碳化钛等硬质相在高温下烧结黏合而成。硬质合金具有硬度高（HRA 87～94）、强度大（其抗弯强度一般都在 1400MPa 以上）、导热系数高而线膨胀系数小，且具有一定的耐蚀能力。

机械密封摩擦副常用的硬质合金有钴基碳化钨（WC-Co）硬质合金、镍基碳化钨（WC-Ni）硬质合金、镍铬基碳化钨（WC-Ni-Cr）硬质合金、钢结碳化钛硬质合金。

钴基碳化钨（WC-Co）硬质合金是机械密封摩擦副中应用最广的硬质合金，但由于其黏结相耐腐蚀性能不好，不适用于腐蚀性环境。为了克服钴基碳化钨硬质合金耐蚀性差的缺陷，出现了镍基碳化钨硬质合金（WC-Ni），含镍 6％～11％，其耐蚀性能有很大提高，但硬度有所降低，在某些场合中使用受到了一定限制。因此出现了镍铬基（WC-Ni-Cr）碳化钨硬质合金，它不仅有很好的耐腐蚀性，其强度和硬度与钴基碳化钨硬质合金相当，是一种性能十分良好的耐腐蚀硬质合金。钢结硬质合金是人们找到的一种新型摩擦副材料。它是以钢为黏结相，以碳化钛（TiC）为硬质相的硬质合金材料。经过适当热处理后，具有高硬度（HRC 62～72）、高耐磨性和高刚性等特点，并具有良好的韧性和抗热冲击能力，适宜于温度有剧烈变化的场合。

硬质合金的高硬度、高强度，良好的耐磨性和抗颗粒性，使其广泛适用于重负荷条件或用在含有颗粒，固体及结晶介质的场合。

工程陶瓷　工程陶瓷是工程上应用的一大类陶瓷材料，其原料都是经过人工制备的，不像日用陶瓷和化工陶瓷直接取自天然原料，因此其成分和配方比较容易控制，制品质量稳定。工程陶瓷的共同特点是均具有极好的化学稳定性，硬度高，耐磨损，但抗冲击韧性低，脆性大。目前用于机械密封摩擦副的主要是氧化铝陶瓷（Al_2O_3）、碳化硅陶瓷（SiC）和氮化硅陶瓷（Si_3Ni_4）。

氧化铝陶瓷　氧化铝陶瓷的主要成分是 Al_2O_3 和 SiO_2，Al_2O_3 超过 60％ 的叫刚玉瓷。目前用作机械密封环较多的是（95％～99.8％）Al_2O_3 的刚玉陶瓷，分别被简称为 95 瓷和

99 瓷。纯度高的氧化铝陶瓷则硬度高、耐蚀能力强，但加工困难、成本高。Al_2O_3 含量很高的刚玉陶瓷除氢氟酸和热浓碱外，对其他各种腐蚀性介质都十分耐蚀。刚玉瓷晶体结构致密，主要以离子键结合，键合力很强，从而具有很高的硬度，仅次于金刚石、碳化硼、立方氮化硼和碳化硅，显示了优异的耐磨性，但抗热冲击能力稍差，应避免造成干摩擦或与轴有局部摩擦等情况出现，同时应避免温度骤变。

在 95% Al_2O_3 刚玉瓷坯料中加入 0.5%～2% 的 Cr_2O_3，经 1700～1750℃ 高温焙烧可制得呈粉红色的铬刚玉陶瓷，它的耐温度急变性能好，脆性减低，抗冲击性能得到提高。铬刚玉陶瓷与填充玻璃纤维聚四氟乙烯组对，用于耐腐蚀机械密封时性能很好。

氧化铝陶瓷密封环由于优良的耐腐蚀性能和耐磨性能，被广泛应用于耐腐蚀机械密封中。但值得注意的是，一套机械密封的动静环不能都使用氧化铝陶瓷制造，因有产生静电的危险。

碳化硅陶瓷　碳化硅陶瓷是新型的、性能非常良好的摩擦副材料。它重量轻、比强度高、抗辐射能力强；具有一定的自润滑性，摩擦系数小；硬度高、耐磨损、组对性能好；化学稳定性高、耐腐蚀；导热性能良好、耐热冲击。自 20 世纪 80 年代以来，国内外各大机械密封公司纷纷把碳化硅作为高 pv 值的新一代摩擦副组对材料。

根据制造工艺不同，碳化硅制品的性能也存在差异。按制造方法主要有反应烧结 SiC、常压烧结 SiC、热压烧结 SiC 等。

反应烧结 SiC 是由 α-SiC 粉、石墨粉、助熔剂、黏结剂经混合、压制成型后，置于盛有硅粉的坩埚内，在真空炉中加热至 1600～1800℃，使熔融硅与坯体中的碳起反应生成 β-SiC，形成了由 α-SiC、β-SiC 和游离硅（10%～20%）组成的致密烧结体。由于游离硅的存在，反应烧结 SiC 的耐蚀性有所降低，在强碱和强氧化性介质中会遭受腐蚀。反应烧结 SiC 的优点是制品的收缩率小，耐热冲击性好，且适宜于大批量生产、成本低。用于砂浆泵、料浆泵上效果较好。

常压（无压）烧结 SiC 是采用超细 SiC 粉（粒度约在 0.1～0.2μm），加适当添加剂、黏结剂压制成型，然后在 2000～2200℃ 的温度下烧结而成。在烧结过程中，超细的碳化硅粒子烧结形成 5～8μm 的碳化硅晶体，其致密度可达 97% 以上，耐腐蚀能力比反应烧结 SiC 好。常压烧结 SiC 的坯料容易制成各种形状，并可进行机械加工，适宜于制造形状较为复杂的产品。

热压烧结 SiC 是由粒度小于 1μm 的 SiC 粉加上适当的添加剂，装入石墨模具内，在 2000～2100℃ 的热压炉内加压（30～50MPa）烧结而成。它是 SiC 中最致密、化学稳定性最好的一种，也是成本最高的一种，适用于高参数的密封工况。

氮化硅陶瓷　氮化硅（Si_3N_4）陶瓷也是一种新开发出来的摩擦副材料，其耐磨性好、摩擦系数较低，并具有优良的耐腐蚀性能，且线膨胀系数小[$(2.5～2.8)×10^{-6}/℃$]，抗热冲击能力比氧化铝陶瓷好。

氮化硅陶瓷根据制造工艺的不同，主要可分为反应烧结 Si_3N_4、无压烧结 Si_3N_4 和热压烧结 Si_3N_4 三种。反应烧结 Si_3N_4 的特点是素坯可以进行机械加工，能制造形状较为复杂的密封件产品，但强度和硬度是 Si_3N_4 制品中最低的，由于其成本低而获得广泛应用。无压烧结 Si_3N_4 是在常压下经高温烧结而成，性能接近热压 Si_3N_4，但成本较高。热压烧结 Si_3N_4 是 Si_3N_4 制品中性能最佳的材料，硬度高（HRA91～92），致密性好、强度大、耐磨性和耐蚀性优良，但成本高，难以制成形状复杂的密封环。

在耐腐蚀机械密封中，Si_3N_4 与碳石墨组对性能良好，而与填充玻璃纤维聚四氟乙烯组对时，Si_3N_4 的磨耗大，其磨损机理有待深入研究。Si_3N_4 与 Si_3N_4 组对的性能也不太好，会导致较大的磨损率。

填充聚四氟乙烯　聚四氟乙烯（PTFE）是化学稳定性最好的有机聚合物，几乎能耐所有强酸、强碱和强氧化剂的腐蚀。目前仅发现熔融碱金属（或它的氨溶液）、元素氟和三氟化氯在高温下能与聚四氟乙烯作用。

在聚四氟乙烯的分子长链中，氟原子有效地遮蔽了碳原子，使分子间的内聚力降低，因而使表面分子彼此容易滚动或滑动，具有很低的摩擦系数，是一种极好的减摩、自润滑材料。

聚四氟乙烯存在的最大问题就是具有冷流性，即在载荷的作用下，随时间增长而产生永久变形，产生蠕变。此外，聚四氟乙烯的热膨胀系数大 $(8～25)×10^{-5}/℃$，约为钢的 10 倍；导热性能很差 $[0.244W/(m·K)]$，仅为钢的 1/200。为克服这些缺点，通常是在聚四氟乙烯中加入适量的各种填充剂，构成填充聚四氟乙烯。最常用的填充剂有玻璃纤维、石墨等。填充聚四氟乙烯密封环常用于腐蚀性介质环境中。

填充玻璃纤维 20% 的聚四氟乙烯环可以与多种陶瓷材料组对，如与铬刚玉陶瓷组对，在稀硫酸泵中应用效果很好。填充 15% 玻璃纤维、5% 石墨的密封环常与氧化铝陶瓷组对，用于强腐蚀介质。填充 15% 钛白粉、5% 玻璃纤维的密封环与碳化硅组对适用于硫酸、硝酸介质等。

对食品、医药等行业过程装备用机械密封，不应选用碳石墨或填充石墨的聚四氟乙烯作摩擦副材料，因为被磨损的石墨粉有可能进入产品，形成对产品的污染。即使石墨无害，也会使产品染色，影响产品的纯净度和外观质量。对这种情况，填充玻璃纤维的聚四氟乙烯是优选材料。

其他摩擦副材料　用作机械密封摩擦副的材料还有铸铁、碳钢、铬钢、铬镍钢、铬镍钼钢、工具钢、轴承钢、青铜等。

中国炼油行业最早的机械密封就是铸铁对石墨。铸铁具有良好的减摩、耐磨特性，且价格低、加工制造容易。普通铸铁耐蚀性差，只适用于油类和中性介质。加入合金元素形成的合金铸铁，提高了耐蚀性，可用于许多工况。某著名国际公司的某些机械密封就采用合金铸铁作非旋转环，使用效果较好。

常用的 45、50 钢材料，经淬火后有较高的硬度和良好的耐磨性，适用于中性化学介质。铬钢如 3Cr13、4Cr13、9Cr18 等，经淬火后有较高的硬度，耐腐蚀性比碳钢好，适用于弱腐蚀性介质。铬镍钢如 1Cr18Ni9、1Cr18Ni9Ti，铬镍钼钢如 Cr18Ni12Mo2Ti 等，它们具有良好的耐腐蚀性能，适宜于强腐蚀性介质，但其硬度低、耐磨性不高。某些高速工具钢、轴承钢，如 W18Cr4V、GCr9 也能用作密封环材料。如某炼油厂在石油气离心式压缩机的高速机械密封上就采用 W18Cr4V 制造旋转环，连续运转达两年。青铜如 ZQSn6-6-3、ZQSn10-1 等，其弹性模量大，具有良好的导热性、耐磨性、加工性，适于制作用于水、海水、油类介质的密封环。

c. 摩擦副材料配对规律　以上对单一端面材料进行了介绍，但机械密封的端面材料是配对使用的，必须考虑其配对性能。在应用过程中，可靠性比经济性更为重要，在可能的情况下，应优先考虑选择高等级的配对材料。端面摩擦副材料组对方式多种多样，下面为几种常用的组对规律。

对于轻载工况（$v \leqslant 10m/s$，$p \leqslant 1MPa$），优先选择一密封环材料为浸树脂石墨，而另一配对密封环材料，则可根据不同的介质环境进行选择。例如，油类介质可选用球墨铸铁，水、海水可选用青铜，中等酸类介质可选用高硅铸铁、含钼高硅铸铁等。轻载工况也可选等级更高的材料，如碳化钨、碳化硅等。

对于高速、高压、高温等重载工况，石墨环一般选择浸锑石墨，与之配对材料通常选择导热性能很好的反应烧结或无压烧结碳化硅，当可能遭受腐蚀时，选择化学稳定性更好的热压烧结碳化硅。

对于同时存在磨粒磨损和腐蚀性的工况，端面材料必须均选择硬材料以抵抗磨损。常用的材料组合为碳化硅对碳化钨，或碳化硅对碳化硅。碳化钨材料一般选择钴基碳化钨，但有腐蚀危险时，选择更耐腐蚀的镍基碳化钨。对于强腐蚀而无固体颗粒的工况，可选择填充玻璃纤维聚四氟乙烯对超纯氧化铝陶瓷（99％ Al_2O_3）。

（2）辅助密封材料

机械密封的辅助密封包括旋转环辅助密封、非旋转环辅助密封，也包括端盖与密封腔体间的密封、轴套与轴的密封。从端面形状看，有 O 形圈、方形圈（垫）、平垫、V 形垫、楔形垫、包覆垫、包覆 O 形圈等。

根据辅助密封的作用，要求材料具有良好的弹性、低摩擦系数，能耐介质的腐蚀、耐溶解和溶胀、耐老化，在压缩后及长期的工作中有较小的永久变形，在高温下使用具有不黏着性，在低温下不硬脆而失去弹性，具有一定的强度和抗压性。辅助密封常用的材料有合成橡胶、聚四氟乙烯、柔性石墨、金属材料等。

a. 合成橡胶　橡胶是一种弹性很好的高分子材料，具有良好的弹性和一定的强度，具有较好的气密性、不透水性、耐磨、耐温、耐压、耐腐蚀，是一种被广泛采用的辅助密封材料。不同种类的橡胶有不同的耐腐蚀性能、耐溶剂性能和耐温性能，在选用时要加以注意。机械密封辅助密封常用的合成橡胶有丁腈橡胶（NBR）、氟橡胶（FPM）、乙丙橡胶（EPM）、硅橡胶。

丁腈橡胶（NBR）　是最常用的辅助密封圈材料，它以优异的耐油、耐老化著称，也具有良好的耐磨性能。丁腈橡胶的性能与丙烯腈的含量有关，丙烯腈含量高，耐油性能好，强度、硬度、耐磨性、耐水性增加，但耐蚀性、弹性和低温性变差。辅助密封圈一般采用中、高丙烯腈含量（丙烯腈含量为 26％～40％，即丁腈-26、丁腈-40）的丁腈橡胶，尤其以丁腈-40橡胶应用最为广泛，但低温工况辅助密封圈材料应选用丁腈-26橡胶。

丁腈橡胶对矿物油、动植物油、脂肪烃有优良的耐蚀性，但值得注意的是，它不耐磷酸酯系液压油，不耐强酸、芳烃、酯、酮、醚、卤代烃等介质的腐蚀。

氟橡胶（FPM）　通常所说的氟橡胶是指含氟烯烃共聚物，是产量最大的一种氟橡胶，有两种类型，即23型氟橡胶和26型氟橡胶。23型氟橡胶是偏氟乙烯与三氟氯乙烯的共聚物，有优异的耐强酸性能，特别耐发烟硝酸，但加工困难。26型氟橡胶是目前最通用的氟橡胶品种，为适应各种用途，其生产牌号繁多，但基本品种有氟橡胶-26和氟橡胶-246。氟橡胶-26是偏氟乙烯和六（全）氟丙烯的共聚物，其耐热性、耐溶剂性优于23型氟橡胶，除个别情况外，已基本上取代了23型氟橡胶。氟橡胶-246是偏氟乙烯、六（全）氟丙烯、四氟乙烯三元共聚物，其耐热、耐溶剂性比氟橡胶-26还好。

目前，机械密封辅助密封圈采用的氟橡胶主要是氟橡胶-26。

氟橡胶具有特别好的耐热性、耐腐蚀性，良好的耐过热水、过热蒸汽性，在250℃下可长期使用，广泛用于耐腐蚀、耐高温的场合。但是氟橡胶不耐氨水、强碱、有机酸、浓醋酸、丙酮、醚、醋酸乙酯等。

乙丙橡胶（EPM或EPDM）　具有优异的耐老化性能、耐热性能，能在150℃下长期使用而物理力学性能变化缓慢。它耐磨损性、耐腐蚀能较好，但对碳氢化合物油类稳定性差，因而不可用于矿物油中。如果借助于润滑脂、润滑油来安装机械密封，也得考虑这一因素的影响。但它特别耐硅油、磷酸酯液压油等合成润滑剂，耐酮、醇溶液、中等强度的酸碱，同时也耐高压水蒸气。

硅橡胶　具有很宽的温度使用范围（-100～350℃）和很高的热稳定性，一般可在200～300℃下长期使用。硅橡胶无毒、无味，对人体无不良影响，但耐溶剂性差，且易在酸碱作用下发生离子性裂解，在高压水蒸气中会产生分解，机械强度低、不耐磨。主要用于各种高、低温、高速旋转等场合下的动植物油、矿物油、氧、弱酸、弱碱等介质，不适用于苯、甲苯、丙酮等溶剂性介质，也不适用于高压水蒸气。

b. **聚四氟乙烯**（PTFE）　几乎能耐所有强酸、强碱和强氧化剂的腐蚀；因具有很低的摩擦系数，是一种极好的减摩、自润滑材料，但其导热性能很差，仅为$0.244W/(m \cdot K)$。添加青铜粉、二硫化钼、石墨等，可改善其导热性和自润滑性。

聚四氟乙烯有很高的耐热性和耐寒性，使用温度范围为-180～250℃。耐水性、耐老化性、不燃性、韧性及加工性能都很好。常制成V形圈，做旋转环和非旋转环的辅助密封。另外，可用聚四氟乙烯包覆其他材料，如聚四氟乙烯包覆不锈钢、聚四氟乙烯包覆橡胶，形成复合材料辅助密封，由于它们结合了两种或两种以上材料的优点，具有更加良好的密封效果。

c. **柔性石墨**　既有普通石墨的优良热稳定性、化学稳定性和高导热性，同时又具有独特的可压缩性和回弹性。它能耐高低温，在输送介质温度不低于200℃时，辅助密封材料应优先采用柔性石墨。但柔性石墨的强度较低，应注意加强和保护。

模压成矩形圈、楔形圈、垫片的柔性石墨常用于机械密封非旋转环辅助密封圈、旋转环辅助密封圈、金属波纹管密封的波纹管组件与轴套连接的静密封垫。

d. 金属材料　在高压下，尤其是高压和高温同时存在时，前述几种材料并不能胜任，这时只有选用金属材料来制作辅助密封。根据不同的工作条件有不同的金属材料供选用，金属空心 O 形圈的材料有 0Cr18Ni9，0Cr18Ni12Mo2Ti，1Cr18Ni9Ti 等，对于端面为三角形的楔形垫，则常采用铬钢，如 0Cr13。对于平垫则多采用紫铜或铝垫。

对于高压高温条件下，上述材料的强度和弹性模量会明显下降，此时应采用耐热合金，如因科镍合金（Inconel）。

（3）弹性元件材料

机械密封的弹性加载元件有压缩螺旋弹簧、波形弹簧、金属波纹管等。要求材料耐腐蚀、耐疲劳、耐高低温，强度极限高、弹性极限高，长期工作仍有足够弹力维持密封端面的紧密贴合。压缩螺旋弹簧大多由不锈钢，如 4Cr13、1Cr18Ni9Ti、0Cr17Ni12Mo2、0Cr18Ni12Mo2Ti 等或特殊合金，如 Ni66Cu31Fe（Monel 400）、Ni76Cr16Fe8（Inconel 600）等制。机械密封用波形弹簧，常用薄钢带制造，其常用材料有 1Cr18Ni9（302）、0Cr18Ni12Mo2Ti（316）、0Cr17Ni7Al（17-7pH）、因科镍尔 X-750（Inconel X-750）、蒙乃尔 K-500（Monel K-500）等。金属波纹管分焊接波纹管和压力成型波纹管两种，一般耐腐蚀材料为沉淀硬化不锈钢 AM 350（16.5％ Cr，4.3％ Ni，2.75％ Mo，0.1％ C），中级耐腐蚀程度用 Inconel X-750，高级耐腐蚀用 Hasterlloy C-276（57％Ni，15％Cr，16％Mo，1％Fe，0.02％ C）。

（4）其他结构件材料

机械密封的其他结构件，如弹簧座、推环、旋转环座、非旋转环座、紧定螺钉、传动销等，虽非关键部件，但其设计选材也不能忽视，除应满足机械强度要求外，还要求耐腐蚀。一般情况下用 2Cr13，在腐蚀性介质中，需要分别选用 1Cr18Ni9Ti、0Cr18Ni12Mo2Ti、蒙乃尔合金等。

减少密封件的腐蚀损坏措施，除选用高级耐蚀合金材料外，还可以采用表面处理技术。例如在 45 钢表面化学沉积 Ni-P 合金镀层，在盐水、盐溶液、冷凝气、溶剂、碳氢化合物中都具有非常好的耐蚀性；在一些氨溶液、有机酸、还原性酸中也具有耐蚀性，但在强氧化性酸，如硝酸中耐蚀性差。利用普通材料通过表面技术处理，可以降低机械密封普通结构件的成本。

4.1.4.5　机械密封循环保护系统

为机械密封本身创建一个较理想的工作环境而设置的具有冲洗、改善润滑、调温、调压、除杂、更换介质、稀释泄漏介质等功能的循环保护系统，称为机械密封循环保护系统，简称机械密封系统。机械密封系统由压力罐、增压管、换热器、过滤器、旋液分离器、孔板等基本器件构成。广义的机械密封系统还包括密封腔、端盖、轴套、密封腔底节流衬套、端盖辅助密封件、泵送环、管件、阀件、仪表等。由密封系统的基本器件、管件、阀件和仪表等，构成了集成化的密封液站。

机械密封系统也常被称为机械密封辅助设施（装置、系统），机械密封冲洗、冷却及管线系统等。

（1）机械密封系统的功能

长期应用实践表明，机械密封系统对改善机械密封的工作环境、提高机械密封工作的可靠性，延长其使用寿命等具有十分重要的和不可替代的作用。

冲洗是机械密封系统具有的最基本的功能，也是机械密封系统最常见的工作方式，指向单端面密封或双端面密封的高压侧部位直接注入液体。一般机械密封均应进行冲洗，尤其是用于轻烃泵的机械密封更是如此。冲洗可以达到隔离介质、冷却和改善润滑的目的。向密封腔内通入与介质相容的液体进行外循环冲洗，就可达到隔离介质的目的。

机械密封系统具有对机械密封本身工作环境的温度进行调节和控制的功能。温度的调节与控制包括冷却和保温。饱和蒸汽压高的介质，在密封腔内吸收机械密封的搅拌热和端面摩擦热，引起温度升高，若不及时进行冷却降温，很可能导致介质在端面汽化，恶化端面的润滑状态，导致密封失效。而对于易结晶、易凝固的介质，则需要采取保温措施，使介质不结晶、不凝固。

机械密封系统还具有调节、控制密封工作压力的功能。对于普通双端面机械密封，需要维持密封腔内隔离流体的压力稍高于被密封介质的压力，而在逐级降压的串联机械密封中，需要维持级间密封流体的压差。

流体中的微细固体颗粒、污垢等杂质对机械密封的危害是严重，可能导致密封端面严重的磨粒磨损，也可能堵塞密封系统管线。密封系统具有除去杂质、维持液体清洁的功能。当杂质的密度低于液体介质密度时，可用过滤器除去杂质；而当杂质的密度大于液体介质密度时，可采用旋液分离器（旋流器）或网式过滤器除去杂质。

直接密封气相介质，高温、有毒、贵重、易汽化、易结晶及含固体颗粒液相介质具有较大难度，可借助机械密封系统，采用双端面机械密封来更换密封介质，将直接密封较困难的介质转换为密封润滑性能好、清洁的封液介质。

密封系统还具有将正常泄漏的、对健康或环境有害的微量介质进行冲洗、稀释、转移等功能。

（2）机械密封系统的功能单元流程

a．冲洗　是机械密封系统的最重要的单元流程。根据冲洗液的来源和走向，冲洗可分为自冲洗、外冲洗和循环冲洗。

利用被密封介质本身来实现对密封的冲洗称为自冲洗，适用于密封腔内的压力小于泵出口压力，大于泵进口压力的场合。

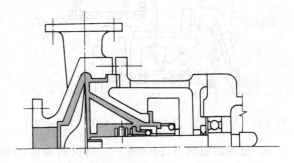

图 4-80　正向直通式冲洗流程（API 610 Plan 1）

具体有正向直通式冲洗（图 4-80），正向旁通式冲洗（图 4-81），反向旁通式冲洗（图 4-82）等。

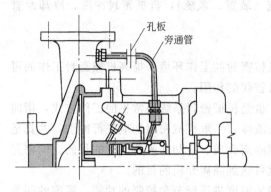
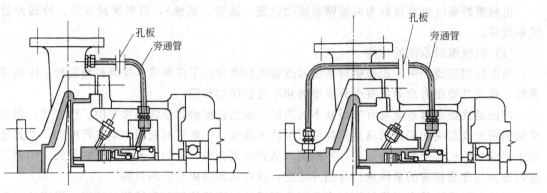

图 4-81　正向旁通冲洗流程（API 610 Plan 11）　　　图 4-82　反向旁通式冲洗流程（API 610 Plan 13）

利用另外一种外来的冲洗液来实现对密封的冲洗称为外冲洗。该外来的冲洗液应该清洁，不含固体颗粒，无腐蚀性，且温度较低，有良好的润滑性能，在操作条件下不易汽化；同时要与被密封的介质兼容，不影响工艺产品质量。冲洗液压力要比密封腔压力高 0.1～0.2MPa。该冲洗方式用于被密封介质温度较高，容易汽化，杂质含量较高的场合。图 4-83 为一实现外冲洗的典型流程，外冲洗液的压力由封液站控制；流量由密封腔底部的节流衬套控制，流量计显示。

利用循环轮（套）、压力差、热虹吸等原理实现冲洗流体循环使用的冲洗方式称为循环冲洗。图 4-84 为利用装在轴（轴套）上的循环轮的泵效作用，将介质从密封腔引出，经换热器冷却后再回到密封腔进行冲洗的流程。

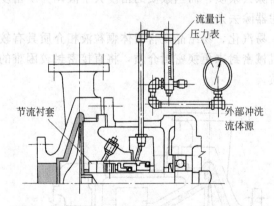

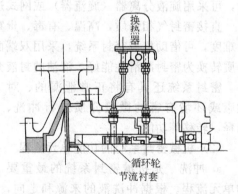

图 4-83　外来冲洗介质冲洗流程（API 610 Plan 32）　　　图 4-84　介质循环冲洗流程（API 610 Plan 23）

b. 急冷或阻封（Quench）　向密封端面的低压侧注入液体或气体被称为急冷或阻封（Quench），具有冷却密封端面（注入蒸汽时则为保温），隔绝空气或湿气，防止或清除沉淀物，润滑辅助密封，熄灭火花，稀释和回收泄漏介质等功能。Quench 这一概念在国内密封行业目前尚没有统一的称谓，有的称为阻封，有的称为急冷（骤冷），其实这两个功能都同时具备。

170

为了防止注入流体的泄漏，需要采用辅助密封，如衬套密封、油封或填料密封。急冷或阻封流体一般用水、蒸汽或氮气。液体的压力通常为 0.02～0.05MPa，进出口的温差控制在 3～5℃为宜。图 4-85 为典型机械密封结构及管线接口，其中包含急冷（阻封）接口及密封急冷液的辅助密封。

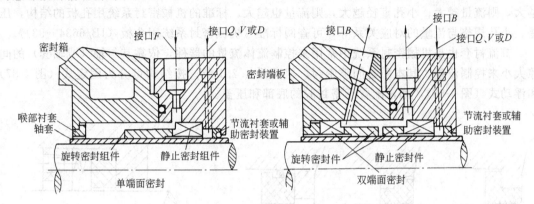

图 4-85 机械密封典型结构及管线接口

Q—急冷接口；F—冲洗接口；D—排液接口；V—排气接口；B—隔离液接口

c. 冷却或保温 冷却是迅速移走热量，降低密封的工作环境温度。冲洗和急冷具有非常良好的冷却效果。此外还有夹套冷却、静环外周冷却等方式，也包括对冲洗液的冷却等，它们属于间接冷却，冷却效果比急冷差，但冷却水不与介质接触，不会被介质污染，可以循环使用。

对于密封易结晶、易凝固的液体介质，有时需要加热或保温。密封高黏度介质，在启动前需要预热，以便减少启动转矩。对于实现间接冷却的结构，同样可以用来实现加热或保温。图 4-86（a）为用夹套来实现对密封腔的冷却或保温，图 4-86（b）为对非旋转环加长的尾部进行冷却。

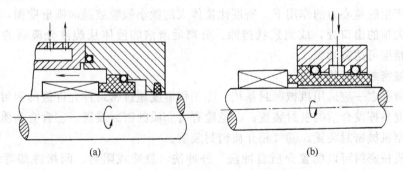

(a)   (b)

图 4-86 机械密封的间接冷却或保温

d. 节流或限流 在密封系统中是通过孔板或节流衬套来实现对流体流量的限制和控制的。

机械密封系统用孔板的形式有圆锥形、圆柱形和带芯圆柱形三种。孔板的小孔规格尺寸有 1mm，1.2mm，1.5mm，…，9mm，10mm 等多种规格，流量范围 3～30L/min，压力范围 0～6.3MPa。孔板限流的原理在于流体通过狭小的小孔时，流速急剧增加，过小孔后流道突然扩大，流体形成大量的旋涡，结果导致流体机械能量的损失（绝大部分转换成热能），形成了巨大的压力降。通过孔板的流体流量与孔板两侧的压差、小孔的直径密切相关。压差越大，则流量越大；小孔直径越大，则流量也越大。标准的机械密封系统用孔板的结构，压差、小孔规格与流量的对应关系等，可查阅标准《机械密封系统用孔板（JB/6634—93）》。

节流衬套也是机械密封系统中常用来控制流体流量的器件，依靠其与轴（或轴套）的间隙大小来控制流量，其本质是间隙密封，机理见 4.2.1 节。按结构可分为固定式（图 4-87）和浮动式（图 4-88），如常配置于密封腔的底部和压盖。

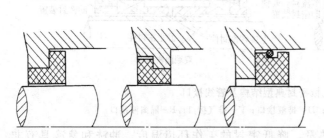
图 4-87　固定式节流衬套

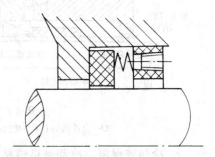
图 4-88　浮动式节流衬套

e. 除杂与过滤　除去固体颗粒等杂质是机械密封系统的一种基本功能，可采用过滤器或旋液分离器来除去系统中的杂质。机械密封系统用过滤器有滤网过滤器，磁环加滤网过滤器，适用于固体成分密度接近或小于密封流体的情况，其分离精度为 $10～100\mu m$，但易堵塞，应并联两台使用。加磁环的过滤器能除去磁性微粒。旋液分离器（旋流器）是利用离心沉降原理来分离固体颗粒（颗粒密度大于密封流体的密度）的器件。含有固体颗粒的流体沿切向进入旋液分离器后，由于存在压差，流体沿锥形内表面高速流动，形成沿锥形腔的旋涡。在旋涡产生的离心力的作用下，密度比流体大的微小颗粒被抛向锥形壁面，然后逐渐沉积到位于锥尖顶的出口处，成泥浆状排除。分离后清洁的液体从旋液分离器的上部出口流出，其分离精度可达微米级。

（3）机械密封系统的选用

有下列情况之一应选用机械密封系统：①工作温度超过密封件允许值的密封装置；②高黏度或低黏度易挥发介质的密封装置；③危险有害介质的密封装置；④含有杂质介质的密封装置；⑤重型机械密封装置；⑥气相介质密封装置。

单端面机械密封可以配置介质自冲洗、外冲洗、急冷或阻封、间接冷却等多种功能单元。视介质的温度和清洁度，确定冲洗流程是否使用换热器、过滤器、旋液分离器，并可配置孔板或节流衬套来控制流量。

对于双端面机械密封、串联式机械密封可以配置循环冲洗、急冷或阻封、间接冷却等多种功能单元。

4.1.4.6 机械密封性能与试验

（1）机械密封性能

评价机械密封性能的指标有多种，常用的有泄漏率、磨损量、寿命、转矩、追随性等。

a. 泄漏率 是指单位时间内通过主密封和辅助密封泄漏的流体总量，是评价机械密封性能的一个重要指标。所有正常运转的机械密封都有一定泄漏，所谓"零泄漏"是指用现有仪器测量不到的泄漏率。

泄漏率的大小取决于许多因素，其中主要的是密封运行时的润滑状态。在没有液膜存在而完全由固体接触情况下机械密封的泄漏率接近为零，但通常是不允许在这种摩擦状态下运行，因为这时密封环的磨损率很高。机械密封多数是在边界润滑状态下运行，这时由液膜压力和端面微突体直接接触力共同支撑端面载荷。液体的压差黏性流动以及密封面相对运动引起的沿凹凸不平密封面的黏性剪切流动将形成泄漏，但泄漏率一般很小。一套规格为 $\phi50mm$ 的机械密封，其典型的泄漏率在跑合阶段为 $10mL/h$，在稳定运行阶段为 $0.1\sim1mL/h$。如果泄漏介质为水溶液或液态烃，它一接触大气环境，就可能完全蒸发掉，从而看不到液相泄漏。但对于烃类流体，泄漏的介质即使是看不见的气体，也必须进行监控。

对处于全流体膜润滑的机械密封，如流体静压或流体动压机械密封，泄漏率一般较大，但近年已出现一些泄漏率很低，甚至泄漏率为零的流体动压润滑非接触机械密封。

密封泄漏率达到何种程度才算不可接受，这在很大程度上取决于密封介质的特性以及密封运行的环境。当被密封介质为液体，普通泵用接触式机械密封的泄漏率，在轴或轴套外径大于 $50mm$ 时，不得大于 $5mL/h$；而当轴或轴套外径不大于 $50mm$ 时，其泄漏率不得大于 $3mL/h$。

b. 磨损量 是指机械密封运转一定时间后，密封端面在轴向长度上的磨损值。磨损量的大小要满足机械密封使用寿命的要求。通常以清水为介质进行实验，运转 $100h$ 后软质材料密封环的磨损量不大于 $0.02mm$。

磨损率是材料是否耐磨，即在一定的摩擦条件下抵抗磨损能力的评定指标。当发生粘着磨损或磨粒磨损时，材料的磨损率与材料的压缩屈服极限或硬度成反比，即材料越硬越耐磨。而有一类减摩材料则是依靠低的摩擦系数，而不是高硬度获得优良的耐磨特性。例如具有自润滑性的石墨、聚四氟乙烯等软质材料就具有优异的减摩特性，在某些条件下，甚至比硬材料有更长的寿命。在轻烃等易产生干摩擦的介质环境中，软密封环选用软质的高纯电化石墨就比选用硬质碳石墨能获得更低的磨损率。值得注意的是，材料的磨损特性并不是材料的固有特性，而是与磨损过程的工作条件（如载荷、速度、温度）、配对材料性质、接触介质性能、润滑状态等因素有关的摩擦学系统特性。合理选择配对材料，提供良好的润滑和冷却条件是保证密封机械密封摩擦副获得低磨损率的重要措施。

c. 寿命 机械密封的使用寿命指机械密封从开始工作到失效累积运行的时间。在选型合理、安装使用正确，被密封介质为清水、油类及类似介质时，机械密封的寿命一般不得低于一年；被密封介质为腐蚀性介质时，机械密封的使用寿命一般为半年到一年。当在某些更苛刻条件下，机械密封的寿命可能仅有几天。

要准确预测某套机械密封的寿命，目前还非常困难。对机械密封寿命规律的研究，往往得借助统计的方法。但应用机械密封时注意以下几个方面，无疑将延长其使用寿命。

① 在密封腔中建立适宜的工作环境，如有效地控制温度，排除固体颗粒，在密封端面间形成有效液膜（在必要时应采用双端面密封或非接触机械密封）。

② 满足密封的技术规范要求。

③ 采用具有刚性壳体、刚性轴、高质量支撑系统的机泵。

d. 转矩　机械密封转矩概念包括正常运转时由端面摩擦而引起的端面摩擦转矩，机械密封启动时所需的启动转矩，密封运转时由旋转组件对流体的搅拌而引起的搅拌转矩。端面摩擦转矩和搅拌转矩决定着机械密封的功率消耗和运行成本，是评价机械密封性能的一个常用指标，对于应用于高压、高速、大轴径的重型机械密封，其功率消耗也颇为可观。尽管中国机械密封的技术标准《机械密封技术条件（JB 4127—85）》并未对转矩指标提出具体要求，但另一技术标准《机械密封试验方法（GB/T 14211—93）》表明，必要时需要对机械密封摩擦转矩和功率消耗要进行测量和评价。另外，启动时摩擦转矩一般为正常运转时的 5 倍左右。

e. 追随性　是指当机械密封存在跳动、振动和转轴的窜动时，补偿环对于非补偿环保持贴合的性能。如果这种性能不良，密封端面将会分离从而导致较大的泄漏。可以通过泄漏量的大小来间接判断密封追随性的优劣。

（2）机械密封试验

机械密封技术的发展，至今仍处在理论与试验相结合的阶段。尽管某些密封理论已有相当大的发展，且不乏精辟的分析，也极大地推动了密封技术的进步，但仅根据理论分析和理论数据还不能完全解决问题。目前大多数密封问题的解决还得依靠经验的积累和试验技术数据的分析与研究。通过试验，可以确认密封制造合格和安装无误，证实密封选用正确；可以验证新设计机械密封的正确性；可以考察机械密封的某些特殊性能；可以研究和发现机械密封的新现象、新规律。

根据试验条件，试验分为现场试验和模拟试验两大类。现场试验的优点在于切实符合实际情况，能认定在一定工况条件下新产品的各项性能指标，特别是泄漏率和使用寿命。但缺乏系统性和完整性，受现场安装、维护及主机操作等工艺条件因素的影响较大。对参数较高的密封，直接进行现场试验的风险较大。相反，试验室里模拟工作条件进行的试验却可避免这些缺点，不过模拟试验不可能完全符合其工作条件，且从人力、费用等方面考虑，不可能长时间地进行试验与考核。两者各有利弊，可以互相补充。一般是经试验室模拟试验后，再进行工业现场试验与考核。

国家标准《机械密封试验方法（GB/T 14211—93）》规定了普通机械密封产品常规性能试验的基本原则和试验方法。美国石油协会标准 API 682（《离心泵及转子泵轴封系统》）对机械密封试验的种类、试验介质、试验程序、试验结果分析作了更为严格的规定。

根据不同的试验目的，机械密封试验可分为：以验证设计正确性为目的的型式实验；以质量控制为目的的出厂试验；以考核可靠性、寿命为目的的特殊试验；以研究开发为目的的试验研究等。

a. 型式试验　是为判断新设计的机械密封是否具有规定的性能而进行的试验。通常模拟密封的基本工作条件，并测量几个主要参数。模拟密封的基本工作条件，包括安装密封轴的尺寸、密封腔体及压盖等结构尺寸；密封流体的压力、温度、轴的转速等；试验介质可根据情况，分别选择油、水、气等。试验内容主要有：测量密封静压和运转时的泄漏量；测量摩擦副的磨损量；测量密封的摩擦转矩和功耗；测量流体的温升等，并观察有关零件的磨损形态及变形。

一般先进行静压试验，合格后，再进行运转试验。静压试验可以考核密封是否满足制造和装配的技术要求。静压试验的压力一般为产品最高使用压力的 1.25 倍，温度为常温。从系统压力达到规定值时，开始计算试验时间和测量泄漏量，其保压时间不少于 10min。

运转试验可以更全面考核机械密封的性能。用做过静压试验的那套机械密封做运转试验。运转试验的压力为产品的最高工作压力，转速为产品的设计转速。启动试验装置，待系统温度、压力和轴转速稳定在规定值时，开始计算试验时间并收集泄漏流体，试验时间原则上为连续运转 100h，每隔 4h 测量并记录一次密封流体压力、密封流体温度、转速、泄漏量和功率消耗，每 4h 的平均泄漏量不得超过有关技术条件的规定值。在达到型式试验规定的运转时间后，停机测量机械密封的端面磨损量。

某些密封标准如 API 682，要求的机械密封型式试验程序更为严格，其运转试验包括试验压力循环、温度循环、启动和停车运转循环等。

b. 出厂试验　是机械密封产品质量控制的一个重要手段。型式试验合格的机械密封产品，原则上出厂前应对同一规格的每批产品至少抽取一套进行试验。出厂试验同样包含静压试验和运转试验，试验条件和程序与型式试验相同，只是运行试验的时间为连续运转 5h，每隔 1h 测量并记录一次密封流体压力、密封流体温度、转速、泄漏量和功率消耗，每小时的泄漏量不得超过有关技术要求的规定值。

c. 特殊性能试验　为考核机械密封的某些特殊性能，可以设计并实施相应的性能试验。例如：材料选择试验，润滑状态试验，温度裕度试验，耐晃动和振动性试验及耐固体颗粒磨损试验等。

材料选择试验　密封材料的选择通常可不借助于试验，但对于新材料或已有材料用于新工况，则必须进行材料的选择试验。一般可先进行材料的静态浸泡试验，即将材料置于模拟使用温度和压力的介质环境中，考察材料的耐腐蚀能力。材料的耐腐蚀能力一般是依靠在材料表面形成一层耐腐蚀薄膜而获得的，在动态情况下，腐蚀可能加剧，耐蚀膜可能破裂，形成磨损腐蚀失效。因此，必要时进行动态腐蚀或动态磨损试验，以评价材料的耐腐蚀、耐磨损性能，并选择合适的机械密封材料。

润滑状态试验　密封要能满意地工作，其端面间要能建立起良好的润滑状态。密封端面间的润滑状态从理论上讲是可预测的，但实际上却很复杂，而且也很难预测，往往还得依靠试验方法来评价密封的润滑状态和性能。

密封端面间的润滑状态类似于推力轴承，其特性可用无量纲状态参数 G 来表示。无量纲参数 G 定义为

$$G = \eta \frac{vb}{F_c} \tag{4-48}$$

式中　η——密封流体的黏度；

　　　v——密封端面平均线速度；

　　　b——密封端面宽度；

　　　F_c——作用在端面上的总载荷。

如果 G 很小，则表明密封端面间的液膜很薄，其结果使磨损加剧。如果 G 很大，则表明密封端面间的液膜很厚，其结果使泄漏量增大。

进行试验时，G 值必须是类似于特定工作条件下的值。压力和温度的改变会使密封端面间的润滑状态发生变化，从而改变动压支撑能力。因此，密封的试验条件，如压力、温度、速度和黏度应尽可能与工作条件接近。对于试验条件与工作条件之间可能出现的不可避免的差异，可以适当调整速度，以便取得正确的 G 值。

温度裕度试验　密封在运行时，其端面由于相对运动会产生摩擦热，从而使摩擦副温度升高并形成对周围的温差，然后通过散热达到热平衡。如果端面温升太大，端面间的液膜就会蒸发，从而破坏了端面的润滑状态，最终使密封失效。

温度裕度是由密封腔介质的温度与在密封腔压力下液体沸点的差来确定的。温度裕度通常用 ΔT 表示。温度裕度 ΔT 的试验必须有与特定条件相同的发热状况、速度和压力。试验温度要可以进行调节。液体的性质（黏度、比热容、热导率）会影响 ΔT，但一般认为很小，可以忽略不计。

耐晃动和振动性试验　所有的密封试验都有一定的晃动和振动，但某些特殊设计的实验装置可以测量和控制给定的晃动量和振动量，从而考察试验机械密封耐晃动和振动的极限。

耐固体颗粒磨损试验　固体颗粒对密封端面的危害是严重的。可以设计专门的试验台架，通过选择不同硬度的颗粒、不同的固体颗粒含量等，来考核和评价试验机械密封耐固体颗粒磨损的性能。

d. 试验研究　是通过设计、实施特殊的试验方法和手段来研究、探索机械密封的某些内在的规律，它是对机械密封性能进行深入研究的重要手段和方法。根据不同的研究目的，有不同的试验设计思想。例如，端面间流体压力分布的试验研究；密封端面温度分布的试验研究；密封腔体形状和尺寸对密封性能的影响规律研究等。

4.1.4.7　机械密封的选择与使用

(1) 机械密封的选择

针对某一具体的过程装备，正确合理地选择机械密封，无论对密封的最终用户、还是过程装备的设计制造者，甚至对密封件的制造者来说，都不是一件简单的事，尤其是对于新工艺过程装备更是如此。

影响密封选择的主要因素

a. 过程装备的特点　过程装备的特点对机械密封的选择有重要影响。必须考虑过程装

备的重要程度、种类、规格、安装和运行方式等。不同类型的过程装备要求选择不同类型的机械密封。比较典型的有泵用机械密封、釜用机械密封、压缩机用机械密封等。

b. 被密封介质的性质　有化学性质、物理性质及危险性等。

化学性质　密封介质不仅要与所接触的密封元件产生化学、物理作用，而且其泄漏可能对环境、人体产生严重危害。详细而全面地了解密封介质的化学性质对密封选型十分重要。例如，密封有毒、有害、易燃、易爆介质，一般得选用双端面机械密封。

密封部件材料要能耐介质的腐蚀。介质中的微量元素也可能起显著作用，如介质中的氯离子能使密封结构通常使用的不锈钢（如 1Cr18Ni9Ti）遭受腐蚀。

介质的挥发特性，也必须加以考虑。机械密封的泄漏量通常很小，泄漏介质由于挥发而形成的溶质结晶，或泄漏介质与空气形成的任何沉积物（如烃类的结焦）都会对密封产生重要的影响，决定着密封型式和材料的选择。在输送易挥发性物质时，应考虑如何保持密封面的液相润滑。当有汽化危险时，过程装备的主密封应采用平衡式结构和低摩擦系数的密封面材料，以减少摩擦热量，并采用导热性能良好的材质，以便将摩擦产生的热量迅速从可能汽化的区域移走，同时应尽可能提供良好的冲洗方式和冲洗流程。

物理性质　选择机械密封时需要重点考虑的介质物理性质有饱和蒸气压、凝固点、结晶或聚合点、黏度、密度、固体颗粒、溶解的固体。

介质的饱和蒸气压决定着其沸腾或起泡的条件，要使密封正常操作，必须保证密封腔内液体的温度和压力在介质沸点或起泡点之间要有足够的裕度。凝固点、结晶或聚合点决定着介质出现固体颗粒的条件，同样，密封腔内介质温度必须高于介质出现固体颗粒的温度，并有一定的裕度。

介质黏度直接影响着密封的启动力矩及摩擦功耗，也影响着密封腔体内的传热和界面液膜的形成。用于正位移泵（如螺杆泵、齿轮泵等）的机械密封，可能遇到黏度很大的工况，其操作黏度和启动黏度都必须加以考虑，而且还应注意某些介质可能具有很特殊的黏度特性。而对于黏度很低的介质，如液氨、高温高压水、轻烃等，普通密封端面间则难以形成良好的润滑膜，必须加以特别注意。

介质的密度虽不直接影响机械密封的操作性能，但能预示可能存在的其他影响因素。烃类的密度低，挥发性高，因此可用于与其主介质的蒸气压数据相比较。水溶液的密度高表明有大量的溶解物。另外，密封制造厂总是考虑压力的大小，但泵的特性曲线仅反映压头（扬程）的大小，需要知道介质的密度，以便进行两者的换算。

泵送液体中的固体颗粒会对机械密封产生不良的影响。这些固体颗粒可能是饱和溶液中不溶解的物质，它们可能是软的，也可能是硬的。颗粒的形状、大小决定着对密封性能的影响行为。纤维状物体能使密封腔体及封液的循环线路堵塞，导致密封的适应性降低。大颗粒的固体会对密封造成冲击性损害；小颗粒的固体能进入密封端面，并可能对密封端面造成严重损害，硬质颗粒更是如此。不过，微米级以下的颗粒不易造成太大的问题，大多数的损伤是由粒度与液膜相近的颗粒（$0.5\sim20\mu m$）造成的。

含有固体溶解物的液体似乎不会给密封造成困难，但是当介质沿密封端面向大气侧泄漏时，由于泄漏液体的逐渐蒸发而使局部溶液浓度提高，可能有固体物析出或沉结。一旦出现固体物的析出或沉结，就会对密封端面产生严重影响。

危险性 危险性分为三类：毒性、可燃性和易爆性、腐蚀性。对介质的危险性必须进行充分评估，根据对潜在危险的评估情况，提出密封的选型要求，并对泵及现场公用工程进行改造。

在关键设备、安全标准和密封选择者的改造措施等方面，需要密封制造厂、过程装备制造厂、密封件的最终用户之间很好地合作与协商。

c. 操作条件 除被密封介质特性外的其他操作条件或运行工况，对机械密封的选择也具有非常重要的影响。这些条件包括温度、压力、速度、密封腔体、寿命、泄漏等。

温度 温度对密封材料的选择有重要的影响，尤其是对摩擦副材料、辅助密封材料、波纹管材料的选择；同时，也决定着冷却或保温方法及其辅助装置。密封材料具有高低温的限制，例如丁腈橡胶密封圈的安全使用温度是 $-30\sim100℃$，氟橡胶是 $-20\sim200℃$。通过温度数据可以帮助选择何种材料适用运行工况。在高温操作时，许多密封界面呈汽液混合相，端面材质应能承受此工况。密封用于高温烃类时，还会出现结焦问题，即泄漏的物质氧化而形成固体沉结物。对此，需选择不易被卡住的密封类型，并采用低压饱和蒸汽阻封以防止结焦。

压力 密封腔的压力决定着选择单级密封还是多级密封；选择非平衡式机械密封，还是平衡式机械密封。也决定着安装的某些方面，如压盖结构、循环方式、清洁冲洗液注入压力、双端面机械密封用封液的注入压力等。

速度 在高速情况下，离心力对密封元件可能产生不良影响，必须保证密封的旋转元件能正常发挥作用，同时，轴加工时的缺陷通常要求密封有更高的轴向追随能力，以保持稳定的液膜。当转速超过 $4500r/min$，或圆周线速度超过 $20m/s$ 时，通常选择静止式结构。在高速操作条件下，密封界面上边界润滑条件起主要作用（非接触机械密封除外），必须注意选择密封面的材料。另外，许多密封面材料的抗拉强度低，在高速情况下必须考虑对密封环的有效支撑，不能在无支撑的条件下使用。

压力和速度的乘积，即通常称为 pv 值，也对密封的选择产生影响。不同类型、不同结构的密封具有不同的 pv 极限值，考虑一定的安全裕度后，即得到许可的 pv 值。操作工况的 pv 值应在密封许可的 pv 值范围内。

密封腔体 密封腔体的详细尺寸，包括径向尺寸、轴向尺寸，腔体内各种影响放置密封的障碍，密封端盖的空间位置等对密封结构型式的选择有重要影响，只有获得这些尺寸信息，才能确定密封的尺寸，或确定能否将密封装入而不必改动密封腔体，并判断是否有足够的径向间隙以形成合理的流道。

密封寿命 不同的密封工况对密封寿命有不同的要求，有的只需要几十分钟，如火箭发射装置；有的则要求能无故障运行许多年，如核电站泵用的密封。合理的寿命要求影响着密封结构和材料的选择。昂贵的端面密封材料和特殊的密封设计（如金属波纹管密封、集装式密封）通常都能延长密封寿命。

泄漏 允许泄漏的限制条件也影响着密封的选择。对需要严格控制泄漏的场合，一般都得采用双端面机械密封。

d. 外部公用工程 在需要详细考虑密封的选用问题时，对能提供冷却水、阻封蒸汽和清洁注入液的公用工程应充分关注，获取公用工程的介质特性、温度和压力等是十分有用的。例如，对于高黏度液体在启动时可能需要加热；液体中能沉积出蜡或胶体的工况，可能需要蒸汽阻封，以延长密封寿命。

e. 密封标准 在选择密封时，应关注相关标准，包括允许泄漏的标准，安装密封结构尺寸标准，密封技术要求标准等，其中有国际标准、国家标准、部颁标准，某些公司或协会标准等。附录1列出了有关密封标准的目录。

f. 其他因素 除上面介绍的因素外，安装维修的难易程度、密封的购置成本和运行成本、获取密封件的难易程度等，都可能影响选型。因此，机械密封的选型需要综合判断考虑。

密封选择的主要程序

a. 获取数据 尽可能获取上面介绍的影响选型因素的各种数据，并注意对交货前的检验要求和验收指标规定，也需要注意某些特殊要求，如核准机构、交货期和包装等。

b. 结构型式及其密封辅助系统的选择 根据获得的各种数据可对密封的结构型式、材料匹配和密封辅助系统进行合理而恰当的选择。许多机械密封制造厂或有关机械密封的手册均提供有机械密封的选型用表格。一般根据介质和工况数据，可选择出密封类型、各种合适的结构材料、冲洗方法和措施等。但往往有多种方案可满足特定的密封工况，这就需要在众多方案中进行充分比较，以确定最合理的一种。

（2）机械密封的使用

机械密封是过程装备中的精密部件，为了达到预期的密封效果，在正确合理选择密封的基础上，还必须保证机械密封的正确安装与使用。

机械密封的安装

a. 对设备的精度要求 对安装机械密封部位的轴或轴套的径向跳动、表面粗糙度、外径公差、运转时轴的轴向窜动等都有一定的要求，对于安装普通工况机械密封轴或轴套的精度要求如表 4-13 所示，密封腔与压盖（或釜口法兰）结合定位端面对轴（或轴套）表面的跳动如表 4-14 所示。由于反应釜转轴速度较低，机械密封对设备的精度要求可以适当降低。

表 4-13　安装普通机械密封部位轴或轴套的技术精度要求

类别	轴径或轴套外径 /mm	径向跳动 /mm	表面粗糙度 $R_a/\mu m$	外径尺寸公差	转轴轴向跳动 /mm
泵用	10~50	≤0.04	≤1.6	h6	≤0.1
	>50~120	≤0.06			
釜用	20~80	≤0.4	≤1.6	h9	≤0.5
	>80~130	≤0.6			

表 4-14 密封腔体与压盖（或釜口法兰）定位端面对轴（或轴套）表面的跳动要求

类别	轴径或轴套外径/mm	跳动偏差/mm
泵用	10~50	≤0.04
	>50~120	≤0.06
釜用	20~130	≤0.1

b. 安装准备及安装　检查机械密封的型号、规格是否与要求的型号、规格相吻合，零件是否完好，密封圈尺寸是否合适，旋转环、非旋转环表面是否光滑平整。若有缺陷，必须更换或修复。检查设备的精度是否满足安装机械密封的要求。清洗干净密封零件、轴表面、密封腔体，并保证密封液管路畅通。根据说明书或产品样本确定弹簧的压缩量或工作高度，进而确定密封的安装位置。一般单弹簧密封轴向安装尺寸最大允差为±1.0mm，多弹簧为±0.5mm。

安装准备完成后，就可按一定顺序实施安装，完成旋转环组件在轴上的安装和非旋转环组件在压盖内的安装，最后完成密封的总体组合安装。在安装过程中应保持密封的清洁和完整，不允许用工具敲打密封元件，以防止密封件被损害。

c. 安装检查　安装完毕后，用手盘动旋转环，应保证转动灵活，并有一定的浮动性。对于重要设备的机械密封，必须进行静压试验和动压试验验，试验合格后方可投入正式使用。

机械密封的运转

a. 启动前的注意事项及准备　启动前，应检查机械密封的辅助装置、冷却系统是否安装无误；应清洗物料管线，以防铁锈、杂质进入密封腔内。最后，用手盘动联轴节，检查轴是否轻松旋转。如果盘动很重，应检查有关配合尺寸是否正确，设法找出原因并排除故障。

b. 密封的试运转和正常运转　首先将封液系统启动，冷却水系统启动，密封腔内充满介质，然后就可以启动主密封进行试运转。如果一开始就发现有轻微泄漏现象，但经过1~3h后逐步减少，这是密封端面的磨合的正常过程。如果泄漏始终不减少，则需停车检查。如果机械密封发热、冒烟，一般为弹簧比压过大，可适当降低弹簧的压力。

经试运转考验后即可转入操作条件下的正常运转。升压、升温过程应缓慢进行，并密切注意有无异常现象发生。如果一切正常，则可正式投入生产运行。

c. 机械密封的停车　机械密封停车应先停主机，后停密封辅助系统及冷却系统。如果停车时间较长，应将主机内的介质排放干净。

4.1.4.8　机械密封的失效分析

一般来说，轴封是过程流体机械的薄弱环节，它的失效是造成过程装备维修的主要原因。对机械密封的失效原因进行认真分析，常常能找到排除故障的最佳方案，从而提高密封的使用寿命。

（1）机械密封的失效

密封失效的定义

被密封的介质通过密封部件并造成下列情况之一者，则认为密封失效：

① 从密封系统中泄漏出大量介质；

② 密封系统的压力大幅度降低；

③ 封液大量进入密封系统（如双端面机械密封）。

密封失效的外部特征

在密封件处于正常工作位置，仅从外界可以观察和发现到的密封失效或即将失效前的常见特征有以下几种。

a. 密封持续泄漏　泄漏是密封最易发现和判断的密封失效特征。一套机械密封总会有一定程度的泄漏，但泄漏率可以很低，采用了先进材料和先进技术的单端面机械密封，其典型的质量泄漏率可以低于 $1g/h$。所谓"零泄漏"通常描述为"用现有仪器测量不到的泄漏率"，采用带高压封液的双端面机械密封可以实现对过程流体的零泄漏，但封液向系统的内泄漏和对外界的外泄漏总是不可避免的。

判断密封泄漏失效的准则可以有多种，如《机械密封技术条件》（JB 4127）要求普通离心泵及其他类似旋转式机械的机械密封的泄漏量不大于 $3mL/h$（当轴或轴套外径不大于 $50mm$）或不大于 $5mL/h$（当轴或轴套大于 $50mm$），但在实践中，往往还依赖于工厂操作人员的目测。就比较典型的滴漏频率来说，对于有毒、有害介质的场合，即使滴漏频率降低到很低的程度，也是不允许的；同样，如果预料密封滴漏频率会迅速加大，就应当判定密封失效。对于非关键性场合（如水），即使滴漏频率大一些，也常常是允许的。目前生产实践中判定密封失效，既依赖于技术，也依赖于操作人员的经验。

密封出现持续泄漏的原因有：密封端面问题，如端面不平、端面出现裂纹、破碎、端面发生严重的热变形或机械变形；辅助密封问题，如安装时辅助密封被压伤或擦伤、介质从轴套间歇中漏出、O形圈老化、辅助密封变硬或变脆、辅助密封出现化学腐蚀而变软或变黏；密封零件问题：如弹簧失效、零件发生腐蚀破坏、传动机构发生腐蚀破坏。

b. 密封泄漏和密封环结冰　在某些场合，可以观察到密封周围结有冰层，这是由于出现密封介质泄漏，并发生泄漏介质的汽化或闪蒸。应注意结冰可能会擦伤密封端面，尤其是石墨环。

c. 密封在工作时发出爆鸣声　有时可以听到密封在工作时发出爆鸣声，这也是由于密封端面间介质产生汽化或闪蒸。改善的措施主要是为介质提供可靠的工作条件，包括在密封的许可范围内提高密封腔压力；安装或改善旁路冲洗系统，降低介质温度，加强密封端面的冷却等。

d. 密封工作时产生尖叫　密封端面润滑状态不佳时，可能产生尖叫，在这种状态下运行，将导致密封端面磨损严重，并可能导致密封环裂、碎等更为严重的失效。此时应设法改善密封端面的润滑状态，如设置或加大旁路冲洗等。

e. 石墨粉聚集在密封面的外侧　有时会发现石墨粉聚集在密封面的外侧，其中的原因可能是密封端面润滑不佳，或者密封端面间液膜汽化或闪蒸，残留下某些物质，并造成石墨环的磨损加剧。此时应考虑改善润滑或尽量避免闪蒸出现。

f. 密封寿命短　在目前技术水平情况下，一般要求机械密封的寿命在普通介质中不低于一年，在腐蚀介质中不低于半年，但比较先进的密封标准，如 API 682，要求密封寿命不低于三年。某些情况下，即使是一年或半年的寿命都难以达到，形成了机械密封的过早失效。造成机械密封过早失效的原因是多方面的，常见的有：设备整体布置不合理，在极端情况下，可能造成密封与轴的直接摩擦；密封介质中含有固体悬浮颗粒，而又未采取消除悬浮固体颗粒的有效措施或未选用抗颗粒磨损机械密封，结果导致密封端面的严重磨损；密封运行时因介质温度过高或润滑不充分而过热；密封所选型式或密封材料与密封工况不相适应。

密封失效的具体表现形式

对失效的机械密封进行拆卸、解体，可以发现密封失效的具体形式多种多样。常见的有磨损失效、腐蚀失效和热损伤失效。

a. 磨损失效　虽然机械密封纯粹因端面的长期磨损而失效的比例不高，但碳石墨环的高磨损情况也较常见。这主要是由于选材不当而造成的。目前，在机械密封端面选材时普遍认为硬度越高越耐磨，无论何种工况，软环材料均选择硬质碳石墨，然而，有些工况却并非如此。在介质润滑性能差、易产生干摩擦的场合，如轻烃介质，采用硬质碳石墨，如M106K，会导致其磨损速率高，而采用软质的高纯电化石墨，其磨损速率会很小。这是因为由石墨晶体构成的软质石墨在运转期间会有一层极薄的石墨膜向对偶件表面转移，使其摩擦面得到良好润滑而具有优良的低摩擦性能。

值得注意的是，若介质中固体颗粒含量超过5％时，碳石墨不宜作单端面密封的组对材料，也不宜作串联布置的主密封环。否则，密封端面会出现高磨损。在含固体颗粒介质中工作的机械密封，组对材料均采用硬质材料，如硬质合金与硬质合金或与碳化硅组对，是解决密封端面高磨损的一种有效办法，因为固体颗粒无法嵌入任何一个端面，而是被磨碎后从两端面之间通过。

另外，根据端面的摩擦磨损痕迹，可以判断出密封的运行情况。当端面摩擦副磨损痕迹均匀正常，各零件的配合良好，这说明机器具有良好的同轴度，如果密封仍发生泄漏，则可能不是由密封本身问题引起的。当端面出现过宽的磨损，表明机器的同轴度很差。当出现的磨损痕迹宽度小于窄环环面宽度时，这意味着密封受到过大的压力，使密封面呈现弓形。在密封面上有光点而没有磨痕，这表明端面已产生较大的翘曲变形，这是由于流体压力过大，密封环刚度差，以及安装不良等原因所致。如果硬质环端面出现较深的环状纹路沟槽，其原因主要是联轴器对中不良，或密封的追随性不好，当振动引起端面分离时，两者之间有较大颗粒物质入侵，颗粒嵌入较软的碳石墨环端面内，软质环就像砂轮一样磨削硬质环端面，造成硬质端面的过度磨损。

机械密封运转一段时间后，若摩擦端面没有磨损痕迹，表明密封开始时就泄漏，泄漏介质被氧化并沉积在补偿环密封圈附近，阻碍补偿环作补偿位移，这是产生泄漏的原因。黏度较高的高温流体，若不断地泄漏，最易出现这种情况。端面无磨损痕迹的另一种可能就是摩擦端面已经压合在一起，而无相对运动，相对运动发生在另外的部位。

b. 腐蚀失效　机械密封因腐蚀引起的失效为数不少，而构成腐蚀的原因错综复杂。机械密封常遇到的腐蚀形态及需考虑的影响因素有以下几种。

全面腐蚀与局部腐蚀 发生在零件接触介质表面的均匀腐蚀，即为全面腐蚀，表现为零件的重量减轻，失去强度，降低硬度，甚至会全部被腐蚀掉。弹簧、传动销等构件常会因全面腐蚀而减少直径，然后因强度不足而断裂，从而导致密封失效。局部腐蚀是腐蚀行为发生在构件的局部区域，它具有多种表现形式，如选择性腐蚀、应力腐蚀、磨损腐蚀、缝隙腐蚀等，其危害比全面腐蚀更为严重。例如，钴基硬质合金应用于高温强碱中时，黏结相金属钴就易被有选择地腐蚀掉，硬质相碳化钨骨架失去强度，在机械力的作用下产生了晶粒剥落，结果导致密封端面的严重受损而失效。又如，反应烧结碳化硅在强碱中，因游离硅被腐蚀而表面呈现麻点。机械密封零件常遇到的局部腐蚀失效的其他形式在下面进行简要分析。

应力腐蚀 应力腐蚀是金属材料在腐蚀介质和应力的共同作用下，产生裂纹或发生断裂的现象。金属焊接波纹管、弹簧、传动套的传动耳环等机械密封构件最易因产生应力腐蚀而失效。

磨损腐蚀 磨损与腐蚀交替作用而造成的材料破坏，即为磨损腐蚀。磨损的产生可源于密封件与流体间的高速运动，冲洗液对密封件的冲刷，介质中的悬浮固体颗粒对密封件的磨粒磨损。腐蚀的产生源于介质对材料的化学及电化学的破坏作用。磨损促进腐蚀，腐蚀又加速磨损，彼此交替作用，使得材料的破坏比单纯的磨损或单纯腐蚀更为迅速。磨损腐蚀对密封摩擦副的损害最为巨大，常是造成密封过早失效的主要原因。用于化工过程装备中的机械密封就经常会遇到这种工况。

间隙腐蚀 当介质处于金属与金属或非金属之间狭小缝隙内而呈停滞状态时，会引起缝隙内金属的腐蚀加剧。机械密封弹簧座与轴之间，补偿环辅助密封圈与轴之间（当然此处还存在微动腐蚀）出现的沟槽或点蚀即是典型的例子。补偿环辅助密封圈与轴之间出现的腐蚀沟槽，将可能导致补偿环不能做轴向移动而使其丧失追随性，使端面分离而泄漏。

c. 热损伤失效 机械密封件因过热而导致的失效，即为热损伤失效，最常见的热损伤失效有端面热变形、热裂、泡疤、炭化，弹性元件的失弹，橡胶件的老化、永久变形、龟裂等。

密封端面的热变形有局部热变形和整体热变形。密封端面上有时会发现许多细小的热斑点和孤立的变色区，这说明密封件在高压和热影响下，发生了局部变形扭曲；有时会发现密封端面上有对称不连续的亮带，这主要是由于不规则的冷却，引起了端面局部热变形。有时会发现密封端面在内侧磨损很严重，半径越大接触痕迹越浅，直至不可分辨。密封环的内侧棱边可能会出现掉屑和蹦边现象。轴旋转时，密封持续泄漏，而轴静止时，不泄漏。这是因为密封在工作时，外侧冷却充分，而内侧摩擦发热严重，从而内侧热变形大于外侧热变形，形成了热变形引起的内侧接触型（正锥角）端面。

硬质合金、工程陶瓷、碳石墨等脆性材料密封环，有时端面上会出现径向裂纹，从而使密封面泄漏量迅速增加，对偶件急剧磨损，这大多是由于密封面处于干摩擦、冷却突然中断等原因引起端面摩擦热迅速积累形成的一种热损害失效。

在高温环境下的机械密封，常会发现石墨环表面出现凹坑、疤块。这是因为当浸渍树脂石墨环超过其许用温度时，树脂会炭化分解形成硬粒和析出挥发物，形成疤痕，从而极大地增加摩擦力，并使表面损伤出现高泄漏。

高温环境可能使弹性元件弹性降低，从而使密封端面的闭合力不足而导致密封端面泄漏严重。金属波纹管的高温失弹即是该类机械密封的一种普遍而典型的失效形式。避免出现该类失效的有效方法是选择合理的波纹管材料及其进行恰当的热处理。

高温是橡胶密封件老化、龟裂和永久变形的一个重要原因。橡胶老化，表现为橡胶变硬、强度和弹性降低，严重时还会出现开裂，致使密封性能丧失。过热还会使橡胶组分分解，甚至炭化。在高温流体中，橡胶圈有继续硫化的危险，最终使其失去弹性而泄漏。橡胶密封件的永久变形通常比其他材料更为严重。密封圈长期处于高温之中，会变成与沟槽一样的形状，当温度保持不变，还可起密封作用；但当温度降低后，密封圈便很快收缩，形成泄漏通道而产生泄漏。因此，应注意各种胶种的使用温度，并应避免长时间在极限温度下使用。

（2）机械密封失效分析的理论方法

机械密封的失效方式多种多样，很少是由于长时期磨损而正常失效的，其他因素则往往能促使其过早失效。密封的使用寿命极限可以相差很大，在化工过程的苛刻磨损腐蚀工况下可能仅为几天，而在烯烃应用中能有效运行 20 年以上。除了不同的密封工况会使密封寿命有很大的差异外，即使相同的密封在相同的使用条件下，其使用寿命也会显著不同。因此，密封的寿命应视为一个统计学量，难以对单一密封的寿命进行精确预测。对机械密封失效规律的理论探讨，往往借助于统计学的概念。以下两个概念已用于机械密封的寿命研究。

a. L_{10} 寿命　当一个零件抽样数组中失效数目达到 10% 时的运转时间称为 L_{10} 使用寿命。它与韦伯失效分析方法有紧密联系。应用韦伯失效分析法，可以确定失效时间分布。

b. 平均工作寿命（Mean Time Between Maintenance，MTBM）　平均工作寿命定义为抽样依次失效的间隔时间的算术平均值

$$MTBM = \frac{L_1 + L_2 + \cdots + L_n}{n} \tag{4-49}$$

式中，L_1，L_2，$\cdots$，L_n，单个密封件的寿命。

平均工作寿命 MBTM 与 L_{10} 寿命相比，更为简洁、实用。

在许多场合，密封用户非常希望能准确预测密封寿命。但预测寿命与失效的随机分布有矛盾，只有在排除早期失效和中期随机失效后才有可能提高预测能力。因此，研究如何预防机械密封的失效具有非常重要的意义。

4.2　非接触转轴密封

非接触转轴密封没有密封件与运动表面的摩擦，结构比较简单、耐用和运行可靠。它有多种形式，本节简要介绍常见非接触转轴密封的基本原理、结构特点和适用范围。

4.2.1　间隙密封

间隙密封一般为流阻型非接触动密封，系统流体沿着微小环形间隙利用黏性摩擦的耗损

进行节流而达到密封目的。有固定环密封、浮动环密封等多种形式，既可用于液体环境，也可用于气体环境。

（1）间隙密封的结构形式及特点

如图 4-89 所示的普通固定衬套密封即为一典型的间隙密封，流体通过衬套与轴的微小间隙 h 流动时，由于流体的黏性摩擦作用而实现降压密封的目的。固定衬套密封设计简单，安装容易，价格低廉，但由于长度较大，必须具有较大的间隙以避免轴的偏转、跳动等因素引起轴与衬套的固体接触，从而具有较大的泄漏率。固定衬套密封常用作为低压离心机轴端密封、离心泵泵壳与叶轮间的口环密封、离心泵密封腔底部的衬套密封、高压柱塞泵背压套筒密封等。

通过允许衬套浮动，可将衬套与轴的间隙设计得很小，既避免密封套与轴的固体接触，又增大了流体通过缝隙的节流效应，降低了泄漏量，如图 4-90 所示。

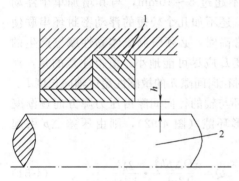

图 4-89　固定衬套密封

1—衬套；2—轴

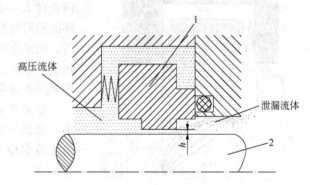

图 4-90　浮动环密封

1—浮动环；2—轴

为了保证密封效果，需要较长的间隙通道，同时又便于制造，浮动衬套密封通常由几个密封环组合而成，形成多级浮动环密封。

（2）间隙密封的原理

图 4-91 为一浮动环间隙密封结构简图，径向间隙为 h，轴向长度为 L。考虑到轴和浮动环的相对热膨胀，间隙 h 一般为 $10 \sim 20\mu m$。在弹簧力和介质压力的作用，使密封通过一 O 形密封圈与壳体上的一个垂直于轴表面的光滑表面保持接触，浮动环可以沿径向自由移动，但受定位销钉的限制不能转动。考虑到密封环与轴可能出现的摩擦磨损，浮动环一般由减摩或耐磨材料制造，如碳石墨、碳化硅等。

当径向间隙小于 $30\mu m$，流体通过间隙的流动一般为层流，流动形成的体积泄漏

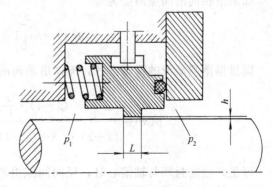

图 4-91　浮动环间隙密封的典型结构

率 Q 为

$$Q = \frac{\pi D \Delta p h^3}{12 \eta L} (1 + 1.5 \varepsilon^2)$$ (4-50)

式中　D——转轴的直径；

　　　Δp——密封承受的压差，$\Delta p = p_1 - p_2$；

　　　h——工作间隙；

　　　η——流体的黏度；

　　　L——密封的轴向长度；

　　　ε——径向偏心率。

从式（4-50）中可以看出，浮动环对轴偏心率对泄漏量有很大影响，最大偏心（$\varepsilon=1$）时的泄漏率是同心（$\varepsilon=0$）时的 2.5 倍。浮动环的轴向长度 L 一般不超过 5～10mm，与其增加单个浮动环的轴向长度，还不如几个较短的浮动密封环串联使用。轴速度非常高时，必须限制流体黏性摩擦产生的热量，轴向长度 L 应尽可能地小。值得注意的是，浮环密封泄漏率对径向间隙 h 的敏感性超过轴向长度 L。

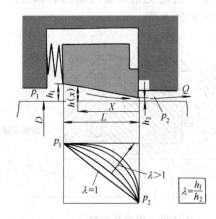

图 4-92　浮动环间隙锥度的影响

如果浮动环与轴的径向间隙沿压力降方向逐渐变小，形成一锥形环隙（图 4-92），则由压差 Δp 引起的泄漏率 Q 为

$$Q = \frac{\pi D \Delta p h_2^3}{12 \eta L} \cdot \frac{2\lambda^2}{\lambda + 1}$$ (4-51)

如果考虑浮动环与轴的不同心，则相应的泄漏率为

$$Q = \frac{\pi D \Delta p h_2^3}{12 \eta L} \cdot \left[\frac{2\lambda^2}{\lambda + 1} + (1 + \lambda) \frac{3}{4} \varepsilon^2 \right]$$ (4-52)

以上式中，$\lambda = h_1 / h_2$，间隙的锥度。

如果沿轴向的间隙高度为

$$h(x) = h_2 \left[1 + (\lambda - 1) \frac{x}{L} \right]$$ (4-53)

则根据薄膜润滑的雷诺方程，流体沿轴向的压力分布为

$$p(x) = \frac{\lambda^2 \left[2 + (\lambda - 1) \cdot \frac{x}{L} \right] \cdot \frac{x}{L}}{(1 + \lambda) \cdot \left[1 + (\lambda - 1) \cdot \frac{x}{L} \right]^2} \cdot (p_1 - p_2) + p_2$$ (4-54)

可是，当密封环与轴偏心时，径向间隙沿圆周方向是变化的。图 4-93 表示了浮动环与轴的偏心情况，在最大间隙 h_1 与最小间隙 h_2 之间的所有间隙沿圆周方向均是变化的，流体

压力分布也是如此。在间隙小的一侧的流体压力较大，该压力促使浮动环趋向与轴对中。

（3）间隙密封的摩擦功耗与最佳间隙 h

在高速情况下，浮动环与轴之间间隙内的流体由于轴向压差流和周向剪切流的黏性摩擦的作用（图4-94），将明显发热，这也是要求浮环密封轴向长度尽量短（$L=3\sim 5\text{mm}$）的另一原因。

流体通过浮动环与轴之间隙，由节流产生压降 Δp 而导致的功率损耗为

$$P_p = Q\Delta p = \frac{\pi D(\Delta p)^2}{12\eta L} \cdot h^3 = \alpha h^3 \quad (4\text{-}55)$$

由于轴旋转引起流体周向剪切流而导致的摩擦功耗为

$$P_r = \pi \eta u^2 D L h^{-1} = \beta h^{-1} \quad (4\text{-}56)$$

总功率损耗为

$$P_t = P_p + P_r = \alpha h^3 + \beta h^{-1} \quad (4\text{-}57)$$

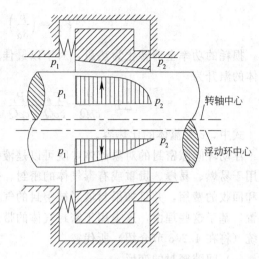

图4-93　浮动环锥形间隙间流体静压力产生对中作用的原理

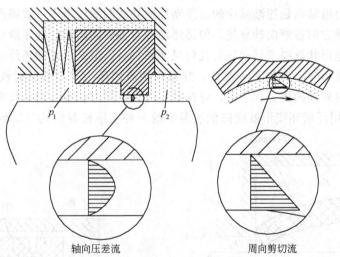

图4-94　引起摩擦损耗的压差流和剪切流

将间隙 h 考虑为设计变量，功耗最小时，间隙 h 满足以下条件

$$\frac{\partial P_t}{\partial h} = 3\alpha h^2 - \beta h^{-2} = 0 \quad (4\text{-}58)$$

从而得到最佳间隙

$$h_{opt}=\left(\frac{\beta}{3\alpha}\right)^{0.25}=\sqrt{\frac{2\eta uL}{\Delta p}} \tag{4-59}$$

损耗的功率全部转化为热量，对于以最佳间隙设计的浮环密封，根据能量平衡方程可得液体的温升为

$$\Delta T=\frac{P_t}{c\rho Q}=\frac{P_p}{c\rho Q}+\frac{P_r}{c\rho Q}=\frac{\Delta p}{\rho c}+3\cdot\frac{\Delta p}{c\rho}=4\cdot\frac{\Delta p}{\rho c} \tag{4-60}$$

式中，c 为流体的比热容。

浮动环间隙密封的对象流体，既可以是液体，也可以是气体。带封液的液膜浮动环密封常用于易燃、易爆、贵重或有毒气体的密封，但密封的成本必须考虑提供封液压力控制、循环和回收的费用，并且如果封液对被密封的气体可能造成污染，则须采用高成本的气液分离装置。基于这些理由，这类用于密封气体的带封液液膜浮动环密封正逐渐被气体膜润滑密封系统（将在 4.2.3 节介绍）所代替。

（4）间隙密封的变形

如果浮动环由较易变形的材料制造或应用环境的压力相当高，浮动环将会发生变形，形成间隙逐渐缩小的浮动环间隙密封，该类密封具有较低的泄漏率。

如图 4-95 所示，当浮动环的静密封部分置于或靠近低压侧流体时，被密封流体的压力向内均匀地作用于浮动环的外周，而浮动环与轴间隙内的流体压力向外作用于浮动环的内侧，这一流体压力沿轴向是逐渐减少的。浮动环内外两侧的压力不一致将产生一弯矩使浮动环变形，沿压力降方向逐渐向轴靠拢，使得浮动环与轴的间隙相应地逐渐变小，从而降低了泄漏率。实际间隙形状取决于浮动环的几何尺寸和材料。但是，浮动环外端间隙不可能减为零，因为一旦间隙为零，流体不再流动，缝隙内的流体压力将与被密封流体的压力完全一致，结果浮动环内外周的压力相平衡，弯曲效应消失，间隙恢复为初始间隙。

图 4-96 为利用浮动环变形效应降低泄漏率的一种实际密封结构。L 形 PTFE 衬套粘附

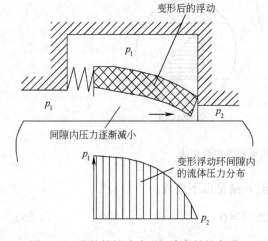

图 4-95　柔性材料浮动环间隙密封的变形

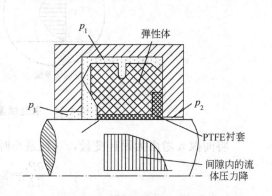

图 4-96　应用于高压环境的间隙密封

于一弹性密封环的内周，同时也提供了与壳体的辅助密封。当流体有压力时，该复合密封在流体下游端收紧以进一步限制流体的流动。流体的泄漏率随被密封的流体压力和轴直径的不同而有所变化，一般为每分钟几毫升。

同样的原理可用于高压环境下的金属或陶瓷浮动环密封。在一般情况下为刚性的材料，在高压环境下，就变得富有柔性了。实际应用时，其变形情况可采用有限元方法进行分析。在高压环境下，压力对流体的黏度具有重要影响，必须考虑流体的黏压特性。

4.2.2　迷宫密封

迷宫密封是一种由一系列节流齿隙和膨胀空腔构成的非接触密封形式，主要用于密封气体介质，图 4-97 为三种典型结构。迷宫密封的转子和机壳间存在间隙，无固体接触，允许有热膨胀差存在，适应高温、高压、高转速场合，并且结构简单，性能稳定可靠，广泛用作为蒸汽透平、燃气透平、离心式压缩机、鼓风机等热力机械的轴端密封或级间密封。迷宫密封的惟一缺点是泄漏大，为进一步减少泄漏，研究发展了气膜润滑机械密封（下节讨论）、刷形密封等密封新形式。

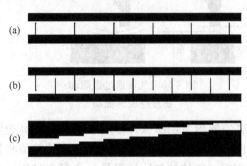

图 4-97　迷宫密封的典型结构
(a) 直通型迷宫；(b) 交错型迷宫；(c) 阶梯型迷宫

（1）密封机理

迷宫密封的实际结构将导致气体流动为湍流。一个节流齿隙和一个膨胀空腔构成了一级迷宫，多级迷宫组成了实际应用的迷宫密封。齿隙的作用是把气体的势能（压力能）转变成动能，迷宫空腔的作用是通过气体的湍流混合作用尽可能地把气流经齿隙转化的动能转化为热能，而不是让它再恢复为压力能。因此流体动力学设计必须最大程度地分散经齿隙高速射出的流体动能。

为进一步理解迷宫密封的物理机制，需要了解气体通过迷宫密封的热力学过程。图 4-98 描述了气体流经一齿隙和一膨胀空腔的过程。在压差推动下，气流由高压侧向低压侧流动，当气流经过间隙 c 时，由于流道变窄，流速增高，压力降低，即压力能转变为速度能，同时温度降低（热熔值减少），当气流以高速进入两齿之间的环形腔室时，体积突然膨胀产生剧烈旋涡，涡流摩擦的结果使气流的绝大部分动能转化为热能，被腔室中的气流所吸收而升高温度，热熔又恢复到接近进入间隙前的值，如此逐级重复上述过程。气流通过迷宫的过程，接近于等熔过程。

在第一个齿隙前面，气体的热力学状态参数为压力 p_1、密度 ρ_1、温度 T_1，对于理想气体，它们之间的关系为：$p/\rho = RT$，这建立起气体的熔值 i_1。图 4-99 以熔-熵（i-s）图形式表示了气体流经齿隙和空腔的状态变化，在齿隙区域，气体等熵加速，伴随着压力的急剧降低。由于惯性的作用，气体经齿隙后的流通面积继续收缩为 A（图 4-98），流通面积 A 小于齿隙物理面积 $A_c = \pi dc$。定义 $a = A/A_c$ 为齿隙系数。经过收缩面积 A 之后，气体以等压方

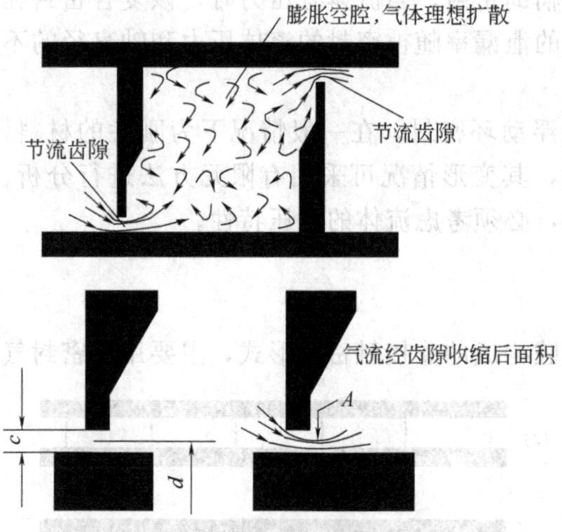

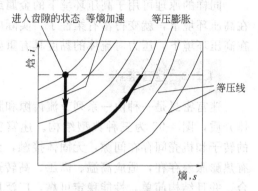

图 4-98　气流通过齿隙和
膨胀空腔的流动

图 4-99　气体流经齿隙和
空腔的焓熵（$i\text{-}s$）变化

式在空腔内急剧膨胀，形成旋涡。气体高速流动的动能被完全转化为分子的自由运动能，即热能，在完全转化的条件下，气体的焓值将恢复到原来的水平。对于实际迷宫密封，由于存在摩擦，气体的加速过程是一个多变过程，将会有部分压力恢复。

根据气体的热力学状态方程，焓值 i 是内能 U 和压力 p 与体积 V 之间的函数，即

$$i_1 = U_1 + p_1 V_1 \tag{4-61}$$
$$i_2 = U_2 + p_2 V_2 \tag{4-62}$$

对于等焓过程，即 $i_1 = i_2$，则

$$U_1 + p_1 V_1 = U_2 + p_2 V_2 \tag{4-63}$$

而内能 U 又是温度 T 与体积 V 的函数，即 $U = f(T, V)$，如果各级腔室体积相同（$V_1 = V_2$），那么气流每通过一级腔室的温度升高（动能转变为热能，然后由壳体散发），表明内能 $U_2 > U_1$，因此等焓过程的压力变化必然是 $p_2 < p_1$。减少压差，意味着流体泄漏的推动力降低，这样逐级降压，就达到了密封的目的。

（2）节流间隙

由于构成迷宫密封的机械零件均接触热气体或热蒸汽，零件必然会发生热膨胀变形，密封要能适应轴与壳体的热变形差。同时，轴承的径向间隙对轴在静止和运转，及通过临界转速区时的轴径向位移具有重要影响。在热力透平机械开发的早期，膜厚仅为微米级的气体润滑非接触密封技术尚未开发成功，但为了获得稳定可靠而能长周期运转的密封性能，明显的解决方案是采用较大间隙的非接触密封。

根据轴的直径，考虑热膨胀效应和轴的漂移效应，一般工业透平用迷宫密封的冷态（室温状态）最小径向间隙 C 为

$$C = C_e \cdot \frac{d}{1000} + 0.25\text{mm} \tag{4-64}$$

式中 d——轴直径，mm；

C_e——考虑热膨胀和轴径向位移的系数，对于空气压缩机，$C_e=0.6$；对于蒸汽和气体透平，$C_e=0.85$（铁素体钢），或者 $C_e=1.3$（奥氏体钢）。

计算迷宫密封的泄漏率时，必须确定迷宫密封的热态间隙，即在工作状态下的径向间隙 C。

（3）泄漏率计算

流体通过密封齿环隙的泄漏量与压差、环隙面积、密封齿数、齿的形状及相互位置等有关。类比流体通过小孔的流动，流体通过整个迷宫的质量流量为

$$Q_m = A_c a\varepsilon \sqrt{p_1 \cdot \rho_1} \tag{4-65}$$

式中 p_1，ρ_1——分别为被密封流体的绝对压力和密度；

A_c——小孔的环隙面积，$A_c = \pi dC$；

ε——迷宫系数；

a——小孔系数，射流惯性收缩面积与环隙面积之比 $a=\dfrac{A}{A_c}$。

如果节流环隙由厚度为 $0.2\sim0.3$mm 的薄齿片，径向间隙 $C=0.3\sim0.6$mm 构成，小孔系数 a 范围大致为 $0.7\sim0.8$。计算迷宫系数 ε 的方法有多种，具体取决于迷宫中流体行为与其理想状态的接近程度，与此相关而重要的是，设计时尽量避免或减少流体动能从一级密封向另一级密封的传递。在交错型迷宫或阶梯型迷宫中，这一条件基本上得到了满足，而在直通型迷宫中，有相当一部分动能从密封的一级传递到了另一级而未被转化为热量。直通迷宫这种有部分动能在级间传递的现象称为迷宫密封的载越效应或直通效应。

对于气体以亚声速流动的交错型迷宫或阶梯型迷宫，其迷宫系数 ε 可按下式进行计算

$$\varepsilon = \sqrt{\frac{1-\beta^2}{n+\ln\ (1/\beta)}} \tag{4-66}$$

式中 β——迷宫密封总压力比，$\beta=\dfrac{p_2}{p_1}$；

n——迷宫密封的总级数。

迷宫系数 ε 与压力比 β 之间存在某一临界压力比 β_{cr}（不同级数的迷宫密封对应着不同的 β_{cr} 值），当压力比低于或等于 β_{cr} 时，气体发生临界流动，即迷宫缝隙中出现音速流动，从而发生流动阻塞现象，即使压力比 β 再降低（如 p_2 降低或 p_1 增加），泄漏的气体流量也不能再增加了，反映在迷宫系数 ε 不再随 β 的降低而变化。

迷宫密封具体结构很多，每种结构均有各自的优点，对其具体物理机制的深入了解和设计计算，请参阅相关专著或研究文献。

4.2.3 气膜密封

气膜密封一般指依靠几微米的气体薄膜润滑的机械密封，也称为干气（dry gas）密封。气膜密封是一种新型的、先进的旋转轴密封，由它来密封旋转机械中的气体或液体介质。与其他密封相比，气膜密封具有泄漏量少、磨损小、寿命长、能耗低，操作简单可靠，被密封

的流体不受油污染等特点。在压缩机领域、特殊泵领域正获得越来越多的应用。气膜密封使用的可靠性和经济性已被许多工程应用所证实。

对气膜密封较深入的研究始于 1969 年，到 20 世纪 70 年代中期开始在离心式压缩机领域获得工业应用。随后其技术不断完善，应用领域逐渐扩大，已发展成为了很先进的流体密封技术。图 4-100 为一种典型的螺旋槽气膜密封产品，其旋转环的端面加工有深度仅为几微米的螺旋形浅槽。

图 4-100 一种典型的螺旋槽气膜密封产品

（1）气膜密封的基本原理

气膜机械密封和传统上的液相用机械密封类似，只不过气膜机械密封的两端面被一稳定的薄气膜分隔开，成为非接触状态。由于气体的黏度很小，需要依靠强有力的流体动压效应来产生分离端面的流体压力，同时使气膜具有足够的刚度以抵抗外界载荷的波动，保持端面的非接触。图 4-101 示出了气膜密封的主要构件和密封机理。浮动环在弹簧力和介质压力的作用下，形成闭合力。闭合力与浮动环（旋转环）旋转无关，属于静压力。当浮动环旋转时，气体由于固定环端面槽台的作用产生流体动压力，提高了端面间气体的压力。不同槽形产生流体动压力的大小不一样。该压力形成了迫使端面分开的开启力。形成开启力的气体压力实际上是进入端面间气体的静压力和旋转形成的气体动压力之和。静压力与端面旋转无关，而动压力与端面旋转速度有关。当端面旋转速度达到一定值时，开启力和闭合力相平衡，端面间形成非接触状

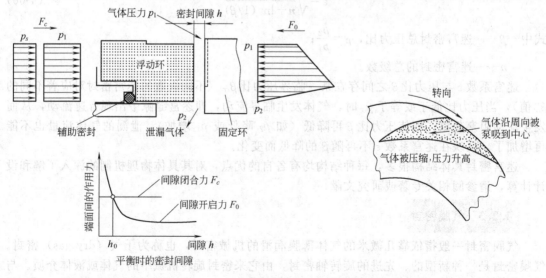

图 4-101 气膜润滑机械密封的原理

态。正常操作时，端面间保持一较小的间隙（1~5μm），形成稳定的气膜。稳定的气膜既对工作介质起到了密封作用，又起到对摩擦副的润滑作用，使气膜密封在非接触的流体润滑状态下工作，从而实现了无磨损运转。

端面间气膜的刚度对维持密封的稳定操作十分重要，当某种原因引起端面彼此靠近，端面间隙的缩小将引起端面气膜压力迅速升高，迫使端面恢复到原来的分离间隙；反之，当某种原因引起端面的彼此远离，气膜压力将迅速下降，使得闭合力大于开启力，迫使端面在闭合力的作用下彼此靠拢，恢复到原来的分离间隙。气膜密封的间隙恢复机制保证了弹簧作用的浮动环对静止环轴向位移、角位移或偏摆的良好追随性。

机械密封端面的分离膜可以通过流体静压效应和流体动压效应获得。流体静压效应与流体流经端面形成压差有关，而与转速无关；流体动压效应由于黏性剪切作用和膜厚变化而形成。流体静压效应由于与转速无关而极具吸引力，但存在着不足。当压差较小时，仅依靠流体静压力并不能使弹簧加载的端面分离，况且流体膜的刚度很差。纯粹依靠流体静压效应的气膜密封，动态稳定性极差。所以，气膜密封必须在流体静压作用的基础上增加流体动压效应，以保证密封端面具有足够的开启力和气膜刚度。

增加流体动压效应是通过在密封端面上加工流体动压槽来实现的，不过该流体动压槽同时具有提供、控制气膜流体静压效应和动压效应的作用，所以气膜密封被认为是同时具有静压效应和动压效应的混合型密封。

流体动压槽的形状有多种形式，图4-102(a)所示的螺旋槽或三角形槽为单向槽，只允许轴向一个方向旋转。图4-102(b)所示的锤形槽或方形槽为双向槽，对轴的旋转方向无限制。由于单向槽可充分采用具有较大流体动压效应的槽形结构，且不存在双向槽中降低流体动压效应的反作用槽，从而使单向槽气膜密封具有较大的流体动压效应和气膜稳定性。各种槽形均有一共同特点，即槽与被密封的高压气体相通，而在低压侧由一密封坝截断。高压气体沿槽进入密封端面产生较大的流体静压力，同时由于密封环的相对旋转，槽的输送效应和台阶效应使气膜产生流体动压力并被进一步压缩，提高了端面间气膜的总压力，气体越过密封坝后急剧降压膨胀，最后到达低压侧作为泄漏量。未开槽密封坝的节流作用进一步提高气膜压力的同时，限制了泄漏量。密封端面由于气膜的流体静压力和流体动压力联合作用，使得两

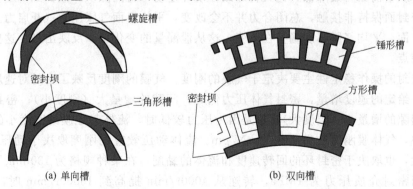

(a) 单向槽   (b) 双向槽

图 4-102　不同的端面槽型结构

端面彼此分离成为非接触。气膜密封的弹簧力很小，主要目的是为了保证密封不受压时端面的贴合和保证密封在受到外界干扰时，端面具有良好的追随能力。

图 4-103 为气膜密封端面间隙、压力分布自动调整示意图，并不考虑具体的槽形结构。图 4-103(a) 表示了转速为零，间隙为 h_0 的端面间气膜压力分布，气膜静压力与闭合力平衡，气体通过槽和间隙流动而膨胀，压力由 p_1 降至大气环境压力 p_2。由于气体流经大间隙槽区的阻力很小，所以压力下降不多，大部分的压力降发生在未开槽的密封坝区。

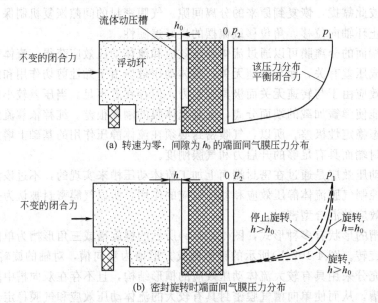

(a) 转速为零，间隙为 h_0 的端面间气膜压力分布

(b) 密封旋转时端面间气膜压力分布

图 4-103　气膜密封端面间隙和压力分布的自动调整

当轴旋转时，气体被压送到槽的底部产生附加的流体动压力，如图 4-103(b) 所示，压力分布从平衡位置移开，此时作用在浮动环上的力不再平衡，实际上浮动环将对此做出响应，将间隙从 h_0 增大到 h，以恢复力平衡状态；此时如果停止旋转，流体动压效应消失，压力分布将从平衡压力处降低，这又将导致浮动环运动，将间隙从 h 减少到 h_0。

只要密封面保持非接触，总闭合力并不会改变，平均界面气膜压力（开启力）也不会改变。另一方面，平均气膜厚度确实在改变，这从泄漏量的变化可以反映出来。这些是气膜密封固有的特点。

气膜密封的操作稳定性主要决定于气膜的刚度。气膜的刚度反映了密封对速度变化的响应。对于一给定的速度增量，密封气体压力低时，间隙的增量大（刚度小）；密封气体的压力高时，间隙的增量小（刚度大）。这是因为压力较低时，流体静压膜的刚度小的缘故。在实际密封中，气体膜刚度的数量级为 $kN/\mu m$。流体动压效应的刚度取决于动压槽的深度、长度和形状，也取决于密封环的回转速度和流体的黏度。在某种规格为 130mm 气膜密封的实验中，当密封介质压力为 1MPa，转速从 4000r/min 提高到 16000r/min 时，间隙增加 2.5μm；而当密封介质压力为 8MPa，同样的转速变化范围，间隙的增加量小于 1μm，这是

194

由于在高压下情况下，流体静压力起了主要作用。

总之，对于气膜的稳定性，当气体压力较低时，流体动压效应起主要作用；当气膜压力较高时，流体静压效应起主要作用。

气膜密封用于高速、高压或高温工况时，必须详细分析端面的热变形、力变形以及气体流经端面间隙的过程，以便对端面的分离情况和端面压力场进行准确预测。密封高压气体时，由于流体静压作用可能使气体的出口速度达到声速而发生阻塞流动状况，其结果使气体的出口压力超过环境压力，破坏了原有的平衡；当密封机构试图增大间隙以降低气膜压力时，在降低流体动静压力的同时，却又提高了气体的临界压力比 β_{cr}，结果又导致气体出口压力的进一步增加（$p_e = p_1 \beta_{cr} > p_2$），最终导致密封端面被"吹开"，出现大量的泄漏。对于分离间隙为 $2 \sim 6\mu m$ 的气膜密封，在介质压力低于 10MPa，线速度小于 110m/s 的工况下，气膜的流动是稳定的。

（2）材料选择

密封端面材料对气膜密封的工作起着决定性的影响，保证端面的不被损坏至关重要。气膜密封在启动和停车过程中或在运行过程中受到某种干扰，不可避免地会发生端面的暂时接触，所选择的材料必须能抵抗这种短暂接触而不被损坏。常用的材料有特殊碳-石墨对碳化硅，或碳-石墨对碳化钨，也有采用碳化硅对碳化硅硬对硬组对的气膜密封，为了避免端面静止时同种材料可能形成的过大粘附作用及过大的启动力矩和磨损率，碳化硅的表面常喷涂有类似金刚石碳（DLC＝diamond-like carbon）涂层。碳化硅的高弹性模量（420GPa）保证了在压力和温度的影响下，密封面的变形量最小，从而在操作期间确保了密封间隙的稳定；良好的热传导性能［导热系数为 $100 \sim 125W/(m \cdot K)$］保证了必要的热量消散，因此密封端面的温度分布也较均匀。尽管气体的黏度很低，但在高速情况下，黏性摩擦产生的热量也很大，仅依靠泄漏的气体并不能带走所有的热量，所以至少一个密封环具有高导热性能就显得十分必要，碳化硅无疑是一种良好的选择。

辅助密封材料的选择也必须给予充分考虑。辅助密封材料最重要的特性是温度极限、压缩回弹特性和与压力相关的吸气现象。在高压下，气体会扩散进弹性体内部，可是，一旦压力突然下降，弹性体内的高压气体来不及迅速释放，将引起弹性体的爆炸分解，导致弹性密封圈的严重损坏。

高温下的气膜密封常用的辅助密封圈材料有氟橡胶（FPM）或全氟橡胶（FFPM）。

（3）气膜密封的结构

图 4-104 为一种气体压缩机用单端面气膜机械密封，为避免陶瓷材料因产生过大拉应力而破坏，碳化硅旋转环的外周进行了金属铠装。端面的设计尽量满足了最小的力变形和最小的温度梯度要求。这种单端面机械密封可以单独使用，主要用于中低压条件，且允许少量没有危害的工艺气体

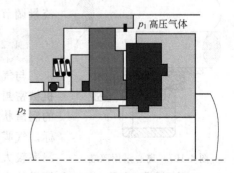

图 4-104　单端面气膜密封

向周围环境泄漏，如空气、氮气、二氧化碳等。它也可以串级使用，此时主要用于高压场合，以降低每级密封的负荷；或将一级密封作为主密封，另一级密封作为备用密封，以应付主密封突然失效的情况。

图 4-105 所示为双端面气膜机械密封，它采用双端面结构，并从外部引入隔离气体（一般采用氮气）。隔离气体的压力一般高于工艺流体的压力。该结构适用于有毒、易燃或含有颗粒的工艺气体。因端面处于非接触状态，故具有很长的使用寿命及很低的功率消耗。

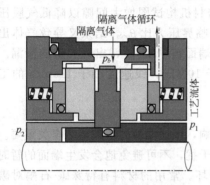

图 4-105 双端面气膜机械密封

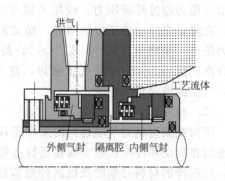

图 4-106 串联式气膜机械密封

图 4-106 为串联式气膜机械密封，它也采用隔离气体，其压力比工艺流体的压力高，工艺流体可以是气体或液体。它采用串联结构，主密封内径处开槽，次密封外径处开槽，允许一定的隔离气体进入工艺流体。

气膜机械密封在泵、搅拌器等低速转动设备上已开始获得应用，展现了非常广阔的应用前景。图 4-107 为一种离心泵用双端面气膜机械密封，图4-108为一种搅拌器用气膜机械密封，采用了双端面结构。密封腔中通入阻封气体（一般为氮气），阻封气体压力高于介质压力 0.2MPa 左右。运行过程中，仅有微量阻封气进入工艺流程。一般而言，气膜机械密封使用寿命在 3～5 年左右。

值得注意的是，为了保障干气密封的稳定可靠运行，需要一套阻封气体的供应和控制系统。它一般具有气体过滤、流量调节与控制、压力调节与控制等功能。

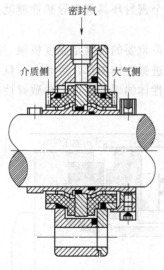

图 4-107 离心泵用双端面气膜机械密封

4.2.4 液膜密封

与气膜密封相对应，液膜密封一般指全液膜润滑非接触机械密封。减少或排除机械密封的泄漏，同时改善密封端面的润滑状况和操作稳定性，是密封使用者和研究者追求的目标。气膜密封在气相环境中获得了成功应用，但具有气体泄漏率较大的特点，将它直接用于液相环境，将可能出现不能接受的大泄漏量。近年出现的"上游泵送"密封概念有效地

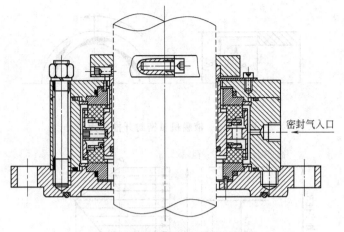

图 4-108　搅拌器用气膜机械密封

解决了这一难题，实现了非接触机械密封的低泄漏率，甚至零泄漏。

（1）基本原理

上游泵送液膜润滑机械密封，简单说来，就是普通机械密封的端面由一具有低流量、高压力"端面泵"所代替，该"泵"把少量的隔离流体沿着密封端面输送到密封腔。该密封端面的"泵"效应通过在端面开各种流体动压槽来实现，最常见的是螺旋槽。由于密封腔的液体压力比隔离流体的压力高，而隔离流体的流向是从低压的隔离流体腔流向高压的密封腔，故常被称为向"上游"泵送。与气膜密封不同的是，液膜密封的开槽区处于低压侧，槽与低压流体相通；未开槽的密封坝区靠近被密封的高压过程流体。

一种典型的上游泵送机械密封见图 4-109，其螺旋槽端面结构见图 4-110。图 4-109 所示的上游泵送机械密封由一内装式机械密封和装于外端的唇形密封所组成，机械密封端面含有螺旋槽，将隔离流体从密封压盖空腔泵送入泵腔。唇形密封作为隔离流体的屏障，将隔离流体限制在密封压盖腔内。图 4-110 为图 4-109 所示机械密封旋转环示意图，端面有螺旋槽，根据密封工况的不同，其深度从 2 微米到十几微米不等。该端面内半径（R_i）处液体压力即为隔离流体系统压力，外半径（R_o）处液体压力即泵密封腔液体压力。

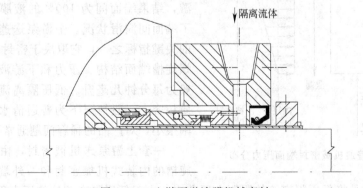

图 4-109　上游泵送液膜机械密封

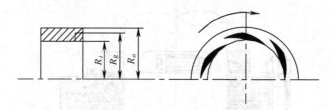

图 4-110　液膜机械密封开槽端面

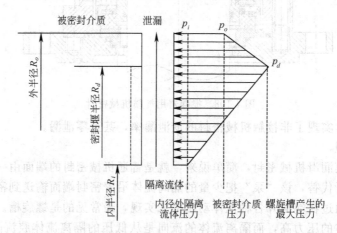

图 4-111　液膜润滑上游泵送机械密封密封面间流体压力分布

上游泵送机械密封通过端面螺旋槽的作用，在密封端面间建立了主动而明确的膜压分布，此膜压的最大值（p_g）稍微超过被密封介质的压力（p_o），两者之差（$p_g - p_o$）构成了

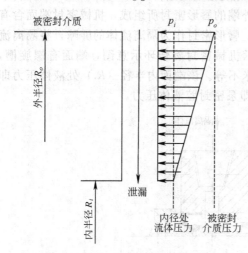

图 4-112　普通机械密封端面压力分布

液体上游泵送的推动力。上游泵送机械密封端面间膜压分布示意图见图 4-111，普通机械密封端面间膜压分布见图 4-112。上游泵送机械密封，由于端面间流体动压作用产生的动压力，使其两端面稍微分离，以便将下游流体送入上游，结果端面间为 100% 的液膜，极大地改善了端面间润滑状况。上游泵送速率是此类密封的关键指标之一，它取决于密封的尺寸、转速、螺旋槽端面结构、压力和下游液体的黏度，一般为每分钟几毫升。低压隔离流体应与工艺介质相容，一般情况下为普通清水，由于泵送速率很小，对产品的稀释问题通常可以不必考虑。

一套上游泵送机械密封，由一端面具有螺旋槽的内装式机械密封和一外端密封组成，其外端密封的作用是将低压隔离流体限制在压盖内，由于低压隔离流体的压力很低，该外端密封的负荷很小,它可能是普通的轻型机械密封,甚至可以是如图 4-109 所示的唇形密封,为了便于安装,常做成集装式结构。此外还有提供低压隔离流体的补充系统。

(2)工业应用

上游泵送液膜润滑非接触机械密封由于能通过低压隔离流体对高压的工艺介质流体实现密封,可以代替密封危险或有毒介质的普通双端面机械密封,从而使双端面机械密封的高压隔离流体系统变成极普通的低压或常压系统,降低了成本,提高了设备运行的安全可靠性。上游泵送机械密封已在各种场合获得应用,如防止有害液体向外界环境的泄漏、防止被密封液体介质中的固体颗粒进入密封端面、用液体来密封气相过程流体,或者普通接触型机械密封难以胜任的高速高压密封工况等。此类密封应用的线速度已达 40m/s,泵送速率范围为 0.1~16mL/min,将少量低压隔离流体泵送入的过程流体介质压力已高达 10.34MPa。目前,上游泵送机械密封已应用于螺杆压缩机,污水泵,溶剂泵和液化石油气泵等特殊工况。

螺旋槽上游泵送机械密封性能的简化计算,如密封闭合力、槽坝交界处压力(螺旋槽产生的最大压力)、端面间压力分布、开启力、端面比压、摩擦功耗及上游泵送速率等,可以根据螺旋槽轴承的"窄槽"理论进行。

这类密封的不足是增加了在端面加工微米级槽的成本,少量的隔离流体会进入被密封的过程流体中,有较宽的密封环端面以布置螺旋槽,密封只能朝一个方向旋转等。

(3)最新进展

在普通机械密封端面中部,用激光加工出倾斜的上游泵送槽,如图 4-113 所示,将泄漏的液体反输送到密封腔内,在实现非接触的同时,维持了很低的泄漏率,甚至可达到零泄漏,不过仍然要限定旋转的方向。图 4-114 所示为具有对称横排槽结构的密封端面,槽的深度为 1~10μm,靠近密封腔的槽最浅,远离密封腔槽逐渐加深;用激光在研磨好的碳化硅环面上刻出。由于槽型的对称性,流体回流的方向与密封环的旋转方向无关。上游泵送的液流由切向横排槽产生。横排槽汇集了经方形吸液槽靠压力楔作用进入端面的流体,该方形吸液槽与密封腔相通。由于环的旋转作用,把汇集到的液体拖曳到靠近密封腔槽的底部。由于

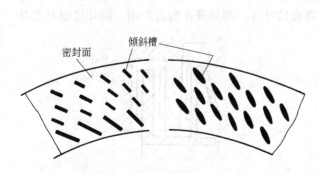

图 4-113 具有倾斜槽的密封端面

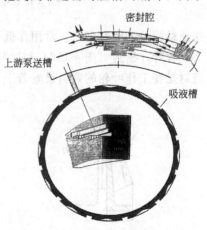

图 4-114 具有对称横排槽的密封端面

台阶效应，该处产生的流体动压力最大，设计时使之超过密封腔介质压力。根据流体流动的最小阻力原理，离开槽后的大部分流体将返回密封腔，实现流体的上游泵送。所以流体的流向为由方形吸液槽进入端面，经横排槽汇集后，在返回密封腔内。这样，密封在实现非接触的同时，维持了很低的泄漏率。这类密封允许采用较大的弹簧比压，提高了密封操作的稳定性和可靠性，适用于高（低）温、高压工况，在国外已形成系列定型产品，应用范围为温度 $-40 \sim 300℃$，压力从真空 $\sim 20MPa$，线速度为 $0 \sim 50m/s$。

4.2.5　离心密封

（1）离心密封的结构型式和特点

离心密封是利用回转体带动液体旋转使之产生径向离心压力以克服泄漏的装置。产生的该离心压力，或者抵抗液体的压力、或者形成一液体屏障以密封气体。离心密封的能力来源于机器轴的旋转带动密封元件所做的功，属于一种动力密封。离心密封没有直接接触的摩擦副，为非接触动密封，可以采用较大的密封间隙，但当转速降低或停车时，密封能力丧失，需要配置停车密封。

离心密封有光滑圆盘密封、背叶片密封、副叶轮密封等多种形式。

用于密封各种传动装置润滑油或其他液体的甩油盘、甩水盘是最常见的光滑圆盘离心密封。它有较好的密封性能，又便于制

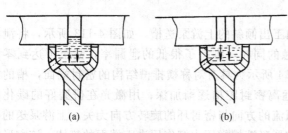

图 4-115　简单离心密封

(a) 平槽；(b) 凹槽

造。在甩油盘的一面或两面设置若干小叶片，依靠叶轮旋转时产生的鼓风作用，使漏出的润滑油随径向流动的气流甩向回油孔，则又构成了甩油叶轮密封。在光滑轴上车出 $1 \sim 2$ 个环形槽（图 4-115），可以阻止液体沿轴爬行，使其在离心力作用下沿沟槽端面径向甩出，由集液槽引至回液箱，

这是最简单的离心密封，常用作低压轴端密封。

背叶片密封（图 4-116）和副叶轮密封（图 4-117）是离心泵常用的轴封装置。背叶片密封是在工作叶轮的背面设置若干直的或弯曲的叶片，起到降压密封作用。副叶轮密封则是

图 4-116　背叶片密封

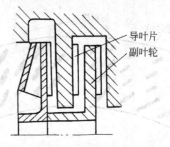

图 4-117　副叶轮密封

在工作叶轮的后面，再另外设置一叶轮（副叶轮）来起到降压密封作用，此外，一般还在副叶轮密封腔内侧设置了若干固定导叶片，起到稳流和部分消除副叶轮光滑面的增压作用，进一步提高副叶轮的密封能力。这两类离心密封可以采用较大的密封间隙，磨损小，寿命长，可以做到接近零泄漏，常用于输送含固相介质的杂质泵、矿浆泵中，但密封功率消耗大，且需配置停车密封。

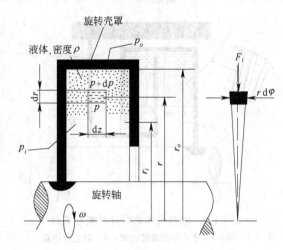

图 4-118 旋转液体中的力平衡

（2）离心密封的基本原理

a. 旋转液环中产生的径向压力 图 4-118 为处于旋转的圆柱形壳罩中的液体受力情况。当运转稳定后，液体由于分子间的黏附作用将与轴同步旋转。在回转半径为 r 处，取一流体微元，其体积为 $rd\varphi drdz$，其质量为 $\rho rd\varphi drdz$；该微元受到的径向加速度 $a=r\omega^2$，微元 r 处的压力为 p，（$r+dr$）处的压力为 $p+dp$；压力增量 dp 作用在微元上的向心力 F_i，忽略高阶无穷小项，其值为

$$F_i = dp \cdot r \cdot d\varphi \cdot dz \tag{4-67}$$

利用牛顿第二定律 $F_i = m \cdot a$ 得

$$dp \cdot r \cdot d\varphi \cdot dz = \rho \cdot r \cdot d\varphi \cdot dr \cdot dz \cdot r\omega^2 \tag{4-68}$$

根据上式得

$$\frac{dp}{dr} = \rho r \omega^2 \tag{4-69}$$

当流体与轴同步旋转时，积分上式得到流体在外表面（r_o）与内表面（r_i）的压差。即

$$p_o - p_i = \frac{\rho}{2}\omega^2 \cdot (r_o^2 - r_i^2) \tag{4-70}$$

b. 密封气体用离心密封 图 4-119 为一用液体环密封气体介质的结构示意图，旋转壳罩中的封液被一与壳体相连的静止隔板分隔成两段，形成一旋转虹吸，实现了液体对两气体空间的分隔。可是由于旋转液环中插入了一静止隔板，对液环的周向运动产生了干扰。由于流体存在黏性作用，黏附于静止壁面的流体速度为零，而黏附于旋转壁面的流体随之同步旋转；因而靠近静止壁面的流体受到的离心力小，靠近旋转壁面的流体受到的离心力大。在周向旋转主

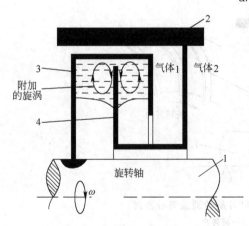

图 4-119 密封气体的离心密封
1—轴；2—静止的壳体；
3—旋转壳罩；4—静止的隔板

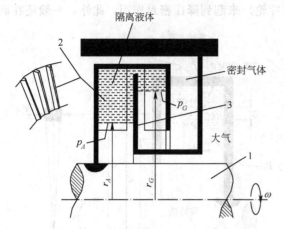

图 4-120　密封气体的带叶片离心密封

1—轴；2—带叶片的旋转壳罩；3—静止分隔盘

运动的基础上，叠加了一环形旋涡，该涡引起流体沿静止壁面向轴心方向运动。因此，液环的平均旋转角速度小于轴的回转角速度 ω，从而液环底部的压力 p_o 与气液界面的压力 p_i 之差的计算式（4-70）应考虑一小于 1 的压力折减系数 C_d，即

$$p_o - p_i = C_d \frac{\rho}{2} \omega^2 \cdot (r_o^2 - r_i^2) \quad (4\text{-}71)$$

系数 C_d 的值取决于液环的有效角速度，受旋转环与静止环间距和结构的影响。

当旋转盘设置有叶片(图 4-120)，液体几乎被全部驱动随轴同步旋转。带叶片旋转盘的压力折减系数为 C_v，当采用恰当的后弯叶片时，实际的 C_v 值可达到 0.9。

对于图 4-120 结构，被密封的气体压力为 p_G，外界气体压力为 p_A，气液界面将会自动调整，以使两气体的压力差与封液产生的离心压力相平衡，即

$$p_G - p_A = C_v \frac{\rho}{2} \omega^2 \cdot (r_G^2 - r_A^2) \quad (4\text{-}72)$$

图 4-121 为一更接近实际应用的结构，其封液罩静止而中间分隔圆盘随轴旋转，旋转圆盘的两侧装有对称的后弯叶片。该结构密封气体最大压力为

$$p_G - p_A = C_v \frac{\rho}{2} \omega^2 \cdot (r_G^2 - r_B^2) \quad (4\text{-}73)$$

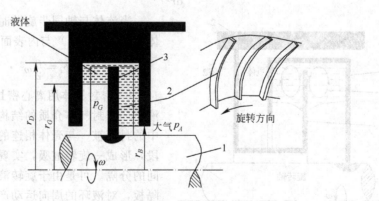

图 4-121　密封气体用带后弯叶片旋转圆盘离心密封

1—轴；2—叶片；3—旋转盘

c. 密封液体用离心密封　背叶片密封和副叶轮密封是离心泵常用的密封液体的离心密封，其密封能力的计算与用液体密封气体离心密封类似。如图 4-122 所示为其基本结构，如

果叶片侧的全部液体随轴作同步旋转，则产生的密封压力为

$$p_L - p_A = \frac{\rho}{2}\omega^2(r_D^2 - r_A^2) \tag{4-74}$$

由于流体有黏性，且密封轮与壳体存在间隙 c，这样间隙内与叶片所含空间内液体的平均角速度就不会与轴的角速度 ω 同步，若令液体的实际有效角速度为 ω_e，则密封轮实际的密封能力为

$$p_L - p_A = \frac{\rho}{2}\omega_e^2(r_D^2 - r_A^2) \tag{4-75}$$

影响 ω_e 的因素非常多，工程上采用影响系数（即反压系数）的方法加以考虑，即

$$p_L - p_A = k \cdot \frac{\rho}{2}\omega^2(r_D^2 - r_A^2) \tag{4-76}$$

可以看出，反压系数 k 为

$$k = \frac{\omega_e^2}{\omega^2} \tag{4-77}$$

国内外对反压系数 k 的值进行了许多实验和理论探讨，比较公认的一种近似计算公式为

$$k = \left(\frac{s+t}{2s}\right)^2 \tag{4-78}$$

式中　s——叶片侧密封腔总宽度，$s = t + c$；

　　　t——叶片宽度；

　　　c——叶片顶面至壳壁之间的间隙。

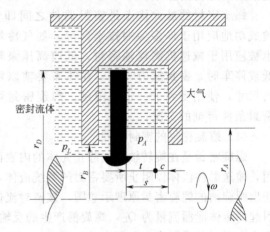

图 4-122　密封液体的离心密封
（背叶片密封、副叶轮密封）

副叶轮的光滑面对液体有升压作用，从而会降低副叶轮的密封能力。无固定导叶副叶轮的升压系数 C_s 一般为 0.25～0.3；增置固定导叶后，副叶轮光滑面的升压系数 C_s 约为 0.02，其升压作用便可忽略。

考虑光滑面升压作用后，副叶轮离心密封的密封能力为

$$p_L - p_A = \frac{\rho}{2}\omega^2[k(r_D^2 - r_A^2) - C_s(r_D^2 - r_B^2)] \tag{4-79}$$

d. 离心密封的功率损耗　离心密封的功率损耗包括圆盘摩擦损失和环流搅拌损失，用于液体环境可按下式计算

$$P = C_m \frac{\rho}{2}\omega^2 r_D^5 \tag{4-80}$$

摩擦系数 C_m 取决于密封的具体结构和流体的雷诺数 Re，雷诺数的计算式为

$$Re = \frac{\rho\omega r_D^2}{\eta} \tag{4-81}$$

式中，η 为密封流体的黏度。

当 $Re > 10^6$，一般副叶轮密封的摩擦系数 $C_m \leqslant 0.01$。摩擦损失包括副叶轮两侧和顶部的损失。

由于离心密封的能力与旋转盘直径的平方成正比，而摩擦功耗与旋转盘直径的五次方成正比，在密封压力较高时，不提倡采用单只大直径旋转盘，宜采用小直径旋转盘串联使用，即采用多级离心密封。

4.2.6　螺旋密封

螺旋密封是一种利用螺旋反输送作用，压送一种黏性流体以阻止被密封的系统流体泄漏的非接触密封装置。所压送的起密封作用的黏性流体一般为液体，而被密封的流体可以是液体也可以是气体。反输送密封的原理也被用于流体动力型上游泵送弹性体唇形密封或上游泵送液膜润滑机械密封中。

螺旋密封的最大优点是密封偶件之间即使有较大的间隙，也能有效地起密封作用，被成功地应用于许多尖端技术部门，如气冷堆压缩机密封、增殖堆钠泵密封等。它有时也被应用于减速机高速轴密封、低速高压泵轴密封。螺旋密封属于动力密封，当速度较低或停车时，密封能力消失，往往需要辅以停车密封，这样就使结构复杂，并加大了轴向尺寸，使用受到了一定的限制。螺旋密封可用于高温、深冷、腐蚀和介质带有颗粒等密封条件苛刻的工况。

（1）螺旋密封的密封机理

螺旋密封是在旋转轴上或静止壳体的内表面切出螺纹槽而构成，螺纹起类似螺杆泵的作用，输送黏性流体以阻止所要密封的系统流体，从而产生密封作用。如图 4-123 为一壳体上切出螺旋槽的螺旋密封原理示意图，被密封流体与外界的压差为 $\Delta p(\Delta p = p_1 - p_2)$，该压差引起的流体泄漏流量为 Q_L，螺旋槽产生的反输送流量为 Q_R。如果 $Q_R < Q_L$，则螺旋密封将发生泄漏，其泄漏率为两者之差，即 $Q_L - Q_R$，该泄漏率比间隙密封的泄漏率小得多。当螺

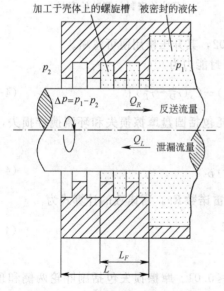

图 4-123　螺旋槽密封的基本原理

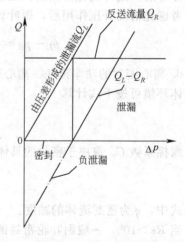

图 4-124　螺旋密封泄漏流和反输送流特性

旋密封的反输送能力大于压差引起的泄漏能力（即 $Q_R > Q_L$）时，在螺旋密封的某个位置 L_F 处，将出现一气液分界面，此时螺旋密封的泄漏率为零。螺旋密封中的液相长度 L_F 随反输送能力的提高而缩短。图4-124为一螺旋密封的设计原理图，螺旋密封的反输送流量 Q_R 取决于螺旋槽的结构尺寸、流体的黏度 η 和轴的旋转角速度 ω。泄漏量 Q_L 随被密封流体压差 Δp 的增加而线性增加，当螺旋密封长度过小，它产生的反输送流量 Q_R 不足以完全补偿压差 Δp 引起的泄漏量 Q_L 时，出现向外的泄漏。如果螺旋密封的低压侧为气体，高压侧为液体，则实现零泄漏时的气液分界面位置可自动调整。只要其气液分界面位置处于螺旋密封的长度范围之内，就可维持密封的零泄漏状态。如果螺旋密封两侧均为液体，当反输送能力超过密封两侧的压差（$\Delta p = p_1 - p_2$）时，处于低压侧的液体将被泵送到高压密封腔侧，一般情况下，这是不希望出现的。

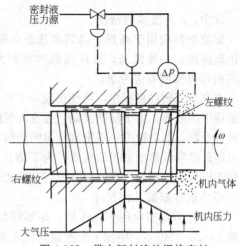

图 4-125　带中间封液的螺旋密封

原则上，包括水、油、液态金属，甚至气体在内的所有流体均可应用螺旋密封，但对于低黏度的流体，尤其是气体，需要非常高的转速和非常小的间隙。密封气体时，更常用的方法是利用与气体相容的液体来实现对气体的密封。图4-125为实现对气体密封的带封液螺旋密封结构。它采用两段旋向相反的螺旋，且从外部补充密封液，相向运动的封液挤向中间，形成的压力大于机内气体压力的峰值。

（2）螺旋密封的密封能力

原则上，螺旋密封的密封能力可以通过计算反输送流量 Q_R 和泄漏量 Q_L 而获得。反输送流量 Q_R 由螺旋面具有轴向升角，且轴旋转而形成黏性剪切流的轴向分量而构成；泄漏量 Q_L 由压差 Δp 而引起的流动构成，泄漏流动的一部分将越过齿顶间隙直接向外泄漏，而另一部分将沿螺旋槽运动而形成。由于流动模式和边界条件复杂性，对螺旋密封流体流动的精确计算需要采用数值方法。不过，许多学者通过合理的简化和假设，导出了层流工况下螺旋密封的最大密封能力 Δp_{max}

$$\Delta p_{max} = C_p \cdot \frac{\eta \omega L D}{4h^2} \qquad (4-82)$$

式中　η——流体的黏度；

ω——轴旋转角速度；

L——螺旋密封的总长度；

D——旋转轴的直径；

h——螺旋密封的齿顶间隙；

C_p——增压系数，决定于螺旋槽密封的几何尺寸，将在随后讨论的"最佳螺旋几何尺寸"部分给出其近似值。

层流工况按雷诺数判定，当螺旋密封的雷诺数满足下列条件，流体的流动为层流，式

（4-82）计算有效

$$Re = \frac{\omega D h \rho}{2\eta} < 300 \tag{4-83}$$

式中，ρ 为流体的密度。

螺旋密封应用于高速、高黏度液态金属工况时，雷诺数 Re 会超过临界值，流体流动将会出现湍流。一般说来，流体湍流时密封允许的最大压差 $\Delta p_{\max}$ 超过式（4-82）的计算值，详细内容可参阅有关专著。

在高速回转的机械中，可能出现一个严重的问题，就是螺旋密封的液膜可能被破坏。浸润在螺旋中的液体，由于轴的搅动，会混入气体，在气液界面上发生液气混合现象，形成泡沫状气液混合物，然后被进一步带到上游的密封有效区。低黏度的泡沫将极大地降低密封能力，并有可能最终导致整个密封的失效。为了防止密封失效，必须对螺旋的几何形状进行实验研究；或用不同齿形的螺旋串联使用；或与其他密封组合使用；或从外部注液，强制形成液膜。

（3）最佳螺旋几何尺寸

理论分析与实验研究均表明，矩形螺纹截面的密封能力最大；齿顶间隙 h 要尽可能小，一般 $h = 20 \sim 30\mu m$；槽深 t 为齿顶间隙 h 的两至三倍，即 $t/h = 2 \sim 3$；最佳螺旋角 $\alpha = 10° \sim 20°$；螺旋头数 i（L/D）应满足 $i > 3$；齿宽应等于槽宽，即 $a = b$。对于设计参数处于最佳范围的层流螺旋密封，式（4-82）中的增压系数 $C_p = 0.9 \sim 1.0$。实际应用的螺旋密封应考虑轴偏心，以及端部可能形成气液界面而减少有效密封长度等的影响，根据式（4-82）计算的密封能力应减小至少 30%。考虑密封轴和密封套热膨胀差而确定密封齿顶间隙 h 后，密封长度 L 通常就成为设计者考虑的自由变量。根据式（4-82），考虑各种影响因素后，对压力为 Δp 的流体进行密封的长度可按下式计算

$$L = 6 \cdot \frac{\Delta p h^2}{\eta \omega D} \tag{4-84}$$

螺旋密封的流体黏性流动将会产生摩擦热，热量若不及时导走，将使密封部位产生较大温升，从而会降低流体的黏度而降低密封能力，所以螺旋密封常设有冷却旁路或冷却夹套以及时带走流体的摩擦热。对 $t/h = 2.5$，$\alpha = 15°$，液体充满整个密封长度 L 的螺旋密封，其摩擦功耗 P 可按下式进行估算

$$P = 0.55 \frac{\eta \omega^2 D^3 L}{h} \tag{4-85}$$

例如，某油泵采用螺旋密封：螺旋直径 $D = 80mm$；轴速度 $n = 3600r/min$（$\omega = 377s^{-1}$），压差 $\Delta p = 2.0MPa$，油黏度 $\eta = 0.01Pa \cdot s$，密度 $\rho = 850kg/m^3$（密封间隙内最大温度 100℃）。螺旋几何参数：$h = 30\mu m$；$t = 75\mu m$（$t/h = 2.5$），螺旋角 $\alpha = 15°$，螺旋头数 $i = 8$。

根据式（4-84），最小轴向长度 $L = 36mm$（$i \cdot L/D = 3.6 > 3$），当液体充满整个螺旋密封长度 L 时，根据式（4-85），摩擦功耗 $P = 480W$。雷诺数 $Re = 36 < 300$，证实流体流动处于层流。

4.2.7 停车密封

停车密封是非接触动力密封的重要组成部分，它本身实际上为接触密封。当转速降低或

停车时，动力密封失去密封能力，只有依靠停车密封阻止流体泄漏。

停车密封的结构类型多种多样，其中应用较广泛的是离心式停车密封，此外还有压力调节式停车密封、胀胎式停车密封等。

（1）离心式停车密封

利用离心力的作用，实现在运转时脱开，在静止时闭合的停车密封称为离心式停车密封。它是停车密封的主要类型，有很多种形式。图 4-126 为弹簧片离心式停车密封。机器起动后，弹簧片上的离心子在离心力的作用下向外甩，将弹簧片顶弯，而使两密封端面脱开，成为非接触状态，机器的密封由其他动力密封来实现。停车时装在旋转环上的三个弹簧片平伸，将端面压紧，实现停车密封。

图 4-127 为杠杆离心式停车密封，机器起动后，杠杆在离心力的作用下促使密封右面的密封端面后移而两密封端面分离实现非接触，而在停车时杠杆失去离心力而丧失作用力，后移的密封端面在弹簧力的作用下与另一密封面闭合实现停车密封。

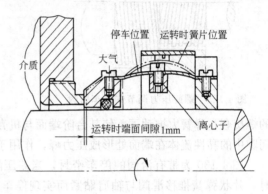

图 4-126　弹簧片离心式停车密封

图 4-128 为唇形密封圈离心式停车密封，运转时唇部因离心力而脱开；停车时唇部收缩而闭合。唇口可以在轴向实现与轴向端面的脱开或闭合；唇口也可以在径向实现与轴表面的脱开或闭合。为了增强脱开时的离心力，可以在弹性体内放置金属件。

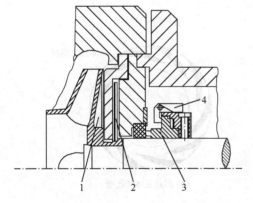

图 4-127　杠杆离心式停车密封
1—背叶片离心密封；2—副叶轮离心密封；
3—机械密封；4—离心力开启密封端面杠杆

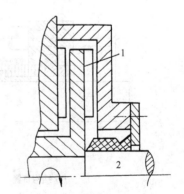

图 4-128　唇形密封圈离心式停车密封
1—副叶轮；2—唇形密封圈

（2）压力调节式停车密封

利用机器内部的介质压力或外界提供的压力实现密封的脱开或闭合的停车密封为压力调节式停车密封。图 4-129 为一种与螺旋密封组合的压力调节式停车密封。停车时，可在轴上移动

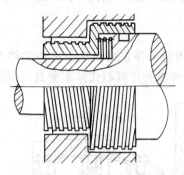

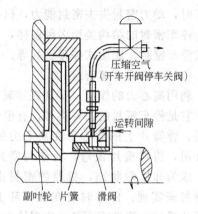

压缩空气
（开车开阀停车关阀）

运转间隙

副叶轮　片簧　滑阀

图 4-129　螺旋压力调节式停车密封　　　　　图 4-130　滑阀式停车密封

的螺旋套在弹簧力推动下，使其台阶端面与机壳端面压紧而密封；运转时，两段反向的螺旋使间隙中的黏性流体在端面处形成压力峰，作用于螺旋轴的台阶端面使其与壳体端面脱离接触。

图 4-130 为带有滑阀的停车密封，当差压缸充压时，滑阀与轴肩不接触；当差压缸卸压时，片状弹簧推移滑阀与轴肩贴紧而实现停车密封。

（3）气膜式停车密封

气膜式停车密封是气膜非接触机械密封在停车密封方面的具体应用。如图 4-131 所示，运转时，端面的流体动压槽（如螺旋槽）将周围环境的气体吸入端面，并在端面间产生足够的流体动压力迫使端面分开成为非接触状态；停车时，端面间的流体动压力消失，密封端面在介质压力和弹簧力的作用下闭合，实现停车密封。

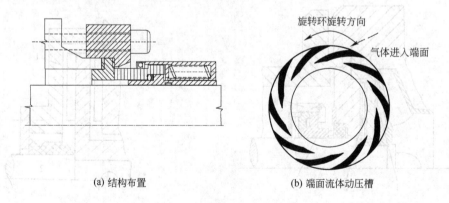

旋转环旋转方向

气体进入端面

(a) 结构布置　　　　　　　　　　　(b) 端面流体动压槽

图 4-131　气膜流体动压式停车密封

此外，还可以借助于螺杆、齿轮、杠杆等结构来控制停车密封的启闭。

4.2.8　磁流体密封

磁流体是具有被磁铁吸引性质的液体，它具有液体的流动性又具有通常所述的磁性，具有十分广泛的用途。密封技术是其中最重要的应用之一。尤其是在具有真空度要求的过程装备上，磁流体密封由于具有非接触、零泄漏特点，应用广泛。

（1）磁流体

磁流体是一种磁性的胶体溶液，由铁磁体微粒在水、油类、酯类、醚类等液体中稳定分散而形成。它具有在通常离心力和磁场作用下，既不沉降和凝聚又能使其本身承受磁性，可以被磁铁所吸引的特性。磁性流体由 3 种主要成分组成：载液、磁性微粒和包覆着微粒并阻止其相互凝聚的表面活性剂（稳定剂）。固态铁磁性微粒悬浮在载液中，同时表面上吸附着一层表面活性剂，使其稳定地悬浮在液相中，保持着均匀的悬浮状态，如图4-132所示。

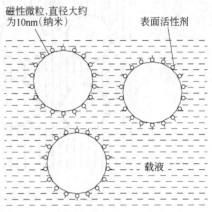

图 4-132　磁流体的组成

铁磁体微粒可以是四氧化三铁、氧化铁、二氧化铬或特殊合金。其微粒直径一般为 $10\sim20nm$（$1nm=10^{-9}m$）。表面活性剂是形成稳定磁性流体的关键组分，它建立起了载液和不溶解或难分散的固体金属磁性微粒之间的联系，它具有既能吸附于固体微粒表面，又能被载液溶剂化的分子结构。实验表明，所采用的表面活性剂分子是一种极性官能团的结构，其"头部"一端化学吸附于磁性微粒表面上，另一"尾部"端伸向悬浮着微粒的载液中。如果载液与这尾部有相似结构时，它们就能很好地相互溶解。由于磁性微粒的外表面上形成了薄薄的涂层，致使微粒彼此分散，悬浮于载液中。当包覆了表面活性剂的微粒彼此接近时，因它们都有相同的尾部而互相排斥，使微粒不会因其相互吸引而从载液中分离或沉淀出来。

载液的选取一般须从密封的工作要求出发，如承载能力的大小、被密封介质的性质和工作条件等，根据载液的物理、化学性能来确定。尽管许多液体都能被选作载液，但它们在密封工作条件下，均应具有化学稳定性和低的饱和蒸汽压，即具有低的挥发速率。磁流体载液大部分挥发后，将导致密封失效。磁流体也不能与被密封的流体相混合。磁流体密封一般用来分隔两充气体空间，或一充气空间与抽气空间。磁流体密封用来密封液体时，会遇到不少困难。

水基磁流体或其他高挥发性液体基磁流体一般不适合于密封技术。碳氟基磁流体，由于低的蒸气压和低的挥发速率，特别适用于真空密封。酯基、二酯基、醚基磁流体也常用于真空密封。

磁流体属于超顺磁材料。在外加磁场作用下，磁流体中的磁性微粒立刻被磁化，定向排列，显示磁性。如去掉外加磁场，磁性立即消失。磁流体磁性微粒定向排列的程度取决于磁流体的磁化强度 M。磁化强度（M）随外加磁场强度（H）的增加而增加，直至达到磁流体的饱和磁化强度（M_s），如图4-133所示。磁流体的饱和磁化强度（M_s）是磁流体的性质，受磁性微粒材料饱和磁化强度、磁性微粒浓度和磁流体温度的影响。磁性微粒材料饱和磁化强度高、磁性微粒浓度大，磁流体将具有高的饱和磁化强度（M_s）。磁流体的饱和磁化强度（M_s）受温度的影响较大，一般当温度超过 100℃时，磁性微粒易凝聚，M_s 因而大大下降。

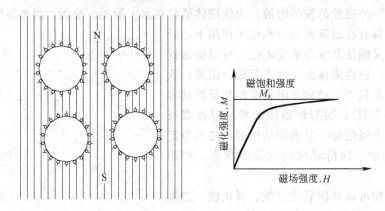

图 4-133　磁流体的磁化强度 M 随磁场强度 H 的变化

　　磁性流体的黏度随磁场强度的增加而增加，典型情况下，饱和磁化强度下磁流体的黏度 η_s 是未磁化磁流体黏度 η_0 的三倍。因此在转轴速度较高的情况下，磁流体的黏性摩擦将产生较多的热量，磁流体密封的冷却将变得十分必要。

　　（2）磁流体密封原理和密封能力

　　图 4-134 为磁流体密封的密封原理图。圆环形永久磁铁 1，极靴 2 和转轴 3 所构成的磁性回路，在磁铁产生的磁场作用下，把放置在轴与极靴顶端缝隙间的磁流体 4 加以集中，使其形成一个所谓的 O 形液环，将缝隙通道堵死而达到密封的目的。当轴作旋转运动时，磁流体黏附于轴和极靴的表面，磁流体内部受到剪切但保持轴向位置不变，形成一动态密封。

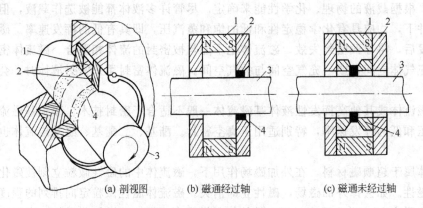

(a) 剖视图　　　　(b) 磁通经过轴　　　　(c) 磁通未经过轴

图 4-134　磁流体密封原理
1—永久磁体；2—极靴；3—旋转轴；4—磁流体

图 4-135 表示磁流体密封工作和失效的机理。当两侧无压差时，极靴处的密封液环保持正常形状 [图 4-135 (a)]；当两侧有压差时，密封磁流体呈弓形截面，产生的恢复原状的弹力平衡压差的作用力 [图 4-135 (b)]；当两侧压差增大到超过磁流体密封的承载能力时，密封液环先开始变形 [图 4-135 (c)]，然后迅速穿孔 [图 4-135 (d)]，此时被密封的介质通过针孔流到下一级。下一级压力增大，两侧压差减少到磁流体密封的承载能力时，针孔愈合，恢复成工作状态 [图 4-135 (b)]。如果不断地增加压差，密封液环最终被破坏，导致密封失效 [图 4-135 (e)]。

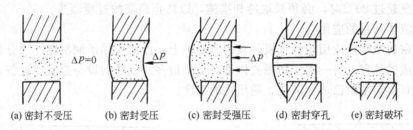

(a) 密封不受压   (b) 密封受压   (c) 密封受强压   (d) 密封穿孔   (e) 密封破坏

图 4-135   磁流体密封及密封破坏

在磁流体密封中的磁场强度一般较高，磁流体处于饱和磁化状态，单级磁流体密封的承载能力 Δp 可由下式计算

$$\Delta p = \mu_0 M_s H_b \tag{4-86}$$

式中 μ_0——真空磁导率，$\mu_0 = 4\pi \cdot 10^{-7} \text{V} \cdot \text{s}/(\text{A} \cdot \text{m})$；

     M_s——磁流体饱和磁化强度，A/m；

     H_b——磁流体液环边界处的磁场强度，A/m。

实验发现，磁化强度 M_s 的范围为：40～90kA/m，最大磁场强度 H_b 的范围为：0.1～1MA/m，具体数值取决于极靴的具体结构和所采用的磁流体。单级密封理论上能承受的压差为 10～100kPa。实际上，精心设计的单级磁流体密封至少能承受 20～40kPa 的压差，因而 5 级密封就足以实现大气环境下的真空密封。

（3）磁流体密封的摩擦功耗

由磁流体本身的黏性引起的内摩擦而形成的功耗既为磁流体的摩擦功耗。对于剪切流为层流（雷诺数 $Re = u \cdot h \cdot \rho / \eta < 2000$）的磁性流体，在轴表面的内部摩擦切应力为

$$\tau = \eta \cdot \frac{u}{h} \tag{4-87}$$

式中 u——轴表面的线速度，m/s；

     h——极靴和轴表面之间的距离，m；

     ρ——磁流体的密度，kg/m³；

     η——磁流体的动力黏度，Pa·s。

根据式（4-87），N 级，每级轴向宽度为 b，轴直径为 d，轴回转角速度为 ω 的磁流体密封摩擦功耗为

$$P = \frac{\pi N \eta \omega^2 d^3 b}{4h} \qquad (4\text{-}88)$$

实际应用的磁流体密封，一般间隙 h 为 $0.05 \sim 0.1 \text{mm}$，极靴的轴向宽度 b 为 $0.5 \sim 0.8 \text{mm}$。例如，对于碳氟基磁流体，30°C 时饱和磁化状态下的典型动力黏度 $\eta = 0.5 \text{Pa} \cdot \text{s}$。在 $10 \sim 20 \text{m/s}$ 的高线速度下，液环的温度可能升至 $60 \sim 80^\circ\text{C}$，引起黏度下降约至 $0.1 \text{Pa} \cdot \text{s}$。对于一轴径 $d = 60 \text{mm}$，极靴宽度 $b = 0.5 \text{mm}$，级数 $N = 5$ 的真空磁流体密封，旋转速度 3600 r/min（$\omega = 377 \text{s}^{-1}$），磁流体温度 70°C（黏度大约为 $0.1 \text{Pa} \cdot \text{s}$），摩擦功耗大约为 60W。当磁流体的温度超过 80°C 时，必须采取冷却措施，以防止载液的过度蒸发。

（4）磁流体密封的应用

磁流体密封被广泛应用于计算机硬盘的驱动轴上，以避免轴承润滑脂、水分和粉尘等可能对磁盘造成的危害。另一类应用磁流体密封最早最多最成功的设备是真空设备，其中转轴或摆动杆的真空动密封已达标准化、通用化的程度。

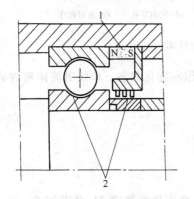

图 4-136　用于轴承密封的磁流体密封
1—永磁体；2—磁流体

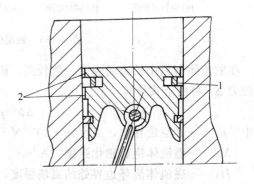

图 4-137　活塞和气缸的磁流体密封
1—永久磁体；2—磁流体

磁流体密封在其他领域也得到了应用。图 4-136 所示为用作轴承密封的磁流体密封。在外界磁场作用下，润滑剂能准确地充填，并吸附在摩擦润滑表面，减少磨损。这种用作轴承的磁流体密封，不仅起到了密封作用，而且兼作润滑作用。

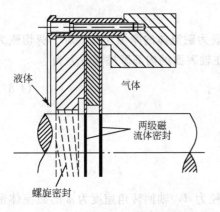

图 4-138　磁流体密封与螺旋密封的组合

磁流体密封不仅可以用作旋转动密封，而且还可以用作往复式动密封。图 4-137 为磁流体用作活塞与气缸间密封。在活塞环槽内设置永久磁铁，可以使磁流体吸附在活塞表面随之运动，起到密封和润滑的作用。

磁流体密封除单独使用外，还可以与其他密封联合使用。除密封气体外，还可以用于液体的密封。图 4-138 为磁流体密封与螺旋密封组合用于密封液体的情形。在设备运转时螺旋密封起到了主密封的作用，在设备停车静止时，螺旋密封的作用丧失，磁流体密封起到了阻止介质泄漏的作用。磁流体密封用于液体环境时，应尽可能避免被密封液体对磁流体的乳化和稀释作用。

4.3　全封闭密封

(1) 全封闭密封的原理

全封闭密封是将系统内外的泄漏通道完全隔断，或者将工作机与原动机置于同一密闭系统内，完全杜绝介质向外泄漏的特殊密封形式。它没有一般动密封存在的摩擦、磨损、润滑及流体通过密封面的流动（泄漏）等问题，是一种特殊的动密封。在涉及剧毒、放射性或稀有贵重物质的生产，要求实现"零泄漏"的场合，全封闭密封具有重要的用途。

常见的实现零泄漏全封闭密封的形式有密闭式机泵、隔膜传动和磁力传动。前面讨论的磁流体密封是一种准全封闭密封，虽然它避免了被密封流体与大气的直接接触，但存在被密封流体与磁流体混合、通过磁流体扩散形成泄漏的可能。

(2) 密闭式机泵

密闭式机泵中有筒袋式和屏蔽式两种。

图 4-139 所示为筒袋密闭式搅拌机。电动机的转子和定子均浸入介质中。绝缘材料、导线对介质稳定，轴承为干式或靠介质润滑。动力电线用密封导线柱引入和引出。同样形式也

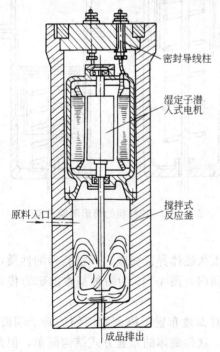

图 4-139　筒袋密闭式搅拌机

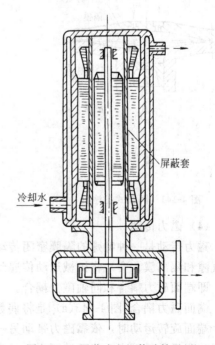

图 4-140　屏蔽式电机传动鼓风机

可用于超高压聚乙烯反应釜、全封闭氟里昂制冷机和合成氨循环气压缩机。

图 4-140 所示为一屏蔽式鼓风机。电机的转子和定子之间有屏蔽套隔开，电磁能通过屏蔽套传入，带动转子，可避免介质对定子绕组的侵蚀。有适合于输送各种化学介质的屏蔽泵、屏蔽风机、屏蔽搅拌釜等。但是用于高压时，因屏蔽套较厚、能耗大，效率低。

（3）隔膜传动

隔膜传动是一种借助隔膜将压力能、机械运动传入机泵内部，以带动机件或输送、压缩流体的全封闭密封形式。图 4-141 为隔膜式压缩机的机构图，它通过柔性隔膜的直线运动，将机械能量和位移从隔膜的一侧传递到另一侧。图 4-142 为长行程的筒形隔膜传动。当活塞向上移动时，隔膜随着活塞沿相同的方向延伸，直到活塞侧壁被隔膜材料完全覆盖。在反向运动时，隔膜离开活塞进入活塞与缸壁之间的空间，适宜于延伸运动的隔膜必须很薄。制造隔膜的材料有金属、聚四氟乙烯及各种橡胶。金属隔膜适应的压差较大，但行程很小。隔膜材料的选取主要决定于被密封流体的性质、压力及温度等。隔膜的总体设计要考虑到运动方式、制造条件、结构空间的限制条件等。隔膜传动主要用于隔膜泵、隔膜压缩机、隔膜阀、波纹管阀、波纹管泵等。

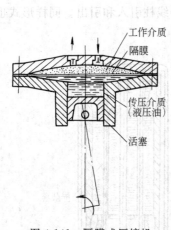

图 4-141　隔膜式压缩机

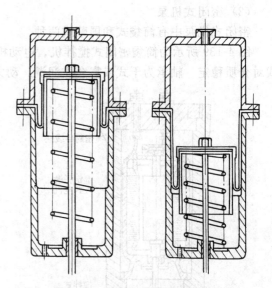

图 4-142　长行程的筒形隔膜传动

（4）磁力传动

磁力传动是一种特殊的隔膜密闭传动。它利用永久磁体异极相吸、同极相斥的性质，通过气隙和隔离膜（套）将机械运动传递到密闭的空间内。图 4-143 为两种基本的磁力传动方式，即端面磁力耦合和同轴磁力耦合。

端面磁力耦合[图 4-143(a)]是将偶数对磁体面对面地布置于隔离膜两侧的转子端面上，一个端面旋转运动时，依靠磁力带动另一端面运动。这种磁体的布置方式结构简单，但允许布置的磁极数量较少，传递转矩小，且由于两端磁体彼此强烈地吸引，从而对轴和轴承施加了轴向力，仅应用于传递转矩小的场合。同轴磁力耦合是将磁体沿轴向布置〔图 4-143 (b)〕，具有较大的磁体布置空间，可以布置较多的磁体以获得较大的转矩传递能力，同时不会产生不利的轴向力。因此，实际应用的磁力传动无密封泵均采用同轴磁力耦合形式。

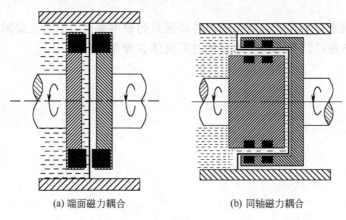

(a) 端面磁力耦合　　　　　　　(b) 同轴磁力耦合

图 4-143　磁力传动的基本原理

　　图 4-144 为一典型磁力泵结构简图。内转子置于一筒形隔离套内侧，其外圆周布置有两排磁体，置于隔离套外侧的外转子内侧圆周相应地布置两排磁体。通过隔离套将内外空间完全分隔开。隔离套由非磁性耐蚀材料制成。

　　磁性材料的选择非常重要。现代磁力传动磁性材料为钐钴合金或钕铁硼（Nd-FeB）合金，它们能产生强磁场、传递大转矩。钕铁硼合金适用的温度范围为 100℃ 以内，较高温度范围（最高为 250℃）内，宜选用钐钴合金。

　　大型磁力传动耦合器能传递的转矩已达 300N·m。在静止时隔离套两侧的磁铁彼此吸引，磁极间对中排列。当转子旋转时，由于传递转矩的作用，引起耦合磁极间发生切向偏置，其偏置量随传递转矩的增大而增大，当偏置量达到偶对磁极周节的一半时，传递的转矩达到最大值。超过此极限，驱动件将发生打滑现象，传递

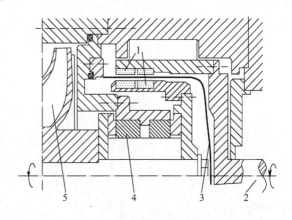

图 4-144　全封闭密封磁力传动离心泵
1—永久磁铁；2—驱动轴；3—隔离套；
4—滑动轴承；5—叶轮

转矩失效。当泵的叶轮被卡住时，就可能发生这种现象。当处于允许温度范围内时，磁性材料并不会产生退磁现象。可是由于冷却失效，隔离套由于涡流损失发热严重，发生打滑现象时，必须立即停车。如果温度和压力条件允许，隔离套可由高分子材料制造，从而排除了涡流损失。

    磁力泵不容忽视的一个重要问题是内转子的轴承问题。该轴承置于内部，必须依靠所输送的介质来进行冷却和润滑，大多采用由碳化硅材料制成的滑动轴承形式，但它不允许干运转，必须保证切实有效的润滑冷却措施，介质中含有固体颗粒或磁性微粒时，必须首先予以过滤清除。

    与双端面机械密封相比，全封闭磁力传动密封的成本要高，它最主要的优点是能实现零泄漏。密封形式的最终选择取决于特定的过程流体和操作条件。

5 泄漏检测技术

5.1 引　　言

过程装置在制造或运转的时候，不但需要知道有无泄漏，而且还要知道泄漏率有多大。泄漏检测技术中所指的"漏"的概念，是与最大允许泄漏率的概念联系在一起的。

泄漏是绝对的，不漏则是相对的。对于真空系统来说，只要系统内的压力在一定的时间间隔内能维持在所允许的真空度以下，这时即使存在漏孔，也可以认为系统是不漏的；对于压力系统来说，只要系统的压力降能维持在所允许的值以下，不会影响系统的正常操作，同样也可以认为系统是不漏的。对于密封有毒的、易燃易爆的、对环境有污染的、贵重的介质，则要求系统的泄漏率必须小于环保、安全以及经济性决定的最大允许泄漏率指标。

检漏就是用一定的手段将示漏物质加到被检设备或密封装置器壁的一侧，用仪器或某一方法在另一侧怀疑有泄漏的地方检测通过漏孔漏出的示漏物质，从而达到检测的目的。检漏的任务就是在制造、安装、调试过程中，判断漏与不漏、泄漏率的大小，找出漏孔的位置；在运转使用过程中监视系统可能发生的泄漏及其变化。

5.2　检漏方法的分类和特点

5.2.1　检漏方法的选择

泄漏检测方法很多，每种方法的特点不同，检漏前应首先根据检漏要求、检漏环境等选择合适的检漏方法。

选择泄漏检测方法要考虑如下几个方面因素。

a. 检漏原理　不论采用哪种检漏方法，必须理解它的基本原理。泄漏检测方法涉及的内容较广，集中反映了各种计量和测试技术。对许多检测方法的原理都能够理解是不容易的。本书中将简单介绍常用检漏方法的基本原理。

b. 灵敏度　检漏方法的灵敏度可以用该方法可检测到的最小泄漏率来表示。选择检漏方法时应考虑各种方法的灵敏度，即采用哪种方法可以检测出哪一级的泄漏。例如，要检测 $10^{-5} cm^3/s$ 的泄漏率时，采用灵敏度为 $10^{-2} cm^3/s$ 的方法就毫无意义。反之，检测 $10^{-2} cm^3/s$ 的泄漏时，采用灵敏度为 $10^{-5} cm^3/s$ 的方法，原理上也许可行，但实际上可能是不经济的。

c. 响应时间　不论采用什么方法，要检测出泄漏率，总要花费一定的时间。响应时间的长短可能会影响检漏的精度和灵敏度。通常，延长检测时间，会提高灵敏度，但是，检测时间过长，由于环境条件的改变，可能降低检测精度。响应时间包括检测仪器本身的应答时间，气体流动的滞后时间和各种准备所需的时间。选择检漏方法时，必须考虑到这一点。

d. 泄漏点的判断　有些检漏方法仅仅可以判断出系统有无泄漏，但无法确定泄漏点在何处，有的检漏方法不仅可以确定泄漏点，而且还可以确定泄漏率的大小。如仅仅是为了弄清装置是否合格时，可采用前一种方法。在进行维修或要找出泄漏原因时，就必须采用后一种方法，采用后一种方法有时也会出现漏检的情况。

e. 一致性　对有些检漏方法来说，不管检测人员是否熟练，所得到的检测结果都基本相同；有些方法则是内行和外行使用，其结果全然不同。可能的情况下，应采用不需要熟练的专门技术就能正确检测的方法。每种方法都有不同的技术关键，不同的检漏人员未必能得出一致的检漏结果。

f. 稳定性　泄漏检测是一种计量和测试的综合技术。如果测试得到的数据不稳定，就毫无意义。正确的泄漏检测不仅需要检测仪器具有稳定性，而且需要检测方法本身也具有较好的稳定性。

g. 可靠性　未检测出泄漏并不等于就是没有泄漏，对此应进行判断。采用某种方法进行检漏时，应该了解该方法是否可靠。检漏结果的可靠性与上面介绍的方法的一致性、稳定性等多种因素有关。

h. 经济性　是选择检漏方法的关键之一。单考虑检漏方法本身的经济性比较容易，但要从所需的检漏设备、对人员的技术要求、检漏结果的可靠性等方面综合评价检漏方法的经济性则较困难。

例如，涂肥皂液检漏是一种很经济的方法，但是，使用这种方法无法检查出较小的漏孔，因而，无法将其用于对泄漏要求较高的场合。使用价格昂贵的氦质谱检漏仪时，很快就能检测出多处较小的泄漏。很难笼统地说，上述两种方法中，哪种经济，哪种不经济。

可见，选择检漏方法时，除了要考虑其经济性外，还必须对灵敏度、响应时间、检测要求等作全面评价，使所选的检漏方法既满足检漏要求，又经济合理。

5.2.2　检漏方法的分类

检漏方法和仪器很多，根据所使用的设备可分为氦质谱检漏法、卤素检漏法、真空计检漏法等；按照所采用的检漏方法所能检测出泄漏的大小又可分为定量检漏方法和定性检漏方法；根据被检设备所处的状态又可分为压力检漏法和真空检漏法。下面根据后一种分类方法加以简单说明。

5.2.2.1　压力检漏法

将被检设备或密封装置充入一定压力的示漏物质，如果设备或密封装置上有漏孔，示漏物质就会通过漏孔漏出,用一定的方法或仪器在设备外检测出从漏孔漏出的示漏物质,从而判定漏孔的存在、漏孔的具体位置以及泄漏率的大小。属于压力检漏法的有水压法、压降法、听音法、超声波法、气泡法、集漏空腔增压法、氨气检漏法、卤素检漏法、放射性同位素法、氦质谱检漏仪吸嘴法等。

5.2.2.2　真空检漏法

被检设备或密封装置和检漏仪器的敏感元件均处于真空中,示漏物质施加在被检设备外面,如果被检设备有漏孔,示漏物质就会通过漏孔进入被检设备内部和检漏仪器敏感元件所在的空间,由敏感元件检测出示漏物质来,从而可以判定漏孔的存在、漏孔的具体位置以及泄漏率的大小。属于真空检漏法的有静态升压法、液体涂敷法、放电管法、高频火花检漏法、真空计检漏法、卤素检漏法、氦质谱检漏法等。

5.2.2.3　其他检漏法

其他检漏法包括示踪气体封入法、气瓶法、半导体检漏法、荧光检漏法等。

压力检漏法、真空检漏法及其他检漏方法的检漏特点、现象、检漏设备以及最小可检泄漏率示于表5-1、表5-2和表5-3中。

表5-1　压力检漏法

检漏方法	工作条件	现　象	设　备	最小可检泄漏率 /(cm³/s)	备　注
水压法	充水	漏水	人眼	$5\times10^{-2}\sim5\times10^{-3}$	
压降法	充0.3MPa的空气	压力下降	压力表或压力传感器	1×10^{-2}	
听音法	充0.3MPa的空气	咝咝声	人耳	5×10^{-2}	也可以用听诊器
超声波法	充0.3MPa的空气	超声波	超声波检测器	1×10^{-2}	
气泡法	充0.3MPa的空气	水中冒气泡	人眼	$1\times10^{-4}\sim1\times10^{-5}$	
	充0.3MPa的空气	涂肥皂液发生皂泡	人眼	$1\times10^{-3}\sim1\times10^{-4}$	
集漏空腔增压法	1.1倍的工作压力	集漏孔腔内压力增加	微压力传感器、温度传感器、位移传感器	5×10^{-6}	
氨气检漏法	充0.3MPa的氨气	溴代麝香草酚蓝试带变色	人眼	8×10^{-7}	观察时间20s
	充0.3MPa的氨气	溴酚蓝试带纸变色	人眼	1×10^{-10}	24h累积
卤素检漏法		卤素检漏仪读数变化	卤素检漏仪	$1\times10^{-5}\sim1\times10^{-9}$	可与空气混合充入
放射性同位素法			闪烁计数器	1×10^{-6}	
氦质谱检漏仪吸嘴法			氦质谱检漏仪	$1\times10^{-7}\sim1\times10^{-9}$	可与空气混合充入

表 5-2　真空检漏法

检漏方法		工作压力 /Pa	现　象	设　备	最小可检泄漏率 /(cm³/s)
真空计检漏法	静态升压法		抽真空后,压力上升	真空计	$5×10^{-6}$
	液体涂敷法		涂敷液体后,压力变化	真空计	$1×10^{-4}～1×10^{-3}$
	放电管法		放电颜色改变	放电管	$1×10^{-2}$
	高频火花检漏法	1000～0.5	亮点,放电颜色改变	高频火花检漏器	$1×10^{-2}$
	热传导真空计	1000～0.1		热电偶或电阻真空计	$1×10^{-5}$
	电离真空计	$10^{-2}～10^{-6}$	真空计读数变化	电离真空计	$1×10^{-8}$
	差动热传导真空计	1000～0.1		热传导真空计差动组合	$1×10^{-6}$
	差动电离真空计	$10^{-2}～10^{-6}$		电离真空计差动组合	$1×10^{-9}$
	卤素检漏法	10～0.1	输出仪表读数变化	卤素检漏仪	$1×10^{-8}$
	氦质谱检漏法	10^{-2}	输出仪表读数及声响频率变化	氦质谱检漏仪	$1×10^{-11}～1×10^{-12}$

表 5-3　其他检漏方法

检漏方法	现　象	设　备	最小可检泄漏率
荧光检漏法	荧光剂发光	紫外线灯	$1×10^{-6}～1×10^{-8}$
半导体检漏法	输出读数变化	半导体传感器	$500～10cm^3/m^3$
示踪气体封入法	检漏仪读数变化	特殊气体检漏仪	
气瓶法	检漏仪读数变化	氦质谱检漏仪	$1×10^{-12}$

5.3　压力检漏法

本节主要介绍加压下的各种检漏方法的基本原理、设备、操作方法以及注意事项。

5.3.1　水压法

对压力容器或密封装置进行试验时,先将容器或密封装置内部装满水,再用水泵向里注水,观察设备或密封装置周围有无水漏出。检漏时必须耐心等待,直至水泄漏出来。因此,只能抽象地表示灵敏度的高低。根据被检物表面是否有水渗出,很容易判断出泄漏点。但是,对于结构比较复杂的设备,肉眼可能无法直接观察到泄漏点。只要水压不变,泄漏率大小就不会发生很大变化,因而可以获得较为一致的结果。当然由于检漏人员的观测技巧不同,检测结果也不会完全相同。除水泵外,水压法检漏无需大型、贵重设备,因而很经济。

【例 5-1】　用水压法检漏时,有经验的检漏人员认真进行试验,可观察出的漏水的最大限度为每分钟 10 滴,这时候水压法的灵敏度为多少?

解:通常可以认为,1 滴水的体积为 0.06cm³。以体积泄漏率表示的灵敏度为

$$\varepsilon_L = \frac{10×0.06}{60} = 1×10^{-2}\,cm^3/s$$

5.3.2　压降法

（1）原理

将压缩机与被检设备或密封装置相连接，然后打压。压力升至某一值时，停止加压，同时关闭阀门，放置一段时间。在放置时间里，如果压力急剧下降，就可判断泄漏率很大。如果压力没有太大的变化，就可认为泄漏率很小，或者没有泄漏。这种方法简便，使用普遍，是检测泄漏的一种最基本方法。压降法也称为加压放置法。

（2）泄漏率的确定

设容器的容积为 V，停止加压时的压力为 p_1，放置 t 时间后的压力为 p_2，气体的温度为 T，从容器中漏出的气体的量用 ΔV 表示。

当示漏介质为气体，且压力不太高时

$$pV = \frac{m}{M}RT \tag{5-1}$$

开始放置时容器中的气体质量为

$$m_1 = M\frac{p_1 V}{RT}$$

放置结束时容器中的气体质量为

$$m_2 = M\frac{p_2 V}{RT}$$

在测量时间间隔 t 内，容器内漏出的气体的质量为

$$\Delta m = m_1 - m_2 = \frac{M(p_1 - p_2)V}{RT} \tag{5-2}$$

通过漏孔的气体的体积泄漏率为

$$L = \frac{\Delta V}{t} = \frac{1}{t}\frac{\Delta m}{M}\frac{RT}{p_2} = \frac{(p_1 - p_2)V}{tp_2} \tag{5-3}$$

折算到标准状况下气体的体积泄漏率为

$$L_S = \frac{T_S}{T}\frac{p_2}{p_S}L = \frac{T_S}{T}\frac{(p_1 - p_2)V}{p_S t} \tag{5-4}$$

式中　V——容器的容积，m^3；

　　　p_1——停止加压时容器内的压力，Pa；

　　　p_2——放置 t 时间后容器内的压力，Pa；

　　　p_S——标准大气压力，Pa；

　　　t——放置时间，s；

　　　T——气体温度，K；

　　　T_S——标准状况下大气的热力学温度，K；

　　　ΔV——从容器中漏出的气体的量，m^3；

　　　m——气体的质量，kg；

　　　m_1——开始放置时容器中的气体质量，kg；

　　　m_2——放置结束时容器中的气体质量，kg；

　　　R——通用气体常数，J/(kmol·K)；

M——气体摩尔质量，kg/kmol；

L——气体的体积泄漏率，m^3/s；

L_S——标准状况下的体积泄漏率，m^3/s。

【例 5-2】 容积为 $10m^3$ 的贮罐。用压缩机加压，下午 2 时压力表的指针为 0.5MPa，关闭阀门，停止加压，然后放置不动。到第二天上午 10 时，压力表指针为 0.4MPa，气体温度为 20℃，问该贮罐的泄漏率为多少？

解：将大气压力近似取为 0.1MPa，则 $p_1 = 0.6$MPa、$p_2 = 0.5$MPa。压力为 0.5MPa、温度为 20℃时气体的泄漏率为

$$L = \frac{(p_1 - p_2)V}{p_2 t} = \frac{0.6 - 0.5}{0.5 \times 20 \times 3600} \times 10 = 2.78 \times 10^{-5} \, m^3/s = 27.8 cm^3/s$$

标准状况下：$T_S = 273.15K$，$P_S = 10132.5Pa$，则折算到标准状况下气体的泄漏率为

$$L_S = \frac{T_S}{T} \frac{p_2}{p_S} L = \frac{273.15}{293.15} \frac{0.5}{0.101} \times 27.8 = 102.59 cm^3/s$$

（3）灵敏度

由式（5-4）可见，压降法的灵敏度与被检容器的容积大小、放置时间的长短和压力检测元件（压力表、压力传感器）的灵敏度有关。延长放置时间可以提高灵敏度，但大多数情况下，装置是在晚上停止运转，放置到第二天早上，然后再观察压力的变化。因此，放置时间一般为几小时，最长约为 20h 左右。

因此，提高灵敏度，一般不延长放置时间，而是缩小容积。把被检物体分成几个小部分。

此外，有时还要考虑到气体温度、压力的变化。例如，傍晚开始放置时和早晨读取压力时，温差可达 15℃。通过简单的计算可以发现，压力变化约有 7％左右。压力检测元件的灵敏度也会影响泄漏检测的灵敏度。例如，采用分辨率为 10kPa 的压力表与采用分辨率为 1kPa 的压力传感器，泄漏检测的灵敏度是不同的。显然，后者的灵敏度要比前者高得多。

压降法是一种最基本的检测方法，很容易得到被检设备或密封装置的总的泄漏率，其结果是最为可靠的，但不能具体判断出泄漏点。

5.3.3 听音法

气体从小孔中喷出时，会发出声音。声音的大小和频率取决于泄漏率的大小、两侧的压力、压差和气体的种类等。根据气体漏出时发出的声音判断有无泄漏。

该方法的灵敏度很大程度上受环境的影响。若工厂噪声较大，则小的声音就不易听清。使用听诊器，某种程度上可以消除周围噪声的影响，听清泄漏声音，但有时与泄漏无关的声音（例如电机的声音）也会混杂进来，从而影响检漏灵敏度。为了辨别较小的声音，可用话筒和放大器将声音放大。但此时其他声音也同时放大，多数情况下较难收到好的效果。在检测压力为 0.3MPa，周围非常安静的条件下，可以听出 $5 \times 10^{-2} cm^3/s$ 的泄漏率的声音。

这种方法简单、经济。使用听诊器，在某种程度上可以判断出泄漏点。如单凭耳朵听，

往往因声波的反射或吸收，很难确定泄漏点，即发声地点。由于检测环境条件不同，所得到的结果可能偏差很大。因此，这种方法的稳定性和可靠性很差，应与其他检测法并用。

5.3.4　超声波法

该方法实际上是听音法的一种。它是将泄漏声音中可听频率部分截掉，仅仅使超声波部分放大，以检测出泄漏。检测时，可以直接使用超声波检测器，根据检测仪表指针是否摆动，确定有无泄漏。也可以采用使超声波回到可听频率范围内鸣笛的方法。采用后一种原理制造的超声波转换器不仅在被试验物加压时可以使用，在抽真空时，由于吸入的空气发出超声波，因而，采用真空法时也可以使用。

超声波转换器由于只检测超声波部分，在普通工厂的噪声条件下，不受明显干扰，因此检漏效果很好。

该法的灵敏度与被试验物体的加压、减压状况，泄漏的大小，泄漏点与检漏器（探头）间的距离等因素有关。当泄漏点与探头距离很近时，超声波转换器的灵敏度可达 1×10^{-2} cm^3/s。

检漏时将检漏器的灵敏度调到最大，一边移动探头，一边侦听，使能听到的超声波发出的声音达到最大。然后，再寻找发出超声波的位置，以便确定泄漏点。但在探头不易接近的地方出现泄漏时，就很难准确地判断出泄漏点。这种方法操作简便，人为因素较小，不同检测人员所得到的检测结果基本相同。

5.3.5　气泡检漏法

打气检漏法以及下面将要介绍的皂泡法、外真空法和热槽法均属气泡检漏法。这些方法适用于允许承受正压的容器、管道、零部件等的气密性检验。

5.3.5.1　打气检漏法

（1）原理

打气检漏法适用于允许承受正压的容器、管道、密封装置等的气密性检验。此种方法简单、方便、直观、经济。

在被检件内充入一定压力的示漏气体后放入液体中，气体通过漏孔进入周围的液体形成气泡，气泡形成的地方就是漏孔存在的位置，根据气泡形成的速率、气泡的大小以及所用气体和液体的物理性质，可以大致估算出漏孔的泄漏率。

（2）泄漏率计算

假定气泡为球状，若某一漏孔处气泡形成的频率为 n，测得气泡在液面上的直径为 D_b，此时，气泡内的压力 p_b 为大气压力 p_a 和液体表面张力 σ 引起的压力 $4\sigma/D_b$ 之和，即

$$p_b = p_a + \frac{4\sigma}{D_b} \tag{5-5}$$

对应于检测温度 T 和气泡内的压力 p_b 的体积泄漏率为

$$L = nV_b = n\frac{\pi}{6}D_b^3 \tag{5-6}$$

折算到标准状况下的体积泄漏率为

$$L_s = \frac{T_s}{T}\frac{p_b}{p_s}L = \frac{\pi n}{6}\frac{T_s}{T}\frac{p_a + \frac{4\sigma}{D_b}}{p_s}D_b^3 \tag{5-7}$$

式中　n——气泡形成的频率，s^{-1}；

D_b——液面上气泡的直径，m；

p_b——气泡内的压力，Pa；

p_a——大气压力，Pa；

σ——液体表面张力，N/m。

（3）灵敏度

打气检漏法的灵敏度与诸多因素有关。液体表面张力越小，示漏气体压力越高，漏孔距离液面越近，可检测出来的漏孔就越小，则灵敏度也越高；示漏气体的黏度越小，分子量越小，灵敏度也越高。

实际检漏时，通常用空气作为示漏气体，用水作为显示液体。此时，该方法的灵敏度可达 $1\times10^{-5}\sim1\times10^{-4}\,\text{cm}^3/\text{s}$。

（4）气泡产生的条件

如图 5-1 所示，由于液体的表面张力作用，气泡内外有压差 $4\sigma/D_b$。气泡中心至液面的距离为 h，液面上方的大气压力为 p_a，容器内压力为 p_t，则当下式成立时，就会产生气泡。

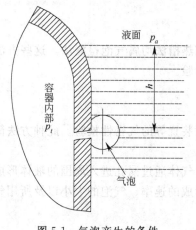

图 5-1　气泡产生的条件

$$p_t > p_a + \rho g h + \frac{4\sigma}{D_b} \tag{5-8}$$

式中　p_t——容器内的压力，Pa；

g——重力加速度，m/s^2；

ρ——液体密度，kg/m^3；

h——气泡中心至液面的距离，m。

（5）泄漏点的判断

如能观察到水中气泡产生的位置，则可直接判定泄漏点。

（6）检漏时的注意事项

① 首先要弄清楚被检件能否承受正压，能承受多大压力等问题，以便决定是否可以采用打气试漏法以及充入多大压力的气体。

② 检漏前要细致、认真地清洗焊缝，清除焊渣、油污和粉尘。

③ 检漏场地的光线要充足，水槽内的背景要暗，水要清洁透明，水面上不要有汽雾。

④ 被检件一定要先充气，然后放入水中，否则小孔可能被水堵塞，放入水中之前先用听音法检查有无大漏，排除大漏后再放入水中，否则将会影响小漏孔的检测。

⑤ 被检件刚放入水中时，在其表面上可能出现气泡，如果把这些气泡抹去或者捅破后气泡不再出现，则可以判断原来产生气泡的地方并没有漏孔。如果气泡是有规律地连续不断

地出现，则产生气泡的地方就有漏孔存在。

⑥ 被检件在水中要放稳定，等水面静下来后再行观察。

⑦ 被检部位应尽可能地接近水面。

⑧ 发现漏孔要及时做上标记。有大漏孔时，要修补后再进行小漏孔的检查。

5.3.5.2 皂泡法

对不太方便放到水槽内的管道、容器和密封连接进行检漏时，先在被检件内充入压力大于 0.1MPa 的气体，然后在怀疑有漏孔的地方涂抹肥皂液，形成肥皂泡的部位便是漏孔存在的部位。

在检漏时应注意肥皂液稀稠得当。太稀了易于流动和滴落而造成误检，太稠了透明度差容易漏检，并且所混入的气体也可能形成泡沫而造成误检。

此方法的灵敏度为 $1 \times 10^{-4} \, cm^3/s$ 数量级。

5.3.5.3 外真空法

将充有示漏气体的被检容器（示漏气体压力为 p_t）放入液体中以后，将液面上方的空间抽真空，如果被检容器上有漏孔，漏孔处就更容易形成气泡，观测气泡便可确定漏孔位置和泄漏率。

此时，$p_a \approx 0$，当气泡形成的频率为 n 时，由式（5-7）可得到折算到标准状态下的通过漏孔的泄漏率为

$$L_S = \frac{T_S}{T} \frac{p_b}{p_S} L = \frac{2\pi n}{3} \frac{T_S}{T} \frac{\sigma}{p_S} D_b^2 \tag{5-9}$$

由式（5-8），当

$$p_t > \rho g h + \frac{4\sigma}{D_b} \tag{5-10}$$

时，就会产生气泡。

外真空法的灵敏度比打气检漏法高几十倍，可达 $1 \times 10^{-5} \sim 1 \times 10^{-6} \, cm^3/s$。

5.3.5.4 热槽法

被检容器中充入压力为 p_1、温度为 T_1 的气体后封闭起来，然后放入加热过的液体中，如果平衡温度为 T_2，则被检容器内的压力将为 p_2，并有

$$\frac{p_2 - p_1}{T_2 - T_1} = \frac{p_1}{T_1} \tag{5-11}$$

因为 $T_2 > T_1$，则 $p_2 > p_1$，如 p_2 能满足式（5-8）气泡产生的条件，这相当于给被检容器内充入了高压气体，容器若有漏孔就可能在液体中形成气泡被检测出来。

有关的公式和检漏注意事项与打气检漏法相同。此外，要注意液体温度不得超过沸点。

5.3.6　集漏空腔增压法

（1）原理

将整个被检件或被检部位密封起来形成一个密闭的测漏空腔。由漏孔漏出的示漏介质积

聚在测漏空腔内，从而引起空腔内压力、温度的改变。通过测出这些改变，即可计算出泄漏率，如图 5-2 所示为一垫片密封性能测试装置示意图。

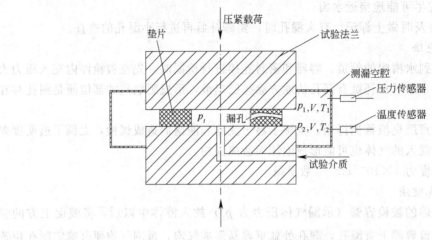

图 5-2　垫片密封性能测试装置示意图

（2）泄漏率计算

压力为 p_t 的示漏介质，通过漏孔漏入容积为 V 的密闭的测漏空腔内。在测量时间间隔 t 内，测漏空腔中的压力和温度分别由 p_1、T_1 变为 p_2、T_2。

当示漏介质为气体时，根据式（5-1），测漏开始时测漏空腔中的气体质量为

$$m_1 = M \frac{p_1 V}{R T_1}$$

测漏结束时测漏空腔中的气体质量为

$$m_2 = M \frac{p_2 V}{R T_2}$$

在测量时间间隔 t 内，漏入测漏空腔的气体质量为

$$\Delta m = m_2 - m_1 = M \left(\frac{p_2 V}{R T_2} - \frac{p_1 V}{R T_1} \right)$$

通过漏孔的气体的体积泄漏率为

$$L = \frac{\Delta V}{t} = \frac{1}{t} \frac{\Delta m}{M} \frac{R T_2}{p_2} = \frac{(p_2 T_1 - p_1 T_2) V}{p_2 T_1 t} \tag{5-12}$$

折算到标准状况下气体的体积泄漏率为

$$Ls = \frac{T_s}{T_2} \frac{p_2}{p_s} L = \frac{T_s}{T_1 T_2} \frac{(p_2 T_1 - p_1 T_2) V}{p_s t} \tag{5-13}$$

如果测量时间间隔 t 较短，可不考虑气体温度的变化，即 $T_1 = T_2 = T$，则式（5-12）和式（5-13）简化为

$$L = \frac{(p_2 - p_1) V}{p_2 t} \tag{5-14}$$

226

$$L_S = \frac{T_S}{T} \frac{(p_2 - p_1)V}{p_S t}\tag{5-15}$$

当示漏介质为液体时，泄漏率的计算公式与式（5-12）～式(5-15) 相同，此处不再赘述。

（3）灵敏度

由式（5-13）可见，该方法的灵敏度与测漏空腔的容积大小、测量时间的长短和压力检测元件（微压传感器）和测温元件的灵敏度有关。减小测漏空腔的容积、延长测量时间并采用分辨率高的微压传感器和温度传感器，有助于提高测漏的灵敏度。研究表明，该方法的灵敏度可达 $5 \times 10^{-6} \, cm^3/s$。

（4）泄漏点的判断

采用该方法不能具体判断出泄漏点，但很容易得到被检件的总的泄漏率，或者在已知泄漏点的前提下，确定通过漏孔的泄漏率。

该方法已广泛应用于密封元件的泄漏率检测。

5.3.7　氨气检漏法

（1）原理

把允许充压的被检容器或密封装置抽成真空（不抽真空也可以，其效果稍差），在器壁或密封元件外面怀疑有漏孔处贴上具有对氨敏感的 pH 指示剂的显影带，然后在容器内部充入高于 0.1MPa 的氨气，当有漏孔时，氨气通过漏孔逸出，使显影带改变颜色，由此可找出漏孔的位置，根据显影时间、变色区域大小可大致估计出漏孔的大小。

（2）设备与操作

氨检漏的设备如图 5-3 所示，操作过程如下。

a. 被检件的清洁处理　对被检件必须进行去渣、去锈、去油、清洗和干燥，使漏孔充分疏通，并减少反应时间。

b. 贴显影带　拿显影带时应戴干净的手套，不戴手套时必须保持手

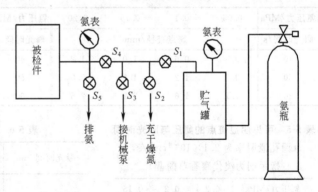

图 5-3　氨检漏设备

的清洁与干燥，切忌用肥皂洗过而未彻底冲洗干净的手接触显影带，否则会使显影带变色。如果使用湿的显影带，则必须用蒸馏水润湿（自来水呈碱性，易使显影带变色）。显影带要贴在可疑部位上，贴好后用透明的聚乙烯薄膜保护起来，并用胶布将薄膜边缘同金属部分密闭起来，使显影带与大气隔离，防止大气中的氨气干扰，同时避免通过漏孔进入显影带上的氨气迅速消失，以提高检测灵敏度。显影带贴好后，先观察一下是否存在有碱性物质而使显影带变色。如有，应记下变色位置，以区别于漏气造成的显影。最后向被检件内充入氨气。

c. 充氨与排氨　将被检件用耐压橡皮管接到氨检漏设备上，关好阀门 S_5 及氨瓶总阀

门，打开阀门 S_1、S_3 和 S_4，用机械泵抽真空。当被检件的压强抽到几百帕斯卡后，关阀门 S_3 和机械泵，然后关阀门 S_1，打开氨瓶总阀门，使氨气慢慢充入贮气罐，当氨压力达到 $0.2\sim0.3$MPa 时，打开阀门 S_1，使被检件内获得所需的压力，然后关上总阀门。充气过程中要慢慢升压并随时观察有无大漏孔存在。一经发现大漏孔应立即停止升压，并及时采取措施排除大漏孔后再升压。当氨压升到所需数值时，定时观察显影带的变色情况，如发现变色斑点，可更换显影带进行复核。由于通过漏孔的氨气流已很稳定，所以显影会很快，因此复核工作能很快完成。检漏完毕后关闭阀门 S_1，打开阀门 S_5，用橡胶管把氨气引入水槽或下水道中。由于氨极易溶于水中，这个过程可进行得很快。然后关闭阀门 S_5，打开阀门 S_3，用机械泵排氨，同时通过阀门 S_2 放入干燥氮气或空气，对被检件及管道等进行 $2\sim3$ 次"冲洗"，使其中的氨气尽量排除。

（3）灵敏度

氨检漏法的灵敏度与充氨的压力、指示剂的灵敏程度和曝光时间有关。在泄漏率一定时，显影斑点的大小与所用指示剂、曝光时间及氨压力有关。表 5-4 给出了漏孔泄漏率为 9.5×10^{-6} cm^3/s、指示剂为溴酚蓝时，氨压、曝光时间与斑点直径的关系。如果用溴代麝香草酚蓝显影带时，对于 7.9×10^{-7} cm^3/s 的漏孔，当氨压为 0.3MPa 时，20s 便可显示出明显的斑点。对于 2.1×10^{-6} cm^3/s 的漏孔，出现明显斑点的时间与氨压的关系见表 5-5。

表 5-4　不同氨压力、曝光时间下的斑点大小

（漏孔泄漏为 9.5×10^{-6} cm^3/s、指示剂为溴酚蓝）

氨压力/MPa	0.05	0.1	0.15	0.20	氨压力/MPa	0.05	0.1	0.15	0.20
曝光时间/s	斑点直径/mm				曝光时间/s	斑点直径/mm			
10	0.5	0.6	1.0	1.2	40	1.3	2.0	2.6	3.0
20	0.8	1.2	1.8	2.0	50	1.5	2.1	2.8	3.4
30	1.1	1.6	2.2	2.6	60	1.8	—	3.0	

表 5-5　可见明显斑点的氨压与曝光时间

（漏孔泄漏率为 2.1×10^{-6} cm^3/s，指示剂为溴代麝香草酚蓝）

氨压力/MPa	0.3	0.2	0.15
曝光时间/s	1	2	3

表 5-6　理论计算的曝光时间与漏率关系

曝光时间/min	1/60	1/6	1	10	60	600	1440
泄漏率/(cm^3/s)	6.6×10^{-5}	6.6×10^{-6}	1×10^{-6}	1×10^{-7}	1.8×10^{-8}	1.8×10^{-9}	7.6×10^{-10}

对最小可检泄漏率进行理论分析与计算的结果表明，当充入 0.15MPa 的氨气时，用溴酚蓝做显影剂，形成 1mm 直径斑点所需的时间与泄漏率的关系列于表 5-6 中。

由表可见累积的时间越长，可检泄漏率越小。

一般认为氨检漏法的灵敏度为 1×10^{-8} cm^3/s，但也有文献报道可检出泄漏率为 10^{-10} cm^3/s 的漏孔。

（4）特点及注意事项

氨检漏法的优点是：

① 装置简单、操作方便、易于掌握、便于普及；

② 成本低，氨气来源充足；

③ 由于氨气能穿过被油、水阻塞的漏孔，因此可以适当降低对被检件清洁程度的要求；

④ 检漏灵敏度随着氨压力的升高及曝光时间的加长而提高，因此，只要被检件允许，提高氨压力并适当延长曝光时间，就可以检出更小的漏孔；

⑤ 灵敏度与被检件的容积大小无关，如果无特大漏孔，一次充氨便可以检完所有的可疑泄漏点，因此该方法特别适合于大容器、大型复杂结构以及长管道的检漏；

⑥ 可准确地找出漏孔位置。

但是，氨检漏法也存在不少缺点：

① 此方法虽能确定每个漏孔的位置，但却很难给出准确的总漏率；

② 氨对铜及铜合金有腐蚀作用，故不能对含有这些材料的设备进行检漏；

③ 该方法只适用于耐高压的容器的检漏；

④ 氨气对呼吸道和眼睛有强烈的刺激，严重时还会引起中毒、视力损伤乃至失明，故要特别注意防护；

⑤ 氨气易燃、易爆。

使用氨检漏法应注意下述安全事项：

① 试验设备要牢固可靠；

② 室内要有良好的通风设备，废氨要妥善处理，防止污染环境；

③ 工作人员要戴防毒面具和风镜；

④ 用氨检漏法检过漏的部件，如需补焊，必须保证其中的氨浓度低于 0.2%，以防止爆炸和燃烧。

5.3.8　卤素检漏法

当铂加热到 $800\sim900℃$ 时会产生正离子发射，在卤素气氛中这种正离子发射将急剧增加，这就是所说的"卤素效应"。利用此效应而设计的检漏仪称为卤素检漏仪，其原理图如图 5-4 所示。它的敏感元件是一个二极管，这个二极管的内、外筒及加热丝都是用铂制成的。内筒被加热丝加热后发射正离子，外筒收集正离子，离子流的大小可用检流计（或经放大器放大后）指示出来，也可用音响来指示，有的仪器的敏感元件没有内筒而直接用加热的铂丝做发射极，加热丝的供电可用直流电源也可用交流电源。

根据使用条件不同，卤素检漏仪可分为两类：敏感元件和待检系统相连的称为固定式卤素检漏仪；不与待检系统相连的称为携带式卤素检漏仪。前者在检漏时需要将被检系统抽到 $10\sim0.1Pa$ 的真空度，示漏

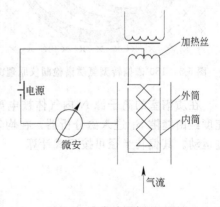

图 5-4　卤素检漏仪原理图

气体（卤素气体）通过漏孔从外而进入系统中，并进入敏感元件所在空间，携带式卤素检漏仪则要求被检系统中预先充以高于 0.1MPa 的示漏气体，仪器探头（敏感元件）在大气中工作，通过漏孔漏到外面来的示漏气体由探头检测出来。

卤素检漏仪的最小可检泄漏率可达 $10^{-9} \mathrm{cm}^3/\mathrm{s}$。示漏气体采用氟里昂、氯仿、碘仿、四氯化碳等卤素化合物，其中以氟里昂-12 的效果最好。

5.3.9 放射性同位素法

使用对人体没有危害的放射性气体进行检漏。例如，Kr^{85} 放射性气体的半衰期为 10.3y。这种气体产生 0.67MeV 的 β 射线，0.54eV 的 γ 射线。另外，还可以使用带有 Br^{85} 的甲基溴（CH_3Br）作为示漏气体。Br^{85} 的半衰期为 36h，可产生 0.5MeV 的 γ 射线。用混入少量放射性气体的空气，将试验容器加压。如有泄漏，放射性气体就会随空气一起漏出。用闪烁计数管等检测 γ 射线，从而可以知道泄漏地点和大致的泄漏量。

该方法的灵敏度取决于示漏气体中放射性气体的浓度、加压用气体的量与压力、加压时间以及放射性气体流至计数管的时间，其灵敏度大致为 $10^{-6} \mathrm{cm}^3/\mathrm{s}$。检测时，如果一边移动计数管，一边寻找最大计数的位置和方向，就可以准确地判断出泄漏位置。放射性气体价格昂贵，回收装置较为复杂。另外，进行试验时，通常需要专门设备。使用放射性气体又需要一定的专门知识。因此，试验成本很高。

5.3.10 氦质谱检漏仪吸嘴法

用于真空残余气体分析的质谱仪都可以用来检漏（其示漏物质有氢、氦、氩等），但检漏灵敏度各不相同。专门用来检漏的质谱仪叫质谱检漏仪。其特点是灵敏度高，性能稳定。特别是用氦做示漏气体的氦质谱检漏仪，是真空检漏中灵敏度最高、用的最普遍的一种检漏仪器。

（1）氦质谱检漏仪的基本原理与组成

氦质谱检漏仪由离子源、分析器、接收器、真空系统、电子线路及其他电气部分组成。目前使用的氦质谱检漏仪大多为磁偏转型的。现以 180° 的磁偏转型仪器为例加以说明，图 5-5 是仪器的原理图。

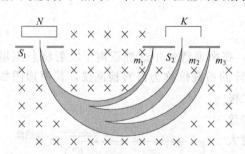

图 5-5 180°磁偏转型氦质谱检漏仪原理图

在质谱室的离子源 N 内气体被电离成离子，在电场作用下离子聚焦成束，并以一定的速度经由缝隙 S_1 进入磁分析器，在均匀磁场的作用下，具有一定速度的离子束，将按圆轨迹运动。其偏转半径可按下式计算

$$R = \frac{C}{H}\sqrt{mU} \tag{5-16}$$

式中 R——离子束偏转半径，m；

H——磁场强度，A/m；

m——有效质量，kg（即离子质量和电荷数之比）；

U——加速电压，V；

C——常数。

由上式可以看出，当 H 和 U 为定值时，对应于不同的 m 有不同的 R。固定 H 和 R，调节加速电压 U 使氦离子束 m_2 恰能通过缝隙 S_2 到达收集极 K 而形成离子流。利用弱电流测量设备，使之在输出仪表与音响装置上反映出来。而其他不同于 m_2 的离子束（如图 5-5 中 m_1，m_3）则以不同的偏转半径运动而被分开。

（2）检漏方法

先将被检件内部充入氦气（最好是先抽真空再充氦气），再用吸嘴在被检件可能有漏孔处进行逐点吻吸，见图 5-6。吸嘴与检漏仪之间用软管连接，有些装置还需要在吸嘴与检漏仪之间加一辅助泵。

吸嘴法检漏中应注意的问题如下。

① 灵敏度受连接管道的流导限制。在有辅助泵时，还会受辅助泵分流作用的影响。

② 初检时，被检件切勿充入过高压强的示漏气体。因为如果有大漏孔，示漏气体会从被检件中漏出，造成较大浪费，而且示漏气体到处扩散后，会给检漏仪带来很大干扰。因此，一般应先向被检件内充以低压强、低浓度的示漏气体，在检出大漏孔并加以修补后，再充入高压强、高浓度的示漏气体，对小漏孔进行检查。

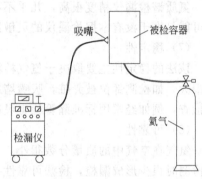

图 5-6　吸嘴法检漏

③ 检漏完毕后，应将示漏气体回收或放空，并注意检漏场地通风。

（3）灵敏度

关于氦质谱检漏仪灵敏度的定义，在世界各国还不很一致。中国基本上都是用最小可检泄漏率来表示的。

氦质谱检漏仪的灵敏度，即最小可检泄漏率，就是在仪器处于最佳工作条件下，以 0.1MPa 的纯氦为示漏气体，进行动态检漏时所能检出的最小漏孔的泄漏率。所谓"最佳工作条件"系指被检件出气很少，且没有较大漏孔，同时仪器本身的参数是调整到最佳工作状态等条件；所谓"动态检漏"即指检漏时不用累积法，检漏仪本身的真空系统仍在正常抽气，仪器的反应时间不大于 3s（其中真空系统的时间常数不大于 1s）等情况；所谓"最小可检"是指信号是本底噪声的两倍；所说的"泄漏率"系指 0.1MPa 的干燥空气通过漏孔漏向真空端（压力远比 0.1MPa 低）的泄漏率。氦质谱检漏仪吸嘴法的灵敏度约为 $10^{-9}\,cm^3/s$。

（4）响应时间

这种方法的响应时间约为 2～3s，它主要包括两个方面：一是检漏器本身的响应时间；另一个是泄漏的氦气被吸入到检漏仪的响应时间。

各厂家生产的氦质谱检漏仪本身的响应时间基本相同。检测部分抽真空用真空泵的排气速度对响应时间影响很大。排气速度越小，氦气就越容易积蓄在被检件内，从而缩短响应时间。氦气从泄漏点流到吸入孔需要一定的时间，通常为 1s 左右。

（5）泄漏点的判断

使用这种检漏仪，吸嘴（探头）要以 2～5m/min 的缓慢速度沿被检件表面移动。若有泄漏，可以看到仪表指针摆动，也可以听到振荡器的声音发生变化，由此可判断出泄漏点或附近有泄漏。检测时可使吸嘴离开可疑的地方，信号恢复到原始状态。稍等一会（通常为 2～5s）后，再将吸嘴靠近可疑的地方。重复上述操作几次，就可以准确判断出泄漏点，精度大约可达 1mm。

（6）一致性

氦质谱检漏仪精度很高，几乎不存在操作者之间的人为误差。如果检测结果不同，其原因可能是由于没有掌握检漏仪的灵敏度和响应时间，或者是由于探头移动方法不同引起的。

（7）稳定性

该法的稳定性主要取决于氦气检漏仪本身的稳定性。维修保养的好坏对仪器的稳定性影响很大。如检测部位被弄脏，吸嘴堵塞和放大系统的不稳定可造成检漏仪工作不稳定，如认真检查，例如经常用标准漏管检查灵敏度和应答时间，是可以防止的。

（8）可靠性

氦气在空气中的质量分数很小，约为 $5\mu g/g$，且比空气轻，易于在空气中扩散。所以，在检测时很少形成漏检，检漏可靠性很高。

（9）经济性

氦气检漏仪是一种高精密仪器，仪器本身和使用的氦气都较昂贵。但是，氦气检漏仪在压力检漏法和真空检漏法中都能使用，而且灵敏度高、响应时间短、稳定性好、可靠性高、检测结果精确。为了解决气体用量问题，有两种方法可供选择：一是用空气稀释，这样做虽然会降低灵敏度，但由于该方法灵敏度本来就很高，即使降低一些，也能满足一般的检漏要求；二是使用回收装置对氦气进行回收。氦质谱检漏法主要用于需准确地检测微小泄漏率的场合。

5.3.11　蒸汽冷凝称重法

被检件内部充入蒸汽，将整个被检件密封起来形成一个密闭的测漏空腔，测漏空腔与引漏管相连。由漏孔逸出的蒸汽积聚在测漏空腔内，经引漏管引入一盛有冷水的玻璃器皿，称出检漏过程中玻璃器皿中水的质量差便可计算出泄漏率。

质量泄漏率可按下式计算

$$L_g = \frac{G_1 - G}{t} \tag{5-17}$$

式中　L_g——质量泄漏率，kg/s；

　　　G——试验前玻璃器皿及水的总质量，kg；

　　　G_1——试验后玻璃器皿及水的总质量，kg；

t ——试验时间，s。

5.4 真空检漏法

（1）原理

将真空泵与被检设备或密封装置相连接，然后抽真空。压力降至某一值时，停止抽真空。同时关闭阀门，放置一段时间。在放置时间里，如果压力急剧上升，就可判断泄漏率很大。如果压力没有大的变化，就可认为泄漏率很小，或者没有泄漏。静态升压法也称为真空放置法。

（2）泄漏率的确定

在真空技术领域中，通常用压力与容积的乘积来表示某一条件下泄漏的气体量，即泄漏率，其单位为 Pa·m³/s。

设被检设备或密封装置的容积为 V，停止抽真空时的压力为 p_1，放置 t 时间后的压力上升为 p_2，则单位时间的平均泄漏率为

$$L_{pV} = \frac{(p_2 - p_1)V}{t}$$

(5-18)

式中 L_{pV} ——以压力与容积的乘积表示的泄漏率，Pa·m³/s。

【例 5-3】 有一个容积为 10m³ 的贮罐，用真空泵抽真空至 500Pa，然后关闭阀门，经过 18h 放置，真空表的压力为 15000Pa。问泄漏率是多少？

解：将 $p_1 = 500$Pa，$p_2 = 15000$Pa，$V = 10$m³，$t = 18$h $= 6.48 \times 10^4$s 代入式（5-18）得到

$$L_{pV} = \frac{(p_2 - p_1)V}{t} = \frac{(15000 - 500) \times 10}{6.48 \times 10^4} = 2.24 \text{Pa·m}^3/\text{s}$$

（3）灵敏度

静态升压法的灵敏度与被检容器的容积大小、放置时间的长短和真空检测元件（真空计）的灵敏度有关。采用不同的真空计可测得的最小泄漏率是不同的。例如，热传导真空计的最小可检泄漏率为 1×10^{-6}Pa·m³/s，而电离真空计的最小可检泄漏率可达 1×10^{-9}Pa·m³/s。但是，由于被检物体表面和材料本身所含气体的蒸发、吸收和扩散，采用静态升压法可检出的最小泄漏率约为 5×10^{-7}Pa·m³/s。

（4）泄漏点的判断

采用静态升压法很容易得到被检设备的总的泄漏率，但不能具体判断出泄漏点。

（1）原理

将被检设备或密封装置抽真空。在它的表面涂上水、酒精、丙酮等液体。如果该液体接触到漏孔，就可能进入漏孔或把漏孔盖住，涂敷的液体产生流动，同时引起真空侧压力的急剧变化，测出这个变化，就可以确定覆盖液体部分的泄漏情况。

　　【例 5-4】 将某气罐用 $0.1m^3/s$ 的真空泵排气。罐中的泄漏率为 $1Pa \cdot m^3/s$，研究涂敷液体水盖住这个漏孔时，气罐内压力的变化情况。

　　解： 空气泄漏进入气罐会引起罐中的压力增加

$$p = \frac{L_{pV}}{S} \tag{5-19}$$

式中　S——为真空泵的排气速度，m^3/s。

　　将已知数据代入上式得到

$$p = \frac{1}{0.1} = 10Pa$$

　　计算结果说明，如果抽真空时间足够长，气罐的压力最终达到 10Pa。当水进入漏孔时，气罐内压力将发生变化。分析公式（2-34）可以发现，对于不可压缩流体的层流流动，其泄漏率是与流体的黏度成反比的，即有

$$\frac{L_{pV1}}{L_{pV2}} = \frac{\eta_2}{\eta_1} \tag{5-20}$$

因而，本例中水的泄漏率应为

$$L_{pV水} = \frac{\eta_{空气}}{\eta_水} L_{pV空气} = \frac{1.81 \times 10^{-5}}{1 \times 10^{-3}} \times 1 = 1.81 \times 10^{-2} Pa \cdot m^3/s$$

此时，气罐内的压力为

$$p = \frac{1.81 \times 10^{-2}}{0.1} = 0.181Pa$$

即水漏入气罐后，气罐内的压力由 10Pa 急剧下降至 0.181Pa。

　　若气罐内外的压力差为 0.1MPa，则水的体积泄漏率为

$$L_水 = \frac{0.181 \times 10^{-2}}{0.1 \times 10^6} = 1.81 \times 10^{-8} m^3/s$$

即水的质量流率为 $1.81 \times 10^{-5} kg/s$，若水在 0.1MPa 的压力下变成水蒸气，则

$$22.4 \times \frac{1.81 \times 10^{-5}}{18} \times 0.1 \times 10^6 = 2.25 Pa \cdot m^3/s$$

此时，气罐内的压力为

$$p = \frac{L_{pV}}{S} = \frac{2.25}{0.1} = 22.5Pa$$

　　用该方法进行泄漏检测时发现多数情况下的压力变化如图 5-7 所示。涂敷液体之前，经长时间抽真空，气罐内的压力几乎不变，如曲线 AB 所示；涂敷液体以后，气罐内的压力急剧下降，如曲线 BC 所示；过不久，压力又迅速上升，如曲线 CD 所示。这是由于液体从漏

孔进入真空侧后，漏孔一时被堵塞，然后，液体迅速蒸发，产生了大量的蒸汽。此后，蒸汽被排出，压力开始下降，如曲线 DE，最终接近 AB 的水平。

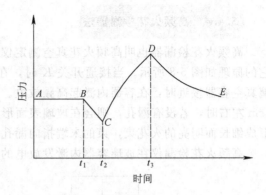

图 5-7　液体涂敷法的压力变化

（2）灵敏度

该方法的灵敏度不容易做出精确分析，在某些假定的前提下，可以作大致的估计。

【例 5-5】　检漏时，已知气体负荷中，泄漏以外的负荷总计为 $1 \times 10^{-3} \mathrm{Pa} \cdot \mathrm{m}^3/\mathrm{s}$；真空计可以读取指示值的 5%，无论对什么样的气体，其灵敏度都相同；排气系统在任何压力下，对任何气体，排气速度都一定。问该条件下用液体涂敷法检漏，其灵敏度为多少？

解：真空计可以读取 5% 压力变化，因此，整个气体负荷值变化 5% 时，就可以判断出来。也就是说，检漏开始前的整个气体负荷和用液体涂敷法堵住泄漏时的气体负荷之差为 5% 时，就可以检出泄漏。故在泄漏之外的气体负荷为 5%，即有 $5 \times 10^{-5} \mathrm{Pa} \cdot \mathrm{m}^3/\mathrm{s}$ 左右的泄漏时，就可以检测出来。

由此可见，该法的灵敏度受真空计的灵敏度和泄漏之外的气体负荷的影响。

（3）响应时间

该法的应答时间在几秒至几分钟左右，它是由漏孔的大小和涂敷液体的性质决定的。泄漏越大，应答时间越短。

（4）泄漏点的判断

涂液体的同时，注意观察真空计读数的变化，压力急剧变化的地方即为泄漏地点。为可靠起见，应在压力恢复初始值、并趋于稳定后再涂液体。如果几次涂液结果相同，即可确认该处有泄漏。

5.4.3　放电管法

示漏气体通过漏孔进入抽真空的容器或密封装置后使放电管内放电光柱的颜色发生变化，据此可判断漏孔的存在。为了便于观察放电光柱的颜色，放电管的管壳采用玻璃泡壳。它适用的压强范围约为 $1 \sim 100 \mathrm{Pa}$。在此范围内空气的放电颜色为玫瑰红色，示漏物质进入放电管后，放电光柱的颜色可参考表 5-7。此方法的灵敏度为 $10^{-3} \mathrm{Pa} \cdot \mathrm{m}^3/\mathrm{s}$。

表 5-7　各种气体和蒸气的辉光放电颜色

气　体	放电颜色	蒸　气	放电颜色	气　体	放电颜色	蒸　气	放电颜色
空气	玫瑰红	水银	蓝绿	二氧化碳	白蓝	乙醚	淡蓝灰
氮气	金红	水	天蓝	氦气	紫红	丙酮	蓝
氧气	淡黄	真空油脂	淡蓝(有荧光)	氖气	鲜红	苯	蓝
氢气	浅红	酒精	淡蓝	氩气	深红	甲醇	蓝

5.4.4 高频火花检漏器法

高频火花检漏器也叫高频火花真空测定仪，可用于玻璃真空容器的检漏与真空度测定，它的原理如图 5-8 所示。当接通开关 K 时，在放电簧 F 处便产生高频火花。当放电簧与玻璃真空容器接近时，在容器内激起高频放电。如果放电簧沿玻璃表面移动，当其尖端距表面 1cm 左右时，若没有漏孔，则会在玻璃表面形成散开的杂乱火花，如果玻璃壁有漏孔，则可形成细长而明亮的火花束，束的末端指向漏孔。

高频火花检漏仪在玻璃容器内激发放电的颜色与放电管相同，因此，与放电管一样也可根据放电颜色的改变进行检漏。

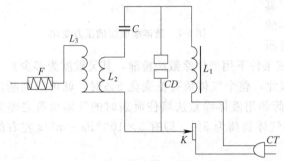

图 5-8 高频火花检漏仪原理

C—电容器；CD—接触器；CT—电源插头；
K—开关；L_1—振动线圈；L_2—谐振线圈；
L_3—高压线圈；F—放电簧

高频火花检漏仪不能直接用来检测金属容器和管路的漏孔，因为高频火花在金属表面被短路，不能使容器内部激发放电，此时应该用真空胶管把一段玻璃管接到金属真空系统上，用高频火花检漏仪在玻璃管内激起放电，然后在系统怀疑有漏孔的地方施以示漏物质，观察玻璃管内放电颜色有无变化，从而判断有无漏孔及漏孔位置。

高频火花检漏仪的工作压强范围为几百帕斯卡至零点几帕斯卡，灵敏度为 1×10^{-3} Pa·m³/s。

使用时应注意放电簧不要长时间停在一处，因为这样会将玻璃壁打穿而造成漏孔。放电簧不要接近金属架或其他金属零部件，以免发生触电事故。

5.4.5 真空计法

（1）热传导真空计法

热传导真空计（热阻真空计和热电偶真空计）是基于低压强下气体热传导与压强有关的性质来测量真空系统内的压力的。此外，还可以利用热传导真空计的读数不仅与压力有关，而且还与气体种类有关的性质来进行检漏，当示漏气体通过漏孔进入真空系统时，不仅改变了系统内的压力，也改变了其中的气体成分，使热传导真空计读数发生变化，据此可检示漏孔的存在。

（2）电离真空计法

大多数高真空系统上都带有电离真空计，此时也可用它来进行检漏。示漏物质通过漏孔进入系统后，真空计的离子流将发生变化，由此可测出泄漏率。

（3）差动真空计法

差动真空计法也叫桥式真空计法，检漏装置如图 5-9 所示。它由两个真空计和一个阻滞示漏气体通过的阱所组成，两个真空计的输出讯号以差分形式输出。检漏前，将系统抽成真空，将阱加热除气，并将电路调平衡。检漏时，当示漏物质通过漏孔进入系统后，可不受限制地进入第一个真空计内，由于阱的作用，示漏物质进入第二个真空计的量要受到限制，这样，两个真空计的输出讯号就不一致，给出差分讯号，由此便可以指示漏孔存在并给出漏孔的大小。

差动真空计法中，可采用不同的真空计，如热阻真空计、热电偶真空计、热阴极电离真空计和冷阴极电离真空计等。相应的阱和示漏气体有氢氧化钙阱，二氧化碳示漏气体；活性炭阱，氢气或丁烷为示漏气体。

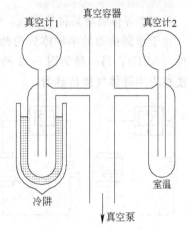

差动真空计法的优点是：在使用中由于两个真空计电参数的不稳定，真空系统抽速的不稳定等所造成的仪器噪声得到了补偿，所以检漏灵敏度比单管真空计法高得多。

各种真空计检漏法的最小可检泄漏率列于表 5-2 中。

5.4.6 卤素检漏法

5.3 节中简单介绍了卤素检漏仪的工作原理和在压力检漏法中的特点。在真空检漏法中，要求将被检系统抽

图 5-9 差动真空计法检漏

到 $10 \sim 0.1 Pa$ 的真空度，卤素气体通过漏孔由外向内进入系统中，并进入敏感元件所在空间，并由卤素检漏仪探头检测出来。其最小可检泄漏率可达到 $10^{-9} Pa \cdot m^3/s$。

5.4.7 氦质谱检漏法

在真空检漏法中，氦质谱检漏仪直接与被检系统相连接，被检系统抽真空，并在被检件外施加示漏气体（氦气）。示漏物质通过被检件上的漏孔进入检漏仪，被检测出来。真空氦质谱检漏法的灵敏度比压力检漏法中介绍的氦质谱检漏仪吸嘴法的灵敏度高得多，其最小可检泄漏率为 $10^{-12} \sim 10^{-13} Pa \cdot m^3/s$。

5.5 其他检漏方法

5.5.1 荧光检漏法

荧光检漏法是把荧光物质溶于有机溶剂中，并将此溶液灌注于被检容器或密封装置中，或者使被检部位与溶液相接触。如果有漏孔存在，溶液因毛细管作用就会渗到漏孔的另一侧，待溶剂蒸发后，漏孔的另一侧便沉积了干燥的荧光物质，此时如用紫外线灯照射就可发出荧光，即说明该处有漏孔。照射光源也可采用汞灯，但为了便于观察，最好加上只能使紫外光通过的滤光镜。

荧光检漏法的灵敏度比较高。如用蒽溶于丙酮进行检漏时，灵敏度可达 $10^5 \sim 10^{-7} cm^3/s$。对被检容器既不需加压又不需抽真空，使用很方便。但含有荧光物质的溶液从被检漏孔的一

侧渗透至另一侧时，所需时间较长，因此检漏所需的等待时间较长。

5.5.2　半导体检漏法

根据半导体吸附某种气体后，电导率发生变化的原理，将半导体这一技术用于气体检测。

用于泄漏检测的半导体分为两种：一种为图 5-10 所示的只测定电导率变化的吸附效应元件（AEE）；另一种为图 5-11 所示的具有三个电极吸附效应的吸附效应元件（AET）。两者统称为半导体气体传感器。

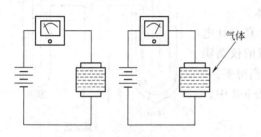

图 5-10　吸附元件 AEE

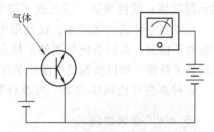

图 5-11　吸附效应半导体 AET

最普通的传感器是以 SnO_2 为主要成分，并添加 Pt 等活性催化剂。这种半导体对氢、一氧化碳、甲烷、丙烷等可燃性气体和各种乙醇、丙醇、酯和苯的有机溶剂蒸汽较为敏感。

除了 SnO_2 外，还有多种半导体气体传感器，如表 5-8 所示。

表 5-8　半导体传感器和检测气体

半　导　体	工作温度/℃	检　测　气　体
SnO_2	200	可燃性气体
SiO_2	400～500	NO_2，NH_3
ZnO	400～450	还原性气体、氧化性气体、丙酮
CaO、Fe_2O_2、NiO	400～500	还原性气体、氧化性气体
In_2O_3＋Pt	500	可燃性气体、H 离子
Mo、Cr、Nb、Fe、Ti、Ni 氧化物＋Pt、Ir、Rh、Au、Pd 催化剂	200～300	H_2 还原性气体

半导体检漏法的灵敏度分为两部分，一是半导体传感器本身的灵敏度，二是泄漏气体碰到检测器的可能性。表 5-9 列出了采用 SiO_2 气体传感器检漏的灵敏度，其他传感器的检漏灵敏度约为 $10～500cm^3/m^3$。

表 5-9　SiO_2 气体传感器的灵敏度

气体、蒸汽	灵敏度/(cm^3/m^3)	气体、蒸汽	灵敏度/(cm^3/m^3)
一氧化碳	30～400	甲基、乙基酮	10～250
氨	30～400	甲苯	10～200
城市煤气	30～300	二甲苯	10～200
甲醇	10～200	液化石油气	10～200
苯	10～100	氢	10～100
汽油	10～500		

5.5.3　示踪气体封入法

制造需要密封的小型部件时，可将氦气、氟里昂和放射性气体等示踪气体封入部件内部，然后再检测封入的气体是否漏出。

示踪气体可以在加压状态下封入，检测向大气中的泄漏，也可在常压下封入，在周围抽真空检测。

如果被检部件的泄漏率很小，采用这种方法很难检测出来。相反如果被检部件上的漏孔很大，封入的示踪气体很快就泄漏，因而在放置较长时间后亦不易检测出来。可见，采用示踪气体封入法检漏时，应随封随检。

5.5.4　气瓶法

对置于压力（真空）罐中的被检物体外侧施加一定压力的某种检测气体，然后再回到常压，或者抽真空。如果被检物体有泄漏，加压时就有一部分检测气体渗透到被检物体中，当外侧为大气压或真空时，渗透到被检物体中的检测气体就会漏出，经检测就可知道有无泄漏。

图 5-12 为检测装置示意。一般采用氦气作为检测气体，使用氦质谱检漏仪检漏。

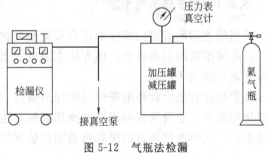

图 5-12　气瓶法检漏

该方法的灵敏度与真空氦质谱检漏法的灵敏度相当，其最小可检泄漏率约为 $10^{-11}\,\mathrm{cm^3/s}$。

5.6　长距离流体输送管道泄漏检测与定位技术[62]

由于管道在输送液体、气体、浆体等方面具有独特的优势，目前已成为继铁路、公路、水路、航空运输以后的第五大运输工具。由于不可避免的管道材料老化、腐蚀、焊缝缺陷以及其他自然或人为损坏等原因，管道泄漏事故频频发生，威胁人身安全，污染生存环境，造成巨大的资源浪费并产生严重的社会后果。自 20 世纪 70 年代以来，如美国、英国、法国等，就在许多油气管道系统中安装了泄漏检测装置。中国在 20 世纪 80 年代以来，也相继开展了流体输送管道泄漏检测的研究工作。

由于管道输送介质、管道所处环境和泄漏形式的多样性以及检测的复杂性，因而目前还没有一种简单、可靠、通用的方法解决管道泄漏检测和定位问题，特别是小流量的泄漏检测和泄漏点定位问题。目前，国际上已有的检测和定位方法大体上分为基于硬件的方法和基于软件的方法两大类。基于硬件的方法是指对泄漏物直接进行检测，如直接观察法、检漏电缆法、放射性示踪法、光纤检漏法等。基于软件的方法是指利用现代控制理论、信号处理和计算机技术等对因泄漏而造成的如压力、流量、流速、摩擦阻力等管道动态模型参数的变化及泄漏引起的声波传输特性等进行采集、处理和估计，对管道的非线性、不确定性、随机性等因素引起的误差进行补偿，从而进行泄漏检测和定位。除了上述两类主要方法外，还有其他一些检漏方法，如基于录像、磁通、超声、涡流等投球技术的管内探测球法，该法采用探测球沿管道进行探测，利用超声技术、视觉技术、漏磁技术等对采集的大量数据进行事后分析以判断泄漏状况。

基于硬件的方法和管内探测球法都只能间断操作，实时性差，费用较高，而软件检测法能连续实时运行，适应性广，安装简单，应用较多。目前，基于软件的方法是在长输管道首末端安装若干固定传感器进行泄漏检测与定位，主要有基于模型的方法、基于信号处理的方法和基于知识的方法三种。由于各类方法都有一定的适用范围，近年来，随着计算机技术的迅速发展和长输管道监控和数据采集系统的应用，出现了以软件为主、软硬件相结合的检漏与定位方法。本节重点介绍基于软件的长输管道泄漏检测与定位方法。

5.6.1 基于模型的方法

依据模型预测管道内流体的压力和流量变化，并与实测值进行比较，以实现泄漏故障诊断，这是模型法的基本思想。该方法主要有状态观测器法、Kalman 滤波器法、实时模型法及瞬变流检测法等。

由于长输管道沿程环境条件（如埋地敷设、横穿沙漠、海洋等）差别较大，特别是受温度变化的影响，使得管道内流体的物理参数发生相应的变化，所以，管道动力系统为时变非线性系统，这样的问题可以用状态观测器法加以处理。状态观测器法就是建立管道内流体压力和流量的状态方程，以被检测的管道首末两观测点的压力为输入，采用适当的算法对两观测点流量的实测值和预测值的偏差信号进行处理，从而实现检漏和定位。该方法假定两观测点的压力不受泄漏量的影响，所以仅适用于小泄漏量情况。

Kalman 滤波器法建立包含泄漏量在内的压力、流量状态空间离散模型。以管道首末端的压力和流量作为输入，将整个管道划分为若干段，在每一个分段点上设定压力、流量、泄漏量等，并以各分段点处的泄漏量作为输出，运用适当的判别准则（如 Kullback 信息测度等）就可进行泄漏检测和定位。该法需预先知道过程噪声的均值、方差等信息，且检测与定位精度和分段数目有关。

实时模型法利用流体的质量、动量、能量守恒方程等建立管内流体流动的动态模型，定时采集管道内流体流动的实际参数，如管道首末端的压力和流量，然后将这些测量值与模型分析值作比较，若二者不一致，则说明管道发生泄漏。该法的检测精度依赖于模型的正确性和硬件的精度，且泄漏点的定位大都是基于线性压力梯度法。

瞬变流检测法是 20 世纪 80 年代发展起来的一种新的泄漏检测技术，是目前输油管道泄漏检测准确性、可靠性较高的一种方法。该检测系统由瞬变流数学模型，流量、压力和温度检测装置，计算机和数据采集系统组成。中心计算机中装有在线仿真软件，该软件主要由实时模块、泄漏检测定位模块和报警模块等组成。实时模块是在线仿真软件的核心模块，该模块包含描述管道运行的数学模型。将管道中的瞬时流量、压力和温度检测数据传输到监控微机的通讯设备中，再通过无线发射器与中心计算机通讯，中心计算机将这些测量值与模型分析值进行比较。为提高检测的准确性、灵敏度及精度，可在管道中间安装若干压力和温度传感器。瞬变流检测系统的性能指标主要由定位精度、检测时间、报警阈值及检测管道长度等来衡量。

5.6.2　基于信号处理的方法

基于信号处理的方法无需建立管道的数学模型，主要有声学方法、压力点分析法和流量平衡法等。

5.6.2.1　声学方法

声学方法利用声音传感器检测沿管壁传播的泄漏点噪声（或流体在泄漏后产生的压力波信号），利用相关信号处理技术（如相关分析法、小波变换等）进行泄漏检测和定位。该方法泄漏检测准确率高，定位精度好，但长距离管道检漏时，沿程必须安装许多声音传感器，因而限制了其应用。

5.6.2.2　压力点分析法

压力点分析法主要有负压波法和压力梯度法。

（1）负压波法[63]

a. 基本原理　当管道发生泄漏时，在泄漏处将产生瞬态压力突降，形成一个负压波，该负压波以一定的速度自泄漏点向管道两端传播，利用管道首末端压力传感器检测到的泄漏点处传来的负压波的突变就可进行泄漏检测，在负压波波速已知的情况下，根据管道首末端压力传感器检测到的压力信号时间差就可以进行泄漏点的定位。

b. 泄漏判定　负压波泄漏检测是根据信号变化程度，采用信号相关处理方法，进行泄漏判定。主要有信号比较法、相关函数法和模式识别法三种判定方法。

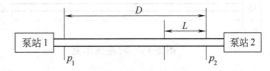

图 5-13　相关函数法示意

信号比较法　信号比较法一般用信号变化差与相应的经验阈值进行比较，当压降、流量降超过经验阈值时，可以判断为泄漏。这种方法原理比较简单，但必须保证测得的压力、流量信号可靠，因此必须对信号进行去噪处理。

相关函数法　如图 5-13 所示，两测点的压力信号 p_1、p_2 可按式（5-21）进行处理

$$R(r) = \lim\left[\int_{-T}^{+T} p_1(t) p_2(t-r)\mathrm{d}t\right]/2T, \quad r \in (-D/v, D/v) \tag{5-21}$$

式中　D——泵站之间的距离，m；

　　　v——负压波在介质中的传播速度，m/s；

　　　r——泵站接收到压力信号的时间差，s；

　　　t——采样时间，s；

T——采样周期，s；

p_1，p_2——分别为两测点的压力，Pa。

未发生泄漏时，相关函数 $R(r)$ 约为常数，发生泄漏时 $R(r)$ 将发生变化，当变化量达到一定值时，则认为发生了泄漏。此方法很简单，不需要测量流量信号，但由于负压波在输送介质中的速度很难确定，因此会对判断结果造成一定的误差。

模式识别法　模式识别法是对负压波波形进行分段处理，在不同的波形段内选用不同的基元，形成波形结构模式，再与标准负压波模式库进行匹配，判断是否发生了泄漏。模式识别法中最重要的是波形特征的提取和基元的选择，主要有以下三种方法。

① 分段符号处理法：采用一些专业术语，例如峰点、谷点等定义波形要素，然后与标准样本进行对照来判断泄漏的发生。负压波结构模式识别过程如图 5-14 所示。

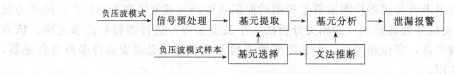

图 5-14　负压波结构模式识别过程

② 分段积分处理法：是先对瞬态负压波数据进行分段积分处理，然后再对处理后的波进行分段符号处理。

③ 多尺度小波变换处理法：利用小波变换的时间/尺度分析特性，能够逐渐精细地观察信号。当尺度因子较小时，在时轴上观察范围较小，在频域上相当于用高频小波做细致观察；当尺度因子较大时，在时轴上观察范围较大，在频域上相当于用低频小波做概貌分析。由于噪声和有用信号的局部正规性不同，因此通过加大时间尺度，可以从噪声中准确地分离出有用信号。该方法是一种抗干扰性较强的信号分析方法。

图 5-15　时差法示意

c. 泄漏点定位　主要有时差法、相关函数法和流体力学法。

时差法　图 5-15 为负压波泄漏点定位的时差法示意。

负压波信号传到两泵站的时间差为

$$T_w = L/v - (D-L)/v \tag{5-22}$$

则 $L = (D + vT_w)/2$。

式中　T_w——负压波信号传到两泵站的时间差，s；

　　　L——泄漏点到下个站的距离，m；

　　　D——两泵站间的距离，m。

显然，定位的精确性取决于负压波的传播速度 v，但由于负压波在输送介质中的传播速度很难精确确定，因此容易造成一定的检测误差。

相关函数法　基本原理见式（5-21）。当 $r = t_1 - t_2 = (2L-D)/v$ 时，相关函数 $R(r)$ 达

到最大值，此时泄漏点至下一泵站的距离为：$L = (D + vr)/2$。

流体力学法 管道发生泄漏时，管道的首端压力和末端压力为

$$\begin{cases} p_1' = p_1 - \Delta p_x e - G_1 X \\ p_2' = p_2 - \Delta p_x e - G_2 (L - X) \end{cases} \tag{5-23}$$

式中 p_1'——发生泄漏时管道首端的压力，Pa；

p_2'——发生泄漏时管道末端的压力，Pa；

p_1——无泄漏时管道首端的压力，Pa；

p_2——无泄漏时管道末端的压力，Pa；

Δp_x——泄漏点压力变化量，Pa；

G_1——与管道结构有关的上游端压力衰变系数；

G_2——与管道结构有关的下游端压力衰变系数；

e——系数。

式（5-23）中有很多待定经验值，因而该方法不适合于实时检测。

（2）压力梯度法

压力梯度法是基于管道压力沿管道是线性变化的前提来进行泄漏检测和定位的。当发生泄漏时，泄漏点前的流量变大，压力坡降变陡；泄漏点后流量变小，压力坡降变平，这样，沿线的压力梯度成折线型，交点即为泄漏点。管道上下端的压力梯度在泄漏点处有相同的边界条件，据此可计算出实际泄漏位置，

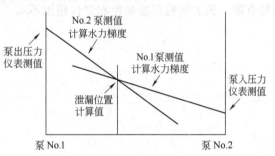

图 5-16　压力梯度管道泄漏及定位原理

如图 5-16 所示。管道上下段的压力梯度信号构成时间序列，该时间序列的统计特性对泄漏量较为敏感，采用相关分析法或 Kullback 信息测度法对该时间序列进行分析，就可进行泄漏检测。

5.6.2.3　流量平衡法

流量平衡法是基于质量平衡原理，根据管道出入口的流量是否相等来判断泄漏。由于实际所测流量与流体的温度、压力、密度、黏度等流体的性质及流体的流动状态有关，使得流量法对流体扰动以及管道本身动力学变化非常敏感，易造成误检。流量法无法进行泄漏点定位，通常作为一种辅助方法使用。

5.6.3　基于知识的方法

基于知识的泄漏检测方法主要有统计学法、模式识别法、神经网络法、专家系统法等，该类方法在处理高度非线性问题方面具有广阔的发展前景。

统计学法是一种结合模式识别功能的统计管道泄漏检测技术，它根据管道出入口的压力和流量，连续计算压力和流量之间的变化关系，并应用最优序列分析技术和模式识别来分析

这种变化，当泄漏确定以后，用最小二乘法进行泄漏定位。统计学法无需建立复杂的管道模型，降低了计算的复杂性。同时，统计泄漏检测系统还可具有在线学习功能，以适应管道参数的变化。统计检漏法在敏感性、定位精度、响应时间、误报警率等方面的性能比其他常用的检测方法好，但在多点泄漏时检测性能变差。目前管道的统计检漏法还很不完善，其基本模型还比较粗糙，离实用要求还有较大差距。

结构模式识别法根据泄漏引发的负压波和正常工况调节引发的负压波波形特征的不同进行泄漏检测。结构模式识别法对负压波波形分段符号化处理，采用上下文无关法表示波形结构模式。标准压力波形模式集合形成的模式空间构成管道各种状态波形的模式库，数据采集器将管道负压波形输入计算机中，经预处理后送入模式识别和分类系统，采用自上而下的模式剖析算法识别与已输入模式最相匹配的模式分类，从而判断泄漏是否发生。这种方法抗干扰性较强，其定位方法与小波变换的定位方法相同。

神经网络法采用泄漏信号特征指标构造神经网络输入矩阵，建立对管道运行状况进行分类的神经网络模型来检测泄漏。由于所获得的训练数据难以包括所有故障模式，所能识别的故障有限。该方法检测准确性和定位精度不高，多点泄漏情况下更差。

附录1 常用密封标准目录（中国）

垫片密封

JB/T 6369—92　柔性石墨金属缠绕垫片技术条件

JB/T 8559—97　金属包垫片

JB/T 6612—93　静密封、填料密封术语

JB/T 6613—93　柔性石墨板、带　分类、代号及标记

JB/T 6618—93　金属缠绕用聚四氟乙烯生料带技术条件

JB/T 6621—93　柔性石墨板线膨胀系数测定方法

JB/T 6622—93　柔性石墨板氯含量测定方法

JB/T 6623—93　柔性石墨板硫含量测定方法

JB/T 6624—93　柔性石墨板肖氏硬度测定方法

JB/T 6625—93　柔性石墨板应力松弛试验方法

JB/T 6628—93　柔性石墨复合增强（板）垫

JB/T 7758.1—95　柔性石墨板氟含量测定方法

JB/T 7758.2—95　柔性石墨板技术条件

JB/T 7768—95　密封安全技术条件

JB/T 7852—95　编织填料用聚丙烯腈预氧化纤维技术条件

JB/T 9141.1—99　柔性石墨板材密度测试方法

JB/T 9141.2—99　柔性石墨板材拉伸强度测试方法

JB/T 9141.3—99　柔性石墨板材压缩强度测试方法

JB/T 9141.4—99　柔性石墨板材压缩率、回弹率测试方法

JB/T 9141.5—99　柔性石墨板材灰分测定方法

JB/T 9141.6—99　柔性石墨板材固定碳含量测定方法

JB/T 9141.7—99　柔性石墨板材热失重测定方法

JB/T 9141.8—99　柔性石墨板材滑动摩擦系数测试方法

JB/T 9141.9—99　柔性石墨板材取样方法

GB/T 10698—89　可膨胀石墨

JC/T 69—2000　石棉纸板

JC/T 328—82（96）　石棉纸、板性能试验方法

SH 3401—96　管法兰用石棉橡胶板垫片

SH 3402—96　管法兰用聚四氟乙烯包覆垫片

SH 3403—96　管法兰用金属环垫

SH 3407—96　管法兰用缠绕式垫片

HG 20606—97　钢制管法兰用非金属平垫片（欧洲体系）

HG 20607—97　钢制管法兰用聚四氟乙烯包覆垫片（欧洲体系）

HG 20608—97　钢制管法兰用柔性石墨复合垫片（欧洲体系）

HG 20609—97　钢制管法兰用金属包覆垫片（欧洲体系）

HG 20610—97　钢制管法兰用缠绕式垫片（欧洲体系）

HG 20611—97　钢制管法兰用齿形组合垫片（欧洲体系）

HG 20612—97　钢制管法兰用金属环垫（欧洲体系）

HG 20627—97　钢制管法兰用非金属平垫片（美洲体系）

HG 20628—97　钢制管法兰用聚四氟乙烯包覆垫片（美洲体系）

HG 20629—97　钢制管法兰用柔性石墨复合垫片（美洲体系）

HG 20630—97　钢制管法兰用金属包覆垫片（美洲体系）

HG 20631—97　钢制管法兰用缠绕式垫片（美洲体系）

HG 20632—97　钢制管法兰用齿形组合垫片（美洲体系）

HG 20633—97　钢制管法兰用金属环垫（美洲体系）

HG/T 21609—96　管法兰用聚四氟乙烯—橡胶复合垫

填料密封

JB/T 6620—93　柔性石墨编织填料试验方法

JB/T 6370—92　柔性石墨填料环物理机械性能测试方法

JB/T 6371—92　碳化纤维编织填料试验方法

JB/T 6613—93　柔性石墨带　分类、代号及标记

JB/T 6617—93　阀门用柔性石墨填料环技术条件

JB/T 6620—93　柔性石墨编织填料试验方法

JB/T 6626—93　聚四氟乙烯编织填料

JB/T 6627—93　碳（化）纤维浸渍聚四氟乙烯编织填料

JB/T 7370—94　柔性石墨编织填料

JB/T 7759—95　芳纶纤维、酚醛纤维编织填料技术条件

JB/T 7760—95　阀门填料密封试验规范

JB/T 8558—97　石棉/聚四氟乙烯混编填料

JB/T 8560—97　碳（化）纤维/聚四氟乙烯混编填料

JB/T 9142—99　阀门用缓蚀石棉填料技术条件

JB/T 9143—99　缓蚀石棉填料腐蚀试验方法

JC 67—82（96）　橡胶石棉填料

JC 68—82（96）　油浸石棉填料

JC 332—82（96）　油浸棉、麻盘根

JC 341—82（96）　聚四氟乙烯石棉盘根

JC/T 331—82（96）　填料理化性能试验方法

液压和气动密封

GB 2879—1986　液压缸活塞和活塞杆动密封　沟槽型式、尺寸和公差

GB 2880—1981　液压缸活塞和活塞杆窄断面动密封　沟槽尺寸系列和公差

GB 3452.1—1992　液压气动用O形橡胶密封圈尺寸系列及公差

GB/T 3452.2—1987　O形橡胶密封圈外观质量检验标准

GB/T 5719—1995　橡胶密封制品术语

GB/T 5720—1993　O形橡胶密封圈试验方法

GB/T 5721—1993　橡胶密封制品标志、包装、运输、贮存的一般规定

GB/T 3452.3—1988　液压气动用O形橡胶密封圈　沟槽尺寸和设计计算准则

GB/T 6577—1986　液压缸活塞用带支承环密封沟槽型式、尺寸和公差

GB/T 6578—1986　液压缸活塞杆用防尘圈沟槽型式、尺寸和公差

GB/T 9880—1988　液压气动用多层唇形密封组件测量叠层高度的方法

GB/T 10708.1—89　往复运动橡胶密封圈结构尺寸系列　第1部分：单向密封橡胶圈

HG/T 2811—96　旋转轴唇形密封橡胶材料

机械密封

GB 5894—1986　机械密封名词术语

GB/T 5661—2004　轴向吸入离心泵机械密封和软填料用的空腔尺寸

GB/T 6556—1994　机械密封的型式、主要尺寸、材料和识别标志

GB/T 10444—1989　机械密封　产品型号编制方法

GB/T 14211—1993　机械密封　试验方法

JB/T 1472—1994　泵用机械密封

JB/T 4127.1—1999　机械密封　技术条件

JB/T 4127.2—1999　机械密封　分类方法

JB/T 4127.3—1999　机械密封　产品验收技术条件

JB/T 5966—1995　潜水电泵用机械密封

JB/T 6372—1992　机械密封用堆焊密封环　技术条件

JB/T 6373—1992　焊接金属波纹管机械密封　技术条件

JB/T 6374—1992　机械密封用碳化硅密封环　技术条件

JB/T 6614—1993　锅炉给水泵用机械密封　技术条件

JB/T 6615—1993　机械密封用碳化硼密封环　技术条件

JB/T 6616—1993　橡胶波纹管机械密封　技术条件

JB/T 6619.1—1999　轻型机械密封　技术条件

JB/T 6619—1993　轻型机械密封　试验方法

JB/T 6629—1993　机械密封循环保护系统

JB/T 6630—1993　机械密封系统用压力罐　型式、主要尺寸和基本参数

JB/T 6631—1993　机械密封系统用螺旋管式换热器

JB/T 6632—1993　机械密封系统用过滤器

JB/T 6633—1993　机械密封系统用旋液器

JB/T 6634—1993　机械密封系统用孔板

JB/T 7055—1993　机械密封系统用增压罐　型式、主要尺寸和基本参数

JB/T 7369—1994　机械密封端面平面度检验方法

JB/T 7371—1994　耐碱泵用机械密封

JB/T 7372—1994　耐酸泵用机械密封

JB/T 7757.1—1995　机械密封用圆柱螺旋弹簧

JB/T 7757.2—1995　机械密封用O形橡胶圈

JB/T 8547—1997　液力传动合金铸铁密封环

JB/T 8723—1998　泵用焊接金属波纹管机械密封

JB/T 8724—1998　机械密封用反应烧结氮化硅密封环

JB/T 8725—1998　旋转接头

JB/T 8726—1998　机械密封腔尺寸

JB/T 8871—1999　机械密封用硬质合金密封环毛坯

JB/T 8872—1999　机械密封用碳石墨密封环　技术条件

JB/T 8873—1999　机械密封用填充聚四氟乙烯和聚四氟乙烯毛坯　技术条件

黏结剂

附录2 中英文术语对照

基本术语

过程装备 Process Equipments
密封技术 Sealing technology
密封 Seal
压力 Pressure
流体 Fluid
密封性 Sealability
泄漏 Leakage
逸出 Emission
泄漏率 Leakage Rate
允许泄漏率 Allowable leakage rate
密封度 Tightness
零泄漏 Zero leakage
零逸出 Zero emission
易挥发有机物 Volatile organic compounds
净化空气法 Clean air action
分类 Catalogue
静密封 Static sealing
动密封 Dynamic sealing
摩擦 Friction
磨损 Abrasion
润滑 Lubrication
失效 Failure

密封机理 Sealing mechanism

薄膜流动 Flow in thin films
可压缩流体 Compressible fluid
不可压缩流体 Incompressible fluid
层流 Laminar flow
过度流 Transitional flow
紊流 Turbulent flow
分子流 Molecular flow
剪切流 Shear flow
黏性流 Viscous flow

压力流 Pressure flow
克努森数 Knudsen number
雷诺数 Reynolds number
临界雷诺数 Critical Reynolds number
临界压力比 Critical pressure ratio
平均自由程 Mean free path
拖动压力 Drag pressure
压力梯度 Pressure gradient
声速 Sonic velocity
亚声速 Subsonic velocity

垫片密封 Gasket Seals

垫片力学性能 Mechanical behavior of gaskets
　载荷-变形特性 Load-deflection characteristic
　压缩性 Compressibility
　回复性 Recovery
　回弹性 Resiliency
　蠕变松弛 Creep relaxation
　应力松弛 Stress relaxation
　拉伸强度 Tensile strength
　压溃强度 Crushing strength
　吹出抗力 Blowout resistance
　热循环 Thermal cycles
　$p \times T$ 值 $p \times T$ Value
　老化 Age
　退化 Degradation
垫片应力 Gasket stress
　装配垫片应力 Assemble gasket stress
　操作垫片应力 Operational gasket Stress
　设计垫片应力 Design gasket stress
垫片选用 Selection of Gaskets
　类型 Type
　　密封面 Seal Surface

全平面　Full face

突面　Raised face

凹凸面　Mail-female face

榫槽面　Tongue-groove face

公称压力　Normal pressure

公称通径　Normal diameter

粗糙度　Roughness

设计　Design

　　螺栓载荷　Bolt load

　　螺栓预紧载荷　Bolt preload

　　螺栓操作载荷　Bolt operating load

　　螺栓转矩　Bolt torque

　　设计规范　Design Code

　　m 和 y 系数　m & y gasket factors

　　PVRC 系数　PVRC gasket factors

　　紧密性参数　Tightness parameter

　　紧密性等级　Tightness class

垫片　Gaskets

　　分类　Catalogue

　　非金属垫片　Non-metal gaskets

　　半金属垫片　Semi-metal gaskets

　　金属垫片　Metal gaskets

　　材料　Materials

　　弹性体　Elastomer

　　橡胶　Rubber

　　填料　Filler

　　纤维　Fibre

　　柔性石墨　Flexible Graphite

　　PTFE　Polyethylene

　　芳纶纤维　Aramid fiber

　　碳纤维　Carbon fiber

　　石墨纤维　Graphite fiber

　　石棉　Asbestos

　　无石棉　Non-asbestos

　　结构　Constructions

　　强制密封　Forced seal

　　半自紧密封　Half-pressurized seal

　　自紧密封　Pressurized seal

　　板状垫片　Sheet gasket

　　缠绕垫片　Spiral wound gasket

包覆垫片　Jacketed gasket

金属平垫　Metal flat gasket

金属增强垫片　Metal reinforced gasket

金属波形垫片　Metal corrugated gasket

金属齿形垫　Metal serrated gasket

八角环垫　Octagonal ring

椭圆环垫　Oval ring

透镜环垫　Lens ring

双锥环　Double cone ring

C 形环　C-ring ring

O 形环　O-ring ring

B 形环　B-ring ring

楔形垫密封　Wedge-type seal

三角垫密封　Triangular gasket seal

卡扎里密封　Casale's seal

伍德式密封　Wood's seal

Bridgman 密封　Bridgman's seal

胶密封　Sealants

不停车堵漏　Sealing operation under working conditions

　　注剂密封　Injection seal

　　黏接密封　Adhesive seal

　　不干性密封胶　Non-dry sealant

　　干性密封胶　Dry sealant

　　有机胶黏剂　Organic adhesive

　　无机胶黏剂　Inorganic adhesive

固化　Curing

　　热固化　Hot curing

　　固化剂　Curing agent

　　固化时间　Curing time

　　固化温度　Curing temperature

涂胶　Glue

　　手涂　Brush coating

　　喷涂　Spray coating

　　滚涂　Roll coating

浸胶　Impregnation

　　压力浸胶　Pressure impregnation

　　真空浸胶　Vacuum impregnation

注射　Injection

压注 Pressurized injection

注射枪 Injection gun

卡具 Fixture

填料密封 Packing seals

材料 Materials

  穿心编织式 Lattice Braided

  夹芯套层式 Jacket-over —Jacketed

  绞合式 Twisted

  模压环 Die-moulded ring

原理 Principals

  压缩力 Compressive force

  径向应力 Radial stress

  轴向应力 Axial stress

  侧压系数 Lateral coefficient

  摩擦力矩 Friction toque

结构设计 Design of Structure

  阀门 Valve

  阀杆 Stem

  填料函 Stuffing Box

  压盖 Gland

  衬套 Bushing

  封液环 Lantern Ring

  碟形弹簧 Disc spring

液压密封 Hydraulic seals

液压缸 Hydro-cylinder

自密封 Automatic seal

接触压力 Contact pressure

流体膜压力 Fluid film pressure

最大压力梯度 Maximum pressure gradient

O 形圈 O-ring

Y 形圈 Y-ring

X 形圈 X-ring

L 形圈 L-ring

U 形圈 U-ring

阶梯形密封 Step seal

单作用活塞 Single acting piston

双作用活塞 Double acting piston

气动密封 Pneumatic seals

气动气缸 Pneumatic actuator

唇形密封 Lip-type seal

润滑膜 Lubrication film

活塞和活塞杆密封 Piston and Piston rod seals

活塞式压缩机 Piston type compressor

活塞环 Piston ring

支撑环 Supporting ring

剖分环 Split ring

筒形活塞 Trunk piston

级差活塞 Stepped piston

无油润滑 Oil-free lubrication

旋转轴唇形密封 Rotary lip seals

弹性体密封 Elastomeric seal

防尘密封 Dust seal

油封 Oil seal

轴承隔离器 Bearing isolator

O 形圈密封 O-ring seal

带压唇形密封 Rotary Lip Seals

无压唇形密封 Un-rotary Lip Seals

夹持密封环 Clamped seal ring

浮动密封环 Floating seal ring

金属骨架 Metal case

柔性隔膜 Flexible membrane

轴径向跳动 Shaft run out

唇口轴向偏移 Axial lip offset

卡紧弹簧 Garter spring

机械密封 Mechanical seals

型式 Type

  单端面机械密封 Single mechanical seal

  双端面机械密封 Double mechanical seal

  波纹管机械密封 Bellows mechanical seal

  单弹簧式机械密封 Single-spring mechanical seals

  多弹簧式机械密封 multiple-spring mechanical seals

  集装式机械密封 Cartridge mechanical seal

串联式机械密封　Tandem mechanical seal

旋转（动）环　Rotating ring

静止（静）环　Stationary ring

补偿环　Compensated ring

非补偿环　Uncompensated ring

弹性元件　Elastic component

辅助密封圈　Auxiliary seal ring

密封腔　Seal chamber

设计　Design

平衡式机械密封　Balanced mechanical seal

非平衡式机械密封　Unbalanced mechanical seal

流体动压机械密封　Hydrostatic mechanical seal

流体静压机械密封　Hydrodynamic mechanical seal

闭合力　Closing force

开启力　Opening force

弹簧比压　Spring pressure

端面比压　Face pressure

载荷系数　Load factor

工作 pv 值　Working pv value

极限 pv 值　Limiting pv value

辅助系统　Auxiliary systems

冲洗　Flush

阻塞　Barrier

闪蒸　Flash

缓冲　Buffer

应用　Application

摩擦转矩　Friction torque

摩擦功耗　Friction Power

追随性　Tracing ability

端面跳动　Face Runout

磨损率　Wear rate

工作寿命　Operating life

间隙密封　Clearance seals

非接触式密封　Non-contacting seals

衬套密封　Bushing seal

浮动衬套密封　Floating bushing seal

自动对中　Self-Centering

变形效应　Deforming effects

最佳间隙　Optimum clearance

迷宫密封　Labyrinth seals

直通型迷宫密封　Straight through labyrinth

交叉型迷宫密封　Staggered labyrinth

阶梯型迷宫密封　Stepped labyrinth

最小径向间隙　Minimum radial Clearance

迷宫系数　Labyrinth coefficient

临界压力比　Critical pressure ratio

气膜密封　Gas film seals

干气密封　Dry gas seals

螺旋形槽　Spiral groove

三角形槽　Triangle groove

锤形槽　Hammer groove

方形槽　Square groove

密封坝　seal land

固定环　Fixed ring

浮动环　Floating ring

气膜刚度　Gas film stiffness

压力分布　Pressure profiles

液膜密封　Liquid film seals

上游泵送密封　Upstream pumping seals

隔离流体　Barrier fluid

激光加工槽　Laser-etched groove

离心密封　Centrifugal seals

光滑圆盘密封　Rotating disc seals

背叶片密封　Pump impeller with back vanes seals

副叶轮密封　Secondary impeller seals

螺旋密封　Screw seals

返流原理　Return flow principle

最佳螺旋密封尺寸　Optimum screw seal geometry

停车密封　Stationary seals

离心式停车密封　Centrifugal stationary seals

气膜式停车密封　Gas film stationary seals

压力调节式停车密封　Pressure adjusting stationary seals

磁流体密封　Magnetic fluid seals

磁流体　Magnetic liquid
磁性粒子　Magnetic particles
载液　Carrier liquid
磁场强度　Magnetic field intensity
磁化强度　Magnetization

全封闭密封　Hermetic seals

磁力传动　Magnetic Coupling
隔膜传动　Diaphragm transmission
密闭式机泵　Canned Rotors

泄漏检测　Leak detection

检漏方法　Leak detection method
压力检漏法　Leak detection under pressure
水压法　Leak detection by observing drip
压降法　Leak detection by measuring pressure decrease
听音法　Leak detection by hearing sound
超声波法　Leak detection by ultrasonic wave
气泡法　Leak detection by detecting bubble
集漏腔增压法　Leak detection by measuring pressure increase in capsule
氨气法　Leak detection by ammonia gas
卤素检漏法　Leak detection by halogen
放射性同位素法　Leak detection by radio-active isotope
氦质谱检漏法　Leak detection with mass-spectrometer

蒸汽冷凝称重法　Leak detection by weighting steam condensate vapor
真空检漏法　Leak detection under vacuum
静态升压法　Leak detection by measuring pressure increase in tested vessels
液体涂敷法　Leak detection by daubing liquid
放电管法　Leak detection with discharge tube
高频火花法　Leak detection with high frequency spark
真空计法　Leak detection with vacuum meter
荧光检漏法　Leak detection with fluorescence
半导体检漏法　Leak detection with semi-conductor

漏孔　Leak hole
泄漏点　Leakage location
可靠性　Reliability
灵敏度　Sensitivity
稳定性　Stability
一致性　Consistence
响应时间　Response time
最小可检泄漏率　Minimal detectable leakage rate

长距离输送管道的泄漏检测与定位
Leak detection and location of long distance pipeline

注：以上仅与本书相关的术语，不包括所有与密封有关的术语。

附录3 常用单位及换算表

物理量名称	SI 制单位		英 制 单位		
	名　称	符　号	名　称	符　号	换算至 SI 单位
长度	毫米	mm	英寸	in	25.4
	米	m	英尺	ft	0.3048
时间	秒	s	秒	s	
质量	千克(公斤)	kg	磅(质量)	lb	0.4536
面积	平方毫米	mm²	平方英寸	in²	645.16
	平方米	m²	平方英尺	ft²	0.0929
体积	立方米	m³	立方英尺	ft³	0.02832
			加仑(美)	gal	0.003785
力	牛[顿]	N	磅力	lbf	4.4482
压力、应力	帕[斯卡]	Pa(N/m²)	磅/平方英寸	psi	6894.8
	兆帕[斯卡]	MPa(N/mm²)			0.00689
	巴(=0.10MPa)	bar			0.0689
转矩	牛顿·米	N·m	英尺·磅	ft·lb	1.3558
速度	米/秒	m/s	英尺/秒	ft/s	0.3048
密度	千克/立方米	kg/m³	磅/立方英尺	lb/ft³	16.0185
动力(黏度)	帕[斯卡]秒	Pa·s	磅·英尺·秒	lb·ft·s	0.1517
运动黏度	平方厘米/秒(泊)	cm²/s	平方英尺/秒	ft²/s	929.0
能量(功)	焦耳(牛顿·米)	J(N·m)	英尺·磅力	ft·lbf	1.36
功率	千瓦[特](千焦耳/秒)	kW(kJ/s)	马力	hp	0.7457
比热	千焦耳/千克·℃	kJ/(kg·℃)	英热单位/磅·℉	BTU/(lb·℉)	4.187
导热系数	瓦/米·℃	W/(m·℃)	英热单位/英尺·时·℉	BTU/(ft·h·℉)	1.731
温度	摄氏度	℃	华氏度	℉	(℉-32)/1.8
流量、泄漏量	升/秒	l/s	立方英尺/秒	ft³/s	28.32
			加仑(美)/分	gal/min	0.06309
	兆帕·米³/秒	MPa·m³/s	(磅/平方英寸)·(英尺³/秒)	psi·ft³/s	0.000195
			微托·升/秒(微米汞柱·升/秒)	Lusec(micron Torr·l/s)	0.0001333

参 考 文 献

1　Knudsen M. Die Gesetze der Molekularstrümung und der inneren Reibungsstrümung der Gase durch Röhren. Annalen der Physik, 1909, (28)：75～130

2　Dushman S. Scientific Foundations of Vacuum Technique. New York：John Wiley & Sons, INC. 1962

3　Wutz M, Hermann A, Wilhelm W. Theorie und Praxis der Vakuumtechnik. Braunschweig：Friedr. Vieweg & Sohn Verlagsges. mbH, 1982

4　Müller H K & Nau B S. Fluid Sealing Technology. New York：Marcel Dekker, INC. 1998

5　Gu Boqin. Reproduzierbarkeit und Vergleichbarkeit von Lässigkeitsmeßverfahren. Dissertation, Montanuniversität Leoben, 1996

6　郑洽馀，鲁钟琪．流体力学．北京：机械工业出版社，1980

7　White F M. Fluid Mechanics. New York：McGraw-Hill Book Company, 1986

8　胡忆沩编著．动态密封技术—泄漏与堵漏．北京：国防工业出版社，1998

9　JB/T 1472—94. 泵用机械密封．北京：机械工业部，1995

10　Sakr O, Bouzid A, et al. "Correlation between ppm & mass leakage rate of gasketing joints", Presented at ICPVT-9, Sundney, 2000

11　Daniel E. Czernik. Gaskets Design, Selection, and Testing. New York：McGraw-Hill Companies, Inc., 1996

12　John H. Bickford. Gasket and gasketed Joints. New York：Marcel Dekker, Inc., 1997

13　徐灏编著．密封．北京：冶金出版社，1999

14　ISO 7483—1991《与 ISO7005 标准中法兰配合使用的垫片尺寸》

15　JB 4700-4707—2000《压力容器法兰》

16　中华人民共和国化学工业部．中华人民共和国行业标准 HG 20592～20635—97《钢制管法兰、垫片、紧固件》. 北京：中华人民共和国化学工业部，1997

17　John H. Bickford. An Introduction to the Design and Behavior of Bolted Joints. 3rd ed. New York：Marcel Dekker, Inc., 1995

18　ASTM F586—79 (Reapproved 1989)《测定垫片泄漏率与应力 y 和系数 m 关系的试验方法》

19　API 607-《Fire Test for soft-seated quarter-turn valves》, 1993

20　Thompson, An Engineering'Guide to Pipe Joints. London：Professional Engineering Limited, 1998

21　国家技术监督局．中华人民共和国国家标准 GB 150－98《钢制压力容器》. 北京：中国标准出版社，1998

22　ASME B&PV Code, Section Ⅷ, Division 1,《Pressure Vessel》, 1998

23　蔡仁良．压力容器螺栓法兰连接规范设计新方法．压力容器，No.5, 1997

24　胡国桢等主编．化工密封技术．北京：化学工业出版社，1990

25　刘后桂编著．密封技术．长沙：湖南科学技术出版社，1981

26　张开主编．粘合与密封材料．北京：化学工业出版社，1996

27　马长福编．实用密封技术问答．北京：金盾出版社，1995

28　H. 休戈．布赫特著．工业密封技术．化工部化工设计公司标准组译．北京：化学工业出版社，1988

29 余国琮主编. 化工容器与设备. 北京：化学工业出版社，1980

30 王志文主编. 化工容器设计. 北京：化学工业出版社，1998

31 邵国华主编. 超高压容器设计. 上海：上海科学技术出版社，1984

32 中国石油化工总公司. 中华人民共和国行业标准 石油化工管道器材标准. 北京：中国石油化工总公司，1997

33 丁伯民，蔡仁良编著. 压力容器设计－原理及工程应用. 北京：中国石化出版社，1992

34 陈匡民，董宗玉，陈文梅编. 流体动密封. 成都：成都科技大学出版社，1990

35 顾永泉著. 流体动密封. 山东东营：石油大学出版社，1990

36 夏廷栋等编. 实用密封技术手册. 哈尔滨：黑龙江科学技术出版社，1985

37 《机械基础产品选用手册》编写组. 机械基础产品选用手册. 北京：机械工业出版社 1997

38 汪德涛编. 润滑技术手册. 北京：机械工业出版社，1999

39 E. 迈尔著，姚兆生等译. 机械密封. 北京：化学工业出版社，1981

40 J. D. 萨默，史密斯编. 实用机械密封. 北京：机械工业出版社，1993

41 陈德才，崔德容编. 机械密封设计、制造与使用. 北京：机械工业出版社，1993

42 王汝美编. 实用机械密封技术问答. 北京：中国石化出版社，1995

43 李继和，蔡纪宁，林学海编. 机械密封技术. 北京：化学工业出版社，1988

44 顾永泉著. 机械端面密封. 山东东营：石油大学出版社，1990

45 Lebeck Alan O. Principles and Design of Mechanical Face Seals, John Wiley & Sons, Inc.

46 中川洋. 防止泄漏的理论和实际应用. 北京：化学工业出版社，1978

47 真空设计手册编写组. 真空设计手册. 北京：国防工业出版社，1986

48 顾伯勤. 温度和伪泄漏率对真空静态升压法检漏的影响. 南京化工大学学报，1998，20（4）：25～29

49 顾伯勤. 检漏方法及其选用. 石油化工设备，1998，27（2）：13～15

50 Gu Boqin, Huang Xinglu. Dichtheitsklassen und entsprechende Leckratenmeßverfahren. 3R international，1997，36（4/5）：198～201

51 Wutz M, Hermann A, Wilhelm W. Theorie und Praxis der Vakuumtechnik. Braunschweig：Friedr. Vieweg & Sohn Verlagsges. mbH，1982

52 中华人民共和国国家标准. GB/T 12385—90《管法兰用垫片密封性能试验方法》. 北京：国家技术监督局，1990

53 Raut H D, Leon G F. Report of Gasket Factor Tests. WRC Bulletin 1977，(233)：1～35

54 Melvin W. Brown. Seals and Sealing Handbook. England：Elsevier Science Publishers Limited，1990

55 蔡仁良. 欧盟法规及其对法兰接头标准的影响. 化工设备与管道. 42（4），2005

56 蔡仁良. EN1519 法兰计算标准简介（一）（二）. 压力容器. 20（10/11），2004

57 孟敬荣. 中国密封产品手册. 北京：化学工业出版社，2002

58 魏龙. 密封技术. 北京：化学工业出版社，2004

59 刘印文，刘振华，刘涌. 橡胶密封制品实用加工技术. 北京：化学工业出版社，2002

60 化学工业部人事教育司，化学工业部教育培训中心. 压缩机. 北京：化学工业出版社，1997

61 中国机械工程学会设备与维修工程分会. 密封使用与维修问答. 北京：机械工业出版社，2005

62 王占山 张光化等. 长距离流体输送管道泄漏检测与定位技术的现状与展望. 化工自动化及仪表. 2003，30（5）：5～10

63　邓鸿英 杨振坤 王毅．负压波管道泄漏检测与定位技术．油气储运．2003，22（7）：30～33

64　Nagata S，et al．An Iterative Method for 3-Dimention Analysis of Gasketed Flanges．ASME PVP-Vol. 405：115～122，2000

65　Nagata S，et al．A Simplified Modeling of Gasket Stress-strain Curve for FEA Analysis in Bolted Flange Joint Design．ASME PVP-Vol. 433：53～58，2002